高等学校城市地下空间工程专业规划教材

岩 体 力 学

张向东　　马芹永　　主编

人民交通出版社股份有限公司
China Communications Press Co.,Ltd.

内 容 提 要

本教材是高等学校城市地下空间工程专业规划教材之一,是根据教育部关于拓宽专业面、加强理论与实践教学的要求编写的。全书共六章,包括绪论,岩石的物理力学性质与强度理论,岩体的力学性质与工程分类,地应力,地下工程围岩稳定性分析,围岩压力理论与计算。各章后附有相应的思考题与练习题。

本教材可作为城市地下空间工程、道路桥梁与渡河工程、土木工程、采矿工程、水利工程、地质工程、石油工程等专业的本科生教材,也可作为高等院校、科研院所、设计单位、施工单位等的教师、科研人员和工程技术人员的参考书。

图书在版编目(CIP)数据

岩体力学 / 张向东,马芹永主编. —北京 : 人民
交通出版社股份有限公司,2017.1
高等学校城市地下空间工程专业规划教材
ISBN 978-7-114-12934-6

Ⅰ. ①岩⋯ Ⅱ. ①张⋯ ②马⋯ Ⅲ. ①岩石力学—高
等学校—教材 Ⅳ. ①TU45

中国版本图书馆 CIP 数据核字(2016)第 075816 号

高等学校城市地下空间工程专业规划教材

书　　名:岩体力学
著 作 者:张向东　马芹永
责任编辑:张征宇　赵瑞琴
出版发行:人民交通出版社股份有限公司
地　　址:(100011)北京市朝阳区安定门外外馆斜街 3 号
网　　址:http://www.ccpress.com.cn
销售电话:(010)59757973
总 经 销:人民交通出版社股份有限公司发行部
经　　销:各地新华书店
印　　刷:北京鑫正大印刷有限公司
开　　本:787×1092　1/16
印　　张:13
字　　数:302 千
版　　次:2017 年 1 月　第 1 版
印　　次:2017 年 1 月　第 1 次印刷
书　　号:ISBN 978-7-114-12934-6
定　　价:28.00 元

(有印刷、装订质量问题的图书由本公司负责调换)

高等学校城市地下空间工程专业规划教材

编　委　会

主 任 委 员：张向东

副主任委员：宗　兰　黄　新　马芹永　周　勇
　　　　　　金　奕　齐　伟　祝方才

委　　　员：张　彬　赵延喜　郝　哲　彭丽云
　　　　　　周　斌　王　艳　叶帅华　宁宝宽
　　　　　　平　琦　刘振平　赵志峰　王　亮

序　言

近年来，我国城市建设以前所未有的速度加快发展，规模不断扩大，人口急剧膨胀，不同程度地出现了建设用地紧张、生存空间拥挤、交通阻塞、基础设施落后等问题，城市可持续发展问题突出。开发利用城市地下空间，不但能为市民提供创业、居住环境，同时也能提供公共服务设施，可极大地缓解城市交通、行车、购物等困难。

为适应城市地下空间工程的发展，2012年9月，教育部颁布了《普通高等学校本科专业目录》(以下简称专业目录)，专业目录里将城市地下空间工程专业列为特设专业。目前国内已有数十所高校设置了城市地下空间工程专业并招生，而在这个前所未有的发展时期，城市地下空间工程专业系列教材的建设明显滞后，一些已出版的教材与学生实际需求存在较大差距，部分教材未能反映最新的规范或标准，也没有形成体系。为满足高校和社会对于城市地下空间工程专业教材的多层次要求，人民交通出版社股份有限公司组织了全国10余所高等学校编写"高等学校城市地下空间工程专业规划教材"，并于2013年4月召开了第一次编写工作会议，确定了教材编写的总体思路，于2014年4月召开了第二次编写工作会议，全面审定了各门教材的编写大纲。在编者和出版社的共同努力下，目前这套规划教材陆续出版。

这套教材包括《地下工程概论》《地铁与轻轨工程》《岩体力学》《地下结构设计》《基坑与边坡工程》《岩土工程勘察》《隧道工程》《地下工程施工》《地下工程监测与检测技术》《地下空间规划设计》《地下工程概预算》等11门课程，涵盖了城市地下空间工程专业的主要专业核心课程。该套教材的编写原则是"厚基础、重能力、求创新，以培养应用型人才为主"，体现出"重应用"及"加强创新能力和工程素质培养"的特色，充分考虑知识体系的完整性、准确性、正确性和适用性，强调结合新规范、增大例题、图解等内容的比例，做到通俗易懂，图文并茂。

为方便教师的教学和学生的自学，本套教材配有多媒体教学课件，课件中除教学内容外，还有施工现场录像、图片、动画等内容，以增加学生的感性认识。

反映城市地下空间工程领域的最新研究成果、最新的标准或规范，体现教材的系统性、完整性和应用性，是本套教材所力求达到的目标。在各高校及所有编审人员的共同努力下，城市地下空间工程专业系列规划教材的出版，必将为我国高等学校城市地下工程专业建设起到重要的促进作用。

高等学校城市地下空间工程专业规划教材编审委员会

人民交通出版社股份有限公司

前　言

当今世界,城市轨道交通、高速公路、高速铁路、水利水电、石油化工、采矿工程等突飞猛进,科学技术日新月异,新理论、新方法、新技术、新材料、新设备、新工艺不断涌现,新标准、新规范不断更新或推出,并应用于实践。为繁荣教育事业,推进教材建设,由人民交通出版社股份有限公司组织部分院校长期从事本课程教学的教师编写了本书。

岩体力学是高等院校城市地下空间工程、道路桥梁与渡河工程、土木工程、采矿工程、水利工程、地质工程、石油工程等专业的一门专业基础课。本教材着眼于培养21世纪复合型建设人才,遵循高等学校城市地下空间工程培养方案,参考高等学校土木工程等专业指导委员会推荐的岩石力学教学大纲,在教学改革和实践的基础上,对教学内容进行了详细论证和整合,同时兼顾其他相关专业的要求,使得本教材的适应性更强。

岩体力学是一门理论性和实践性都很强的课程,在编写过程中,突出基本知识、经典理论、成熟经验、常规方法的论述,使教材体现少而精,并兼顾本学科的发展和反映国内外先进技术。基本知识、经典理论和常规方法的论述力求深入浅出,语言通俗易懂,文字简明扼要,推导过程严密。成熟经验和应用部分的编写结合现行的标准和规范,尽量以共性的内容为主,不拘于某一标准或规范的特殊内容,兼收并蓄,以使学生尽快掌握标准或规范的主要内容,有利于培养学生适应实践的能力。同时,还简要介绍了岩体力学发展简史和发展动态,为学生今后从事岩体力学与岩体工程方面的建设与研究工作打下良好的基础。在内容与次序的编排上有利于自学,所选用的符号、术语和计量单位力求前后贯穿一致,并编入一定数量的思考与练习题供学生练习。全书重点突出,深入浅出,加强了各章之间的相互衔接。

本书由辽宁工程技术大学张向东、安徽理工大学马芹永任主编。

本书编写单位及编写人员分工如下:第一章、第三章由辽宁工程技术大学张向东编写;第二章由安徽理工大学马芹永编写;第四章由黑龙江科技大学迟学海编写;第五章由南京工程学院金华编写;第六章由安徽理工大学平琦编写。

在编写过程中参考了大量文献(附后),这些参考著作、教材、论文和研究成果为本书的顺利成稿奠定了良好的基础,在此对这些文献的作者表示衷心的感谢。

限于编者的水平,书中难免有不当之处,恳请读者批评指正。

编　者
2016 年 10 月

目　　录

第一章　绪　论

第一节　岩体力学及其研究对象

一、岩体力学的定义

岩体力学(Rockmass Mechanics),又称岩石力学(Rock Mechanics),属于力学的一个分支。岩体力学是研究岩石与岩体在外界因素(如荷载、水、温度变化等)作用下的应力、变形、破坏、稳定性及加固的学科。

关于岩体(石)力学的定义很多,目前仍不能统一,偏重不同行业应用的岩石力学往往有不同的定义。

1964年,美国地质协会岩石力学委员会提出的岩石力学定义为:"岩石力学是研究岩石的力学性状的一门理论和应用科学,它是力学的一个分支,是研究岩石在不同物理环境的力场中产生各种力学效应的学科。"

陈宗基院士对岩石力学曾作过如下定义:"岩石力学是研究岩石过去的历史、现在的状况、将来的行为的一门应用性很强的学科。"过去的历史是指岩石的地质成因和演变,包括地应力场的变化;现在的状况是工程建造前和建造过程中对岩石性状改造前后的认识;将来的行为是预测工程建成以后可能发生的变化,以便研究预防和加固措施。

在岩石力学名词解释全集中给出如下定义:"岩体力学是力学的分支学科,是研究岩体在各种力场作用下变形与破坏规律的理论及其实际应用的学科,是一门应用性学科。"

上面介绍了几种典型的岩体(石)力学定义,虽然有所不同,但可以归纳为:

(1)是力学的一个分支。

(2)是研究岩石与岩体物理力学性质,强度、变形与破坏规律,以及岩体工程稳定性的学科。

(3)是一门应用性学科。

应特别指出的是:随着科学技术的发展,岩石与岩体已有严格区分,准确地说本学科称为岩体力学更为符合这一学科的研究主题。但是,岩石力学这一名词沿用已久且使用普遍,所以可以认为岩体力学与岩石力学是同一概念。

二、岩体力学的研究对象

首先介绍几个概念。

(1)岩石:是一种或多种矿物组成的集合体,是构成地壳和上地幔的物质基础。

(2)矿物:是指存在于地壳中的具有一定化学成分和物理性质的自然元素和化合物。其中,构成岩石的矿物称为造岩矿物,如石英、正长石、方解石等。

(3)岩体:在地质历史过程中形成,由岩石单元体和结构面组成,具有一定的结构并赋存一定天然应力状态和地下水等,是地质环境中的地质体。

(4)结构面:地质历史发展过程中,在岩体内形成的具有一定的延伸方向和长度,厚度相对较小的地质界面或带,亦称弱面。

(5)岩块:是指不含显著结构面的岩石块体,是构成岩体的最小岩石单元体,亦称结构体。

从上述定义可知,岩体是指一定工程范围(3~5倍以上工程尺寸)内的自然地质体,含有结构面(弱面)和岩块(结构体)。岩石是一种基于材料的概念,通常所说的岩石是指岩块。岩体力学的研究对象就是工程范围内的岩体,而岩体包括结构面和岩块,所以岩体力学的研究对象是大范围的岩体、小尺寸的岩块(岩石)和结构面。

岩体力学服务的工程领域十分广泛,如地下工程、采矿工程、土木工程、铁道工程、公路工程、水利水电工程、国防工程、海洋工程、核废料储存以及地震地质学、地球物理学和构造地质学等地学学科。岩体力学是上述工程领域的理论基础之一,同时上述工程领域的岩体力学实践促进了岩体力学的诞生和快速发展。

第二节　岩体力学的研究内容与研究方法

岩体力学服务的对象非常广泛,它涉及国民经济的许多领域及地学基础理论研究领域。不同的服务对象,对岩体力学的要求不尽相同,其研究的内容也有所不同。岩体力学的研究对象,不是一般的人工材料,而是在天然地质作用下形成的地质体。对于这样一种复杂的介质,不仅研究内容非常复杂,而且其研究方法和手段也应与连续介质力学有所不同。

一、岩体力学的研究内容

岩石力学服务对象的广泛性和研究对象的复杂性,决定了岩石力学研究的内容也必然是广泛而复杂的。从工程观点出发,大致可归纳为如下几方面的内容。

1. 岩石和岩体地质特征的研究

岩石与岩体的许多性质,都是在其形成的地质历史过程中形成的。因此,岩石与岩体地质特征的研究是岩体力学分析的前提。主要研究内容包括:

(1)岩石的成因、矿物成分与(微)结构特征。

(2)结构面的赋存状态与类型。

(3)岩体结构类型及其力学特征。

(4)岩体(石)地质分类等。

2. 岩石和岩体物理力学性质的研究

这是岩体力学基础性研究工作,通过室内和现场试验获取岩石与岩体的各项物理力学性质,并以此作为评价岩体工程稳定性最重要的依据。主要研究内容包括:

(1)岩石的物理、水理与热学性质及其室内试验与测试技术。

(2)岩块强度与变形特性及其室内试验与测试技术。

（3）结构面强度与变形特性及其室内试验与现场原位测试技术。

（4）岩体强度与变形特性及其现场原位测试技术。

（5）岩体中地下水的赋存、运移规律及对岩体的影响。

（6）岩石与岩体的动力特性等。

3. 岩石和岩体本构关系、强度与变形理论的研究

岩石和岩体种类多，物理力学性质差别大，各类岩石和岩体的力学响应不同，所以，岩石和岩体的本构关系、强度与变形理论的研究一直是本学科的重点。主要研究内容包括：

（1）岩石（岩块）在各种应力状态下的变形规律，本构关系（应力—应变关系）与强度理论的建立。

（2）结构面在法向压应力及剪应力作用下的变形规律，结构面抗剪强度与变形理论的建立。

（3）工程岩体本构关系、破坏机理与强度理论。

4. 岩体中原岩应力分布规律及其量测方法的研究

在岩体中存在天然应力，即原岩应力，亦称地应力，是工程岩体发生变形与破坏的力的根源。主要研究内容包括：

（1）原岩应力计算理论与方法。

（2）原岩应力实测技术等。

5. 工程岩体稳定性研究

地下工程围岩、边坡岩体、地基岩体等工程岩体的稳定性研究，是岩体力学实际应用方面的研究。主要研究内容包括：

（1）各类工程岩体中重分布应力的大小及分布规律。

（2）各类工程岩体在重分布应力作用下的变形计算方法。

（3）各类工程岩体的稳定性分析与评价方法等。

6. 工程岩体加固技术与设计方法的研究

工程岩体自身强度、抗变形能力、地基承载力等一般不能满足稳定性的要求，如地下工程的冒顶、边坡的失稳、地基的剪切破坏等。这就需要进行加固处理，如地下工程围岩加固与支护、岩石边坡加固与维护、岩石地基加固处理等，这是岩体力学成为应用性很强学科的重要体现。主要研究内容包括：

（1）地下工程围岩压力计算理论、支护技术及设计方法、围岩加固技术、围岩变形控制理论与方法。

（2）岩石边坡稳定性分析方法、加固技术及设计方法。

（3）软弱、破碎岩体地基加固处理技术及地基承载力的确定方法等。

7. 工程岩体的模型模拟试验及原位监测技术的研究

模型模拟试验包括数值模型模拟、物理模型模拟和离心模型模拟试验等，这是解决岩体力学理论和实际问题的一种重要手段。原位监测既可以检验岩体变形与稳定性分析成果的正确与否，同时也可及时地发现问题，实现信息化设计与施工。主要研究内容包括：

（1）岩体力学数值计算方法,如有限元法、边界元法、离散元法、有限差分法等。

（2）物理模型模拟主要有相似材料模拟、光弹模型等。

（3）离心模型模拟试验设计与成果应用。

（4）现场测试岩体应力、位移、松动圈等的技术与设备。

8.各种新技术、新方法与新理论在岩体力学中的应用研究

岩体力学是通过不断引进和吸收相关学科的最新成果而不断发展起来的,近些年来,许多新技术、新方法与新理论在岩体力学中得到应用。主要包括:

（1）岩体的超前地质预报技术与装备。

（2）室内与现场真三轴强度试验与蠕变试验。

（3）现场无损检测技术与装备,以及岩体工程遥感测试技术。

（4）非线性科学理论,如耗散结构论、协同论、分形几何、分叉和混沌理论、突变理论等在岩体工程中的应用。

（5）岩体工程不确定性理论研究,如模糊数学、灰色理论、人工智能在岩体工程中的应用。

（6）岩体工程稳定性分析中的系统论研究等。

需要特别指出的是,随着岩体力学的快速发展和学科之间的交叉与渗透,岩体力学的研究内容已远不止上述8个方面,而是更加深入和广泛。

岩体（石）力学是一个大的学科门类,由于岩石力学学科的快速发展,目前其分支有岩体工程地质力学、岩体结构力学、实验岩石力学、计算岩体力学、岩石流变力学、岩石损伤力学、岩石断裂力学、卸荷岩体力学、岩石动力学、智能岩石力学、分形岩石力学等。

二、岩体力学的研究方法

岩体力学的研究内容决定了在岩体力学研究中必须采用如下几种研究方法。

1.工程地质研究法

目的是研究岩块和岩体的地质与结构特征,为岩体力学的进一步研究提供地质模型和地质资料。如用岩矿鉴定方法,了解岩体的岩石类型、矿物组成及结构构造特征;用地层学方法、构造地质学方法及工程勘察方法等,了解岩体的成因、空间分布及岩体中各种结构面的发育情况;用水文地质学方法了解赋存于岩体中地下水的形成与运移规律等。

2.试验与测试法

科学试验与测试是岩体力学研究中非常重要的方法,是岩体力学发展的基础,包括岩块力学性质的室内实验、岩体力学性质的原位试验、原岩应力量测、模型模拟试验及原位岩体监测等方面。其目的主要是为岩体变形和稳定性分析计算提供必要的物理力学参数。同时,还可以用某些试验成果(如模拟试验及原位监测成果等)直接评价岩体的变形和稳定性,以及探讨某些岩体力学理论问题。因此,应当高度重视并大力开展岩体力学试验研究。

3.数学与力学分析法

数学与力学分析是岩体力学研究中的一个重要环节。它是通过建立岩体力学模型和利用适当的分析方法,预测岩体在各种力场作用下的变形与稳定性,为设计和施工提供定量依据。

其中,建立符合实际的力学模型和选择适当的分析方法是数学、力学分析中的关键。目前,常用的力学模型有:刚体力学模型、弹性及弹塑性力学模型、流变力学模型、断裂力学模型和损伤力学模型等。常用的分析方法有:块体极限平衡法,有限元、边界元和离散元法,模糊数学和概率分析法等。近年来,随着科学技术的发展,还出现了用系统论、信息论、人工智能、专家系统、灰色系统、分形理论等新方法来解决岩体力学问题。

4. 综合分析法

岩体工程非常复杂,特别是对于大型岩体工程,影响因素多,地质情况复杂多变,采用单一方法很难解决实际工程问题。所谓综合分析法,就是结合上述三种研究方法,针对上述研究成果进行综合分析和综合评价,同时结合工程经验和工程类比的方法,得到符合实际情况的正确结论。

第三节 岩体力学发展简史与动态

一、岩体力学发展简史

岩体力学是伴随着采矿、土木、水利、交通、军事等领域内岩体工程的建设和数学、力学等相关学科的进步而逐步发展形成的一门学科,主要分以下 4 个时期。

1. 经验时期

在 19 世纪末以前,人类已经接触到一些岩体(石)工程问题,但仅限于浅部岩体。由于工程建设规模小,人们只凭实践经验解决实际岩体工程问题,没有与力学相联系。

2. 萌芽时期

19 世纪末—20 世纪 30 年代,人们开始用材料力学和结构力学方法分析岩体力学问题。例如,普罗多吉雅可诺夫(M. M. Протодьяконов)的自然平衡拱学说利用了结构力学中压力轴线理论,并建立了计算地压的普氏理论;随后,太沙基也按自然平衡拱学说建立了太沙基地压理论;斯列萨列夫(B. A. Слесарев)的极限跨度理论采用了材料力学中梁和板的计算公式等。这些理论把支护、围岩和原岩体三者人为地割裂开来。在这些理论的指导下,支护结构仅限于采用支架(木支架、金属支架等)来消极地支撑地压。1912 年,海姆(A. Heim)提出了计算原岩应力的静水压力理论。

3. 形成时期

从 20 世纪 30 年代起,弹性力学、塑性力学和流变力学先后发展起来,并被引入到岩体力学领域,确定了一些经典计算公式,如金尼克(A. H. Динник)按弹性力学理论确定的原岩应力计算公式;萨文(P. H. Савин)用弹性力学解析解来计算地下工程围岩应力分布与变形问题;20 世纪 50 年代,芬纳(R. Fenner)、塔罗勃(J. Talobre)和卡斯特纳(H. Kastner)按弹塑性理论,采用不同模型建立了计算围岩应力场和位移场的计算公式;塞拉塔(S. Serata)按流变力学理论,采用流变模型对圆形地下工程围岩进行了弹黏性分析等。同时,考虑围岩与支护相互作用

而建立了围岩与支护共同作用原理。在支护措施上也摆脱了支架消极支撑地压的做法,采用能充分发挥围岩自承能力的光爆锚喷支护技术、可缩性支护、二次支护等。

1951 年,缪勒(L. Müller)和斯体尼(J. Stini)开创了地质力学理论。该理论反对把岩体当作连续介质简单地利用固体力学原理进行岩体力学特性分析。强调要重视对岩体节理、裂隙的研究,重视结构面对岩体工程稳定性的影响和控制作用。主张通过现场(原位)力学试验,以便有效地获取岩体的真实力学性能,从而形成了"奥地利学派"。这个学派创立了新奥地利隧道掘进法(新奥法),促进了岩体力学的发展。

1934 年秦巴列维奇(П. М. Цимбарёвич)、1948 年斯列萨列夫(Слесалев)和 1957 年塔罗勃(J. Talobre)先后出版了《岩石力学》专著,标志着岩石力学成为一门独立学科。随后,一些大学里开始开设这门课程。

4. 发展时期

从 20 世纪 60 年代起,地下采矿的深度逐渐增加,第二次世界大战(1939—1945 年)后世界各国开始大量修建地下军事岩体工程,为土木、水利、交通等服务的地下洞室或隧道的数量和规模也大大增加,遇到的工程地质条件更为复杂,这就要求人们采用更为复杂和多种多样的力学模型来分析实际的岩体力学问题。这一时期内形成的力学新分支为之提供了条件,包括损伤力学、断裂力学、非连续介质力学、复合材料力学等。

在采用围岩与支护共同作用理论解决实际问题时,必须以原岩应力(即地应力)作为前提条件进行理论分析,才能把围岩和支护的共同变形与支护的作用力、支护设置时间、支护刚度等关系正确联系起来,这就促进了地应力测量工作的开展。现代实验与监测技术、电子计算机等技术的大量引入,使岩体力学研究领域取得了突飞猛进的发展。

20 世纪 80 年代,数值计算方法发展很快,有限元、边界元及其混合模型得到广泛应用,离散单元法、有限差分法等也相继问世,并开发了多种相应的计算软件。

20 世纪 90 年代,岩体工程三维信息系统、人工智能、神经网络、专家系统、工程决策支持系统等迅速发展起来,并得到普遍的重视和应用。系统科学虽然早已受到岩体力学界的注意,但直到 20 世纪 90 年代才成为共识,并进入岩石力学理论研究和工程应用阶段。

进入 21 世纪,现代数理科学(如分形、分叉和混沌理论)、现代信息技术、现代实验与监测技术、遥感技术等的最新成果引入了岩体力学,而现代电子计算机的高性能为数值方法、模糊数学、灰色理论、人工智能、系统科学理论、非线性理论等在岩体力学与工程中的应用提供了可能。

国际岩石力学学会(International Society for Rock Mechanics,ISRM)于 1962 年成立,缪勒(L. Müller)担任第一任主席,这是岩体力学发展史上的大事,加强了国与国之间的学术交流,在一定程度上推动了岩体力学研究的深入开展。1985 年,我国成立了中国岩石力学与工程学会(Chinese Society for Rock Mechanics and Engineering,CSRME,全国性一级学会,对外称为国际岩石力学学会中国国家小组)。在学会历届理事长陈宗基、潘家铮、孙钧、王思敬、钱七虎等院士的努力推动下,我国岩体力学学术交流、科研合作、互访等工作得到了很大发展。我国的水利水电、煤炭、铁道、建筑、冶金等部门也根据行业特点,建立了各自的岩石力学专业委员会,并对若干重大工程项目开展了广泛的科技咨询和技术支持。2011 年 10 月,第十二届国际岩石力学大会（ISRM2011）在北京国家会议中心隆重开幕，中国科学院武汉岩土力学研究所冯夏庭研究员出任国际岩石力学学会主席，这是我国岩体力学发展水平受到国际认可的重要标志。

二、我国岩体力学取得的主要成果

我国许多高校和科研单位有一大批教授、专家和学者，为解决国家重大项目，如三峡、葛洲坝、小浪底、二滩、南水北调等水利水电工程，大冶、攀枝花、金川等矿山工程，成昆、南昆、京九、青藏等铁路工程，抚顺、大同、两淮、兖州等煤矿工程，大庆、胜利、克拉玛依等石油工程，秦山、大亚湾、岭澳等核电工程，北京、上海、广州、深圳等地铁工程，以及成千上万个中、小型工程建设中所遇到的岩体力学难题，开展了大量的研究工作，取得了一系列重大成果。

陈宗基院士把流变力学引入岩体力学，在分析岩体流变、扩容与长期强度等概念的基础上，提出了岩石流变扩容理论。

潘家铮院士运用各种力学理论解决岩体工程实际设计问题，对许多复杂的结构如地下结构、地基梁与框架、土石坝的心墙斜墙、调压井衬砌等，应用结构理论、弹性理论或板壳理论以及特殊函数，提出了工程实用计算理论与方法。

孙钧院士开拓并发展了一门新的学科分支——地下结构工程力学，并对地下结构黏弹塑性理论以及弹黏性节理岩体的蠕变损伤断裂效应进行了系统深入的研究，提出了新的岩体蠕变损伤模型。

王思敬院士在创建工程地质力学、发展岩体结构理论等方面作出了重大贡献，在工程岩体变形破坏机制研究的基础上，发展了岩体工程稳定性分析原理和方法。

钱七虎院士将运筹学应用于防护工程的破坏概率确定、抗力论证及方案比较，开创了我国国防与人防工程的软科学研究，建立了我国三自由度防护结构概率设计理论。

宋振骐院士建立并完善了以岩层运动为中心的矿山压力理论和研究方法体系，把采场矿山压力研究从定性推向定量，把煤矿现场矿山压力和岩层控制从过去主要依靠统计经验决策推进到针对具体煤层条件定量分析的发展阶段。

王梦恕院士首次系统地完成了地下工程超前支护稳定工作面支护体系的理论分析和应用，创造了新型网构钢拱架支护形式并广泛应用于地下工程。

葛修润院士是我国在岩土工程方面最早引入有限元法的学者之一，相继开展了离散元法、不连续变形分析方法、流形元法、无网格迦辽金法和静态 FLAC 方法等新型数值分析方法的研究，并开发了相应的计算软件。主持研制的 RMT 伺服控制岩石力学多功能试验机系统"在总体性能上达国际领先"（1993 年中科院院级鉴定意见）。主持研制的钻孔全景数字摄像系统在国内居领先地位。

钱鸣高院士创立了以采场上覆岩层活动规律和支架—围岩系统控制为一体的实用工程理论体系，开发完成集矿山压力预测、控制和监测为一体的实用工程技术。

刘宝琛院士创建了时空统一随机介质理论，提出了裂隙岩石通用力学模型，形成了独树一帜的开采影响下地表移动及变形计算方法，并开发了系列计算软件。

谢和平院士建立了矿山裂隙岩体宏观损伤力学模型，开拓了矿山裂隙岩体损伤力学研究新领域，成功预测了采动围岩的损伤大变形和蠕变稳定过程，并应用于深部巷道大变形预测、蠕变分析及其相关的巷道支护设计等重要工程领域；创造性地引入分形方法对裂隙岩体进行

非连续变形、强度和断裂破坏的研究,形成了矿山裂隙岩体非连续行为分形研究的新方向,并与损伤力学相结合,在岩爆、地表沉陷、顶煤破碎块度控制等重要矿山工程应用中获得成功。

顾金才院士提出了喷锚支护坑道抗动载设计计算新方法,对预应力锚索加固机理提出了弹性支撑点理论。

郑颖人院士发展了应变空间塑性理论与多重屈服面理论,在建立广义塑性理论上取得重大进展。

陈祖煜院士完善了以极限平衡为基础的边坡稳定分析理论,得出了边坡稳定分析上限解的微分方程以及相应的解析解,并将有关理论和方法推广到三维问题求解,使边坡三维稳定分析成为现实可行。

何满潮院士提出了软岩"缓变型"和"突变型"大变形灾害的概念及分类,揭示了井下高温高湿环境引起软岩软化大变形、强度衰减以及吸附瓦斯逸出的规律,提出了恒定支护阻力下有效控制矿山工程岩体大变形灾害的恒阻大变形支护理念,研发了具有负泊松比效应的恒阻大变形锚杆(索)新材料,建立了恒阻大变形支护材料结构力学模型,提出了"预留变形量的恒阻大变形锚杆高预应力支护"新方法。

潘一山教授长期从事岩石动力学研究,建立了冲击地压失稳理论、煤和瓦斯突出失稳理论及冲击地压和突出的统一理论,提出了岩体失稳破坏相似模拟理论,研制了相似材料及实验设备,发现了冲击地压启动后煤岩变形破坏过程的局部化规律,并建立了煤岩变形破坏的局部化理论。

冯夏庭研究员提出了"智能岩石力学"和"动态施工力学"等新的学科方向,并研制了相应的实验设备,推动了岩体力学学科的发展。

岩体力学是一门仍处于发展中的学科。随着经济建设的发展,岩体工程的规模不断增大、开挖与维护的难度也相应增大,新的岩体力学问题也会接踵而来。为了适应岩体工程的发展,更好地解决岩体工程建设中的难题,岩体力学中的新理论、新方法、新技术还会不断涌现。同时,对已提出的理论和方法还要在实践中进行检验、修正和完善。

三、岩体力学发展趋势

随着科学技术的飞速发展,各门学科都将以更快的速度向前发展,岩体力学也不例外。一方面,要加强岩体力学的试验与测试技术、力学分析与计算方法和工程应用的研究;另一方面,要加强学科协同合作,相互渗透,不断引入相关学科的新思想、新理论和新方法,这是加速岩体力学发展的必要途径。

下面从岩体力学理论研究、方法研究、试验与测试技术研究,以及应用研究四个大的方面简要介绍岩体力学的发展趋势。

1. 岩体力学理论研究

1)土的本构模型的研究

国内外学者已发展了数十个岩体本构模型,但还没有一个得到工程界的普遍认可,试图建立能适用于各类岩体工程的理想本构模型是不可能的。所以,开展岩体本构模型研究应从两个方向努力:一是针对具体工程建立用于解决实际岩体工程问题的实用模型;二是建立能进一步反映某些岩体应力应变特性的理论模型。

2）非线性科学在岩体工程领域中的应用研究

本质上讲,许多岩体工程问题都是非线性问题。现代数理科学的耗散结构论、协同论、分形几何、分叉和混沌理论,以及突变理论、人工智能等,将用于认识和解释岩体力学的各种复杂过程。

3）岩体工程中的不确定性理论研究

由于岩体结构及其赋存状态、赋存条件的复杂性和多变性,以及环境影响下的易变性,致使岩体工程存在大量的不确定性。现代科学技术手段如模糊数学、灰色理论、非线性理论和人工智能等为不确定性研究提供了必要的手段。

4）岩体工程稳定性分析中的系统论研究

系统论强调复杂事物的层次性、多因素性及相互关联和相互作用的特征,应将岩体工程稳定性问题当作一种系统工程来解决。

2. 岩体力学方法研究

1）信息综合集成方法

信息综合集成方法是以岩体力学、工程地质和系统科学相结合为中心的岩体工程信息综合集成方法,以及相应配套技术研究。

2）新的数值方法

随着电子计算机科学的迅猛发展,作为岩体工程计算分析重要手段的数值方法,其进展必将神速。功能越来越强大的数值计算软件和新的数值计算方法将不断涌现,包括有限元法、有限差分法、离散单元法、拉格朗日元法、流形元法、无网格法、不连续变形分析方法、半解析元法、极限数值方法、概率数值方法、遗传算法、蚁群算法、细胞发生器算法、模拟退火算法、岩土工程反分析等。

3）岩体力学统计方法

由于岩体力学性质的非均质性、不连续性和各向异性,岩体力学统计方法在解决复杂岩体工程稳定性评价方面的研究将得到重视。

4）岩体结构精细描述和力学精细分析方法

目前,有限单元法、有限差分法、离散元法等先进的数值模拟技术在解决岩体力学问题时遇到的困难之一是计算模型与实际有偏差,因此如何精细化描述岩体真实结构是亟待研究的问题。另外,采用力学精细分析方法解决岩体力学重大问题的方法也急需解决。

3. 岩体力学试验与测试技术研究

1）岩体工程中的地质勘察新技术

随着电子技术的发展,岩体力学所依赖的工程地质勘察技术将有长足进步,各种宏观尺度、细观尺度和微观尺度的多功能勘测技术将逐步提出,为岩体力学研究与岩体工程服务。比如,需要研制一种高性能的遥感式仪器,不仅能测到地表或地表附近的地质结构并判断岩土介质的力学性能,而且还可感应到地表以下相当深度的地下地质结构并提供相应的岩体力学参数。

2）地应力测试新技术

地应力是一切岩体工程分析计算的基础数据,最可靠的办法是通过现场实测。地应力的

测试将向智能化、自动化、高精度方向发展,新的测试方法和测试仪器将不断出现。

3)岩体物理力学试验新技术

大型室内物理力学试验和现场原位测试是研究岩体力学问题的重要手段,基于光、电、核磁、声波、遥感等原理的新的物理、力学试验新技术将得到充分发展,这些技术将具有高精度、高可靠度、自动分析处理和远距离传输试验结果等功能。另外,岩石微观、微结构及其与岩石宏观力学特性关系的研究也逐渐开展起来。

4)岩体工程的监测新技术

电子测量技术、光学测试技术、航测技术、电磁场测试技术、声波测试技术、遥感测试技术,以及电子计算机技术的快速发展,将促使岩体工程监测朝着范围广、精度高、信息传输远、方便经济的方向发展,且可实现长期监测,如岩体边坡变形远程自动化监测系统、矿山开挖引起的地表变形自动化监测系统等。

4.岩体力学工程应用研究

1)地下工程围岩加固与支护技术

21 世纪将是地下工程的世纪,在采矿、冶金、交通、市政、水利水电、军事人防等领域将开掘大量地下工程。地下工程围岩加固与支护是确保地下工程稳定性的重要手段,在岩体力学基础理论研究的基础上,需要研制新型高承载力锚杆、可缩性锚杆和防腐锚杆等,以及与之配套的技术;需要研究新的注浆材料和注浆技术,以尽可能地提高加固围岩的强度,提高围岩的自承能力;需要研发新的二次支护技术与方法等。

2)边坡岩体加固与变形控制技术

自然界存在大量的岩体边坡,人类开挖活动又形成不同类型的人工边坡。滑坡、泥石流等灾害已给人类带来巨大的灾难,对工程建设也带来极其不利的影响。在岩体力学基础理论研究的基础上,需要研究新的边坡岩体加固方法;需要研究超强承载力(单锚极限承载力 10MN以上)的防腐长锚索,以及与之配套的技术等。

3)岩体地基加固技术

在软软、破碎、风化岩石地基上修建建筑物和构筑物,需要对岩体进行加固以提高其地基承载力。同样,在岩体力学基础理论研究的基础上,需要进一步研究地基加固处理新方法;需要研究新的灌浆材料、灌浆技术与工艺等。

4)信息系统

岩体工程的信息系统必然包含岩体力学与岩体工程的内容,而岩体力学的发展也极大地促进了岩体力学信息化和数字化的发展。如基于互联网的岩体工程安全施工与长期运行预测预报系统,在不久的将来必会应用于大型岩体工程。

四、岩体力学与城市地下空间工程专业的关系

本教材主要是为城市地下空间工程专业本科生教学而编写的。城市地下空间工程专业是根据我国城市发展的趋势和当前城市地下工程人才匮乏的实际情况而设立的新专业,主要培养具有坚实的数学、力学等自然科学基础和人文社会科学基础,掌握城市地下工程勘察、规划、设计、施工、监理等方面的基本技术和知识,具备从事城市地下空间工程的勘察、规划、设计、研究、开发利用、施工和管理能力,具有较强的计算机应用能力和较高的外语水平的高级技术人才。

城市地下空间工程包括地铁(地铁车站、区间隧道与轨道等)、地下商场与街道、军事与人防工程、管线隧道等,这些工程有时布置在岩体之中。因此,从事城市地下工程建设的技术人员在工程实践中将会遇到大量的与岩体有关的工程技术问题。

在城市地下工程设计之前,首先需要进行如下与岩体力学有关的工作:

(1)通过计算或实测确定地应力(原岩应力)的大小与方向。

(2)通过室内试验和现场原位测试确定岩块、结构面和岩体的各种物理力学性质。

(3)对围岩进行科学的分类。

在设计过程中,需要进行如下与岩体力学相关的工作:

(1)建立相应的数学或力学计算模型,并确定相应的计算方法和有关技术参数。

(2)对围岩应力、位移和塑性区等进行分析与计算,判断围岩的稳定性。

(3)采用合适的理论计算围岩压力,以便确定支护结构上的外荷载。

(4)对地下工程断面形状、尺寸、支护结构与支护参数等进行合理设计。

在施工过程中,要按照新奥法的原则合理组织施工,并进行监控测量,依据测量结果完善或优化设计。

由此可见,岩体力学这门学科与城市地下空间工程专业课的学习和今后的技术工作有着十分密切的关系。学习这门课程是为了更好地学好专业课,也是为了今后更好地解决有关岩体工程技术问题奠定坚实的基础。

思考与练习题

1. 简述岩体力学的定义。
2. 岩体力学研究对象是什么。
3. 简述岩体力学研究内容。
4. 简述岩体力学研究方法。
5. 简述岩体力学发展简史。
6. 简述岩体力学研究趋势。

第二章　岩石的物理力学性质与强度理论

第一节　概　　述

岩石的物理力学性质不仅取决于其矿物组成,而且与岩石的结构和构造密切相关。岩石的结构是指造岩矿物颗粒的形状、大小和联结方式所决定的微观特征;岩石的构造则是指各种不同结构的矿物集合体的各种宏观分布和排列方式。矿物颗粒间具有牢固的联结是岩石介质区别于土介质并使岩石具有较大强度的主要原因。岩石矿物颗粒间联结分为结晶联结和胶结联结两大类。结晶联结是矿物颗粒通过结晶相互嵌合在一起,如岩浆岩、大部分变质岩和部分沉积岩具有这种联结,一般表现为强度大。胶结联结是矿物颗粒通过胶结物联结在一起,胶结联结的岩石强度取决于胶结物的成分和胶结类型。岩石颗粒矿物的胶结物质主要有硅质、铁质、钙质和泥质等。通常情况下,硅质胶结的岩石强度最高,铁质和钙质胶结的次之,泥质胶结的强度最差,且抗水性较差。

风化作用可以改变岩石的矿物组成、结构与构造,从而改变岩石的物理力学性质。一般来说,随着风化程度的加深,岩石的孔隙率增大,渗透性增强,强度降低,在荷载作用下变形随之增大。

第二节　岩石的物理性质

岩石与土一样,属于三相介质,由固相、液相和气相组成。固相是由各种矿物组成的集合体,构成岩石的主要组成部分。在岩石中存在着孔隙或裂隙,其中一部分被水占据着,构成了液相,而没被水占据的那部分孔隙或裂隙则被气体占据,从而形成气相。地下工程所遇到的岩石或岩体,其三相组成是不同的,最终反映在岩石或岩体的力学性质出现不同程度的差别。反映三相组成在数量上关系的指标,称为三相比例指标,它们是定量描述岩石物理性质的最基本指标。

岩石的物理性质还包括渗透性、水理性、热理性等属性,这些属性一般也可用一些物理特性指标来衡量。

一、岩石的三相比例指标

岩石的三相比例指标,反映岩石组成中固相、液相和气相这三者在数量上的关系,包括岩石的密度与重度、岩石颗粒密度、岩石天然含水率、岩石孔隙比、孔隙率和饱和度。

1. 岩石的密度与重度

岩石的密度是指单位体积内岩石的质量,单位为 g/cm^3;岩石的重度是指单位体积内岩石的重量,单位为 kN/m³。岩石的密度乘以重力加速度即为岩石的重度,它们是研究原岩应力、岩体稳定性和围岩压力的重要参数之一。

1)基本概念

岩石密度又称为块体密度,即单位体积岩石的质量。根据岩石含水状况的不同,岩石密度分为天然密度(ρ)、干密度(ρ_d)和饱和密度(ρ_{sat}),相对应的重度分别为天然重度(γ)、干重度(γ_d)和饱和重度(γ_{sat})。

(1)天然密度与天然重度

天然密度是指岩石在自然情况下,单位体积的质量,即:

$$\rho = \frac{m}{V} \tag{2-1}$$

式中:ρ——岩石的天然密度,g/cm³;

m——岩石试件的质量,g;

V——岩石试件的体积,cm³。

岩石的天然重度按式(2-2)计算。

$$\gamma = \rho g \tag{2-2}$$

式中:γ——岩石的天然重度,kN/m³;

g——重力加速度,约等于 9.8m/s²,工程计算中一般取 $g = 10$m/s²。

(2)干密度与干重度

干密度是指岩石孔(空)隙中的水全部被蒸发,试件中仅有固相和气相状态下,其单位体积的质量,即:

$$\rho_d = \frac{m_s}{V} \tag{2-3}$$

式中:ρ_d——岩石的干密度,g/cm³;

m_s——岩石试件的干质量,g,通常是指岩石试件在 105 ~ 110℃温度下烘干后的质量。

岩石的干重度按式(2-4)计算。

$$\gamma_d = \rho_d g \tag{2-4}$$

式中:γ_d——岩石的干重度,kN/m³。

(3)饱和密度与饱和重度

饱和密度是指岩石在饱水状态下单位体积的质量,即:

$$\rho_{sat} = \frac{m_{sat}}{V} \tag{2-5}$$

式中:ρ_{sat}——岩石的饱和密度,g/cm³;

m_{sat}——岩石试件饱水状态下的质量,g。

岩石的饱和重度按式(2-6)计算。

$$\gamma_{sat} = \rho_{sat} g \tag{2-6}$$

式中:γ_{sat}——岩石的饱和重度,kN/m³。

2)测定方法

岩石密度试验可采用量积法、水中称量法或蜡封法。

（1）量积法

量积法就是把岩石加工成形状规则（圆柱体、方柱体或立方体）的试件，用卡尺测量试件的尺寸，求出体积，并用天平称取试件的质量，然后按式（2-1）计算岩石的天然密度，再按式（2-2）计算岩石的天然重度。在进行天然密度或重度试验时，应该保持被测岩石的含水率（通常在地下工程开挖面取破碎后的新鲜岩样，并及时密封）；干密度的测试方法是先把岩石试件置于 105～110℃烘箱中，将岩石烘至恒重（一般 24h），再称取其质量，并按式（2-3）计算其干密度，或按式（2-4）计算其干重度；饱和密度的测试则采用 48h 浸水法、抽真空法或煮沸法使岩石试件饱和后再称取质量，按式（2-5）计算其饱和密度，或按式（2-6）计算其饱和重度。

量积法最为简单，使用较多。凡能制备成规则试件的各类岩石，均可采用量积法。采用量积法时，岩石试件的尺寸应大于岩石最大矿物颗粒直径的 10 倍，最小尺寸不宜小于 50mm。

（2）水中称量法

首先用天平秤取不规则岩石试件的质量，然后将其放入盛有部分液体（通常为水）的量筒内，根据阿基米德原理测定出不规则岩样的体积，按上述公式和类似方法便可确定岩石的各种密度和重度。

除遇水崩解、溶解和膨胀的岩石外，均可采用水中称量法。

（3）蜡封法

凡不能用量积法和水中称量法进行测定的岩石，均可采用蜡封法。

首先取边长为 40～60mm 的不规则岩样，放置在烘箱内在 105～110℃温度下烘至恒重（一般 24h），取出后系上细线，称取其质量记为 m_s，持线将岩样缓缓浸入刚过熔点（温度 60℃左右）的熔蜡中 1～2s，使试件表面均匀涂上一层蜡膜，其厚度约 1mm。冷却后称取蜡封岩样的质量，记为 m_1；然后将蜡封岩样浸没于纯水中称取其质量，记为 m_2，则岩石的干密度为：

$$\rho_d = \frac{m_s}{\dfrac{m_1 - m_2}{\rho_w} - \dfrac{m_1 - m_s}{\rho_n}} \tag{2-7}$$

式中：ρ_w——水的密度，取 1.0g/cm³；

ρ_n——石蜡的密度，g/cm³。

若已知岩石的天然含水率 ω 和岩石孔隙率 n（详见后面叙述），可按式（2-8）和式（2-9）分别计算岩石的天然密度和饱和密度。

$$\rho = \rho_d(1 + \omega) \tag{2-8}$$

式中：ω——岩石的天然含水率，无因次。

$$\rho_{sat} = \rho_d + n\rho_w \tag{2-9}$$

式中：n——岩石的孔隙率，无因次。

确定了岩石天然密度、干密度和饱和密度后，乘以重力加速度便可以确定岩石的天然重度、干重度和饱和重度。

2. 岩石的颗粒密度与比重

1）岩石的颗粒密度

岩石颗粒密度是指岩石固体部分的质量与固体体积之比，即：

$$\rho_{s} = \frac{m_{s}}{V_{s}} \qquad\qquad (2\text{-}10)$$

式中:ρ_{s}——岩石颗粒密度,g/cm^{3};

V_{s}——岩石的实体体积(不包括孔隙和裂隙所占体积),m^{3}。

岩石的颗粒密度常用比重瓶法测定。先将岩石粉碎,并使岩粉通过直径为 0.25mm 的筛网筛选;将筛选后的岩粉放置在烘箱(温度控制在 105 ~ 110℃)内烘干至恒重,然后放入干燥器内冷却至室温,称出一定量的岩粉,其质量记为 m_{s}。将岩粉倒入已注入一定量煤油(或蒸馏水)的比重瓶内,采用煮沸法或真空抽气法将岩粉中的空气排出。由于加入岩粉使液面升高,读出其刻度,即加入岩粉后体积的增量,记为 V_{s},则可按式(2-10)计算出岩石的颗粒密度。

岩石颗粒密度不包括孔隙在内,其大小只与岩石的矿物组成有关,一般为2.5 ~ 3.2g/cm³。

2)岩石的比重

岩石比重是岩石固体部分质量与4℃时同体积纯水质量之比,即:

$$G_{s} = \frac{m_{s}}{V_{s}\rho_{w}} = \frac{\rho_{s}}{\rho_{w}} \qquad\qquad (2\text{-}11)$$

式中:G_{s}——岩石的比重,无因次;

ρ_{w}——1 个大气压下4℃时纯水的密度,取 1.0g/cm³。

因为 $\rho_{w} = 1$,从式(2-11)可以看出,岩石的比重与岩石颗粒密度数值相等,只不过岩石比重是一个无因次的量。

3. 岩石的天然含水率

天然状态下,岩石中水的质量与其干质量之比,称为岩石的天然含水率,以百分比表示,即:

$$\omega = \frac{m_{w}}{m_{s}} \times 100\% \qquad\qquad (2\text{-}12)$$

式中:ω——岩石的天然含水率,%;

m_{w}——天然状态下岩石中水的质量,g。

岩石天然含水率采用烘干法测定。试件应在现场采取,并及时密封,保持其天然含水状态。试件尺寸应大于组成岩石最大矿物颗粒直径的 10 倍,每个试件的质量为 40 ~ 200g,试件数量不宜小于 5 个。在放入烘箱之前,先称取试件的质量,记为 m_{0};然后将试件放置在烘箱内,控制温度在 105 ~ 110℃范围内将试件烘干至恒重,称取烘干后的试件质量,记为 m_{s},则岩石天然含水率可按式(2-13)计算。

$$\omega = \frac{m_{0} - m_{s}}{m_{s}} \times 100\% \qquad\qquad (2\text{-}13)$$

式中:m_{0}——岩石试件烘干前的质量,g;

m_{s}——试件干质量,g。

以上三个方面的三相比例指标属于试验指标,均需要通过试验来确定。当测定出这些指标后,可通过换算公式计算出其他三相比例指标。

4.岩石的孔(空)隙率与孔(空)隙比

天然岩石中包含数量不等,成因不同的孔隙和裂隙,这是岩石重要结构特征之一,岩石的这种地质特征称为岩石的孔隙性。常用孔隙率(n)或孔隙比(e)来描述岩石孔隙性的发育程度。

1)孔(空)隙率

岩石中孔隙体积与其总体积之比,称为岩石的孔隙率,以百分比表示,即:

$$n = \frac{V_v}{V} \times 100\% \tag{2-14}$$

式中:n——岩石的孔隙率,%;

V_v——岩石的孔隙体积,m^3;

V——岩石的总体积,m^3。

若通过试验已经测定出了岩石干密度和岩石颗粒密度,则岩石孔隙率可按式(2-15)计算。

$$n = \left(1 - \frac{\rho_d}{\rho_s}\right) \times 100\% \tag{2-15}$$

2)孔(空)隙比

岩石中孔隙体积与岩石的实体体积之比,称为孔隙比,即:

$$e = \frac{V_v}{V_s} \tag{2-16}$$

岩石孔隙比与孔隙率的关系为:

$$e = \frac{n}{1 - n} \tag{2-17}$$

岩石孔隙率与孔隙比的大小取决于岩石发育的孔隙数量、密度、长度以及它们的张开度。显然,孔隙率与孔隙比越大,岩石中孔隙和裂隙就越多,其强度就越小,塑性变形和渗透性就越大,工程性质就越差。

5.岩石的天然饱和度

天然状态下,岩石中水的体积与孔隙体积之比,称为岩石的天然饱和度,用百分比表示,即:

$$B_{hd} = \frac{V_w}{V_v} \times 100\% \tag{2-18}$$

若通过试验已经测定出了岩石干密度、岩石颗粒密度和天然含水率,并按式(2-15)确定了岩石的孔隙率,则岩石天然饱和度可按式(2-19)计算。

$$B_{hd} = \frac{\omega \rho_d}{n \rho_w} \times 100\% \tag{2-19}$$

显然,当 $B_{hd} = 0$ 时,岩石是完全干燥的;当 $B_{hd} = 100\%$ 时,岩石是饱和的;正常情况下,$0 < B_{hd} < 100\%$。

岩石的天然饱和度与天然含水率一样,都是反映岩石在天然状态下含水率的大小,即反映岩层的天然赋水状况。

表2-1列出了部分岩石的密度、颗粒密度和孔隙率等指标。

部分岩石块体密度、颗粒密度、孔隙率及吸水率的指标　　　　　　表 2-1

岩石名称		块体密度(g/cm³)	颗粒密度(g/cm³)	孔隙率(%)	吸水率(%)
岩浆岩	花岗岩	2.30～2.80	2.50～2.48	0.04～0.92	0.01～0.92
	正长岩	2.40～2.85	2.50～2.90		0.47～14.94
	闪长岩	2.52～2.96	2.60～3.10	0.25～3.00	0.30～0.48
	辉长岩	2.55～2.98	2.70～3.20	0.29～1.13	
	辉绿岩	2.53～2.97	2.60～3.10	0.40～5.38	0.22～5.00
	玢岩	2.40～2.80	2.60～2.84		0.07～1.65
	斑岩	2.70～2.74	2.62～2.84	0.29～2.75	0.20～2.00
	粗面岩	2.30～2.67	2.40～2.70		
	安山岩	2.30～2.70	2.40～2.80	1.09～2.19	0.29
	玄武岩	2.50～3.10	2.60～3.30	0.35～3.00	0.31～2.69
	凝辉岩	2.29～2.50	2.56～2.78	1.50～4.90	0.12～7.45
沉积岩	砾岩	2.42～2.66	2.67～2.71	0.34～9.30	0.20～5.00
	砂岩	2.20～2.71	2.60～2.75	1.60～2.83	0.20～12.9
	页岩	2.30～2.62	2.57～2.77	1.46～2.59	1.80～3.10
	石灰岩	2.30～2.77	2.48～2.85	0.53～2.00	0.10～4.45
变质岩	片麻岩	2.30～3.05	2.63～3.01	0.70～4.20	0.10～3.15
	片岩	2.69～2.92	2.75～3.02	0.70～2.92	0.08～0.55
	石英岩	2.40～2.80	2.53～2.84	0.50～0.80	0.10～1.45
	大理岩	2.60～2.70	2.80～2.85	0.22～1.30	0.10～0.80
	板岩	2.31～2.75	2.68～2.76	0.36～3.50	0.10～0.95

二、岩石的渗透性

岩石的渗透性是指在一定的水头梯度或压力差作用下,水渗透或穿透岩石的能力。它间接反映了岩石中裂隙相互连通的程度。

在地下某些岩层中存在地下水,当有水力坡降(亦称水头梯度)时,水就会沿着岩石或岩体中的连通孔隙或裂隙从水头高的地方向水头低的地方流动,即所谓的渗流。

岩石的渗透性取决于岩石孔隙和裂隙的大小、密度、张开度、裂隙充填程度以及相互连通情况,描述岩石渗透性大小的指标有渗透系数和透水率。

1. 渗透系数

为了近似地分析岩石或岩体中的渗透性问题,假设渗透水流服从达西(Darcy)定律。按照这个定律,渗透速度与水力坡降成正比,即:

$$v = ki \tag{2-20}$$

式中:v——渗流速度,cm/s;

i——水力坡降(水头梯度),无因次;

k——渗透系数,cm/s。

岩石的渗透系数 k 反映了岩石渗透性的大小。k 值越大,说明岩石的渗透性越大,水在岩石中的渗流就越顺畅,单位时间内渗过单位面积的水量也就越多。

岩石的渗透系数可在现场或实验室内通过试验测定。室内试验采用岩石渗透分析仪,其原理与方法与土的渗透仪相类似,不过试验时采用的压力差比做土的试验大得多。现场测定岩体的渗透系数较为精确,但成本较高。需要打钻孔到待测岩层,并进行抽水或压水试验,通过抽出或压入的水量以及水压力确定岩体的渗透系数。几种岩石的渗透系数,见表2-2。

几种岩石的渗透系数   表2-2

岩石名称	空隙情况	渗透系数 k(cm/s)
花岗岩	较致密、微裂隙	$1.1 \times 10^{-12} \sim 9.5 \times 10^{-11}$
	含微裂隙	$1.1 \times 10^{-11} \sim 2.5 \times 10^{-11}$
	微裂隙及部分粗裂隙	$2.8 \times 10^{-9} \sim 7.0 \times 10^{-8}$
石灰岩	致密	$3.0 \times 10^{-12} \sim 6.0 \times 10^{-10}$
	微裂隙、孔隙	$2.0 \times 10^{-9} \sim 3.0 \times 10^{-6}$
	空隙较发育	$9.0 \times 10^{-5} \sim 3.0 \times 10^{-4}$
片麻岩	致密	$< 10^{-13}$
	微裂隙	$9.0 \times 10^{-8} \sim 4.0 \times 10^{-7}$
	微裂隙发育	$2.0 \times 10^{-6} \sim 3.0 \times 10^{-5}$
辉绿岩、玄武岩	致密	$< 10^{-13}$
砂岩	较致密	$10^{-13} \sim 2.5 \times 10^{-10}$
	空隙发育	5.5×10^{-6}
页岩	微裂隙发育	$2.0 \times 10^{-10} \sim 8.0 \times 10^{-9}$
片岩	微裂隙发育	$1.0 \times 10^{-9} \sim 5.0 \times 10^{-5}$
石英岩	微裂隙	$1.2 \times 10^{-10} \sim 1.8 \times 10^{-10}$

2. 渗透率

渗透率是现场压水试验时所测得的表示岩石渗透性的另外一个指标,记为 q,其单位为 Lu(吕荣)。1Lu 为:在1MPa 压力下,每米试验段的平均注入量为 1L/min。1Lu 大致相当于渗透系数 $k = 2 \times 10^{-5} \sim 1.5 \times 10^{-4}$ cm/s。

渗透率越大,岩石或岩体的渗透性越大,即透水性越好。

三、岩石的水理性

岩石遇水作用后会引起某些物理、化学和力学等性质的改变,水对岩石的这种作用,称为岩石的水理性,包括岩石的吸水性、软化性、崩解性和膨胀性等。

1. 岩石吸水性

在一定的条件下,岩石吸收水分的性质称为吸水性。常用吸水率、饱水率和饱水系数等物理指标来表示。

1)吸水率

吸水率是指岩石在常温常压下吸收水分的质量与岩石干质量之比,用百分比表示,即:

$$\omega_a = \frac{m_{w1}}{m_s} \times 100\% \qquad (2\text{-}21)$$

式中:ω_a——岩石吸水率,%;

　　m_{w1}——烘干的岩石试件在常温常压下吸入水的质量,g;

　　m_s——试件干质量,g。

岩石吸水率的测定采用自由浸水法。首先到现场取不规则岩样作为试件,其边长宜为40~60mm,试件数量不得小于3个。将试件置于烘箱内,在105~110℃下烘24h,取出放入干燥器内冷却至室温后称量,记为m_s。然后,将试件放入水中自由浸泡和吸水48h后,取出试件并沾去表面水分称量,记为m_1。则岩石吸水率可按式(2-22)计算,即:

$$\omega_a = \frac{m_1 - m_s}{m_s} \times 100\% \qquad (2\text{-}22)$$

式中:m_1——试件在常温常压下浸水48h后的质量,g;

　　m_s——试件干质量,g。

岩石的吸水率愈大,表明岩石的孔隙大、数量多、孔隙连通性好,岩石的力学性质差。大部分岩浆岩和变质岩的吸水率多为0.1%~2.0%;沉积岩的吸水性较强,其吸水率多变化为0.2%~7.0%。几种常见岩石的吸水率,见表2-1。

2)饱和吸水率

饱和吸水率是岩石在强制(高压或真空、煮沸)条件下吸收水分的质量与岩石干质量之比,用百分比表示,即:

$$\omega_{sat} = \frac{m_{w2}}{m_s} \times 100\% \qquad (2\text{-}23)$$

式中:ω_{sat}——岩石饱和吸水率,%;

　　m_{w2}——烘干的岩石试件在强制(高压或真空、煮沸)条件下吸入水的质量,g;

　　m_s——试件干质量,g。

通常认为在高压条件下水能进入岩石中所有张开的孔隙和裂隙中,国外有些国家采用高压(压力一般15MPa)设备测定岩石的饱和吸水率,我国通常采用真空抽气法或煮沸法测定岩石饱和吸水率。当采用真空抽气法测定岩石饱和吸水率时,饱和容器内的水面应高于试件,真空压力表读数宜为100kPa,直至无气泡逸出为止,但总抽气时间不得少于4h;当采用煮沸法测定岩石饱和吸水率时,煮沸容器内的水面应始终高于试件,煮沸时间不得少6h。

岩石吸水率与饱和吸水率的差别反映了岩石中微细裂隙或孔隙的发育程度。

3)饱水系数

岩石的饱水系数为岩石的吸水率与饱和吸水率之比,即:

$$\eta_w = \frac{\omega_a}{\omega_{sat}} \qquad (2\text{-}24)$$

式中:η_w——岩石的饱水系数,无因次。

饱水系数越大,说明常温常压下吸水后余留的孔隙就越少,岩石越易造成冻胀破坏,抗冻

性越差。

2. 岩石的软化性

岩石浸水后强度降低的性能,称为岩石的软化性,通常用软化系数来表征。岩石的软化系数是指岩石试件饱和单轴抗压强度与干燥状态下的单轴抗压强度的比值,即:

$$\xi = \frac{S_{\text{cd}}}{S_{\text{csat}}}$$ (2-25)

式中:ξ——岩石的软化系数,无因次;

S_{cd}——岩石试件干燥状态下的单轴抗压强度,MPa;

S_{csat}——岩石试件饱和状态下的单轴抗压强度,MPa。

软化系数是评价岩石力学性质的重要指标,显然,ξ 是一个小于或等于 1 的系数,该值越小,则表示岩石强度受水的影响越大。一般认为,当 $\xi > 0.75$ 时,岩石的软化性弱,同时也说明岩石的抗冻性和抗风化能力强;当 $\xi < 0.75$ 时,则岩石的软化性较强,工程性质较差,抗冻性和抗风化能力也较差。

不同的岩石,其软化系数不同,表 2-3 给出了几种岩石的软化系数。对于软化系数较小的岩石,地下工程施工中应采取工程措施防止围岩吸水。

几种岩石的软化系数 表 2-3

岩 石 种 类	ξ	岩 石 种 类	ξ
花岗岩	0.80 ~ 0.98	砂岩	0.60 ~ 0.97
闪长岩	0.70 ~ 0.90	泥岩	0.10 ~ 0.50
辉长岩	0.65 ~ 0.92	页岩	0.55 ~ 0.70
辉绿岩	0.92	片麻岩	0.70 ~ 0.96
玄武岩	0.70 ~ 0.95	片岩	0.50 ~ 0.95
凝灰岩	0.65 ~ 0.88	石英岩	0.80 ~ 0.98
白云岩	0.83	千枚岩	0.76 ~ 0.95
石灰岩	0.68 ~ 0.94		

3. 岩石的膨胀性

岩石的膨胀性是指岩石浸水后体积增大的性质。膨胀性岩石可分两种,即黏土膨胀岩和结晶膨胀岩。

黏土膨胀岩的膨胀是由于含有大量的强亲水矿物(蒙脱石、伊利石等)成分,它们具有较强的亲水性,致使岩石中黏土颗粒间的水膜增厚,或者水进入矿物晶体内部变成矿物晶格上的结晶水,从而引起岩石体积增大,这就是岩石的膨胀性。

结晶膨胀岩的膨胀是由无水芒硝(Na_2SO_4)、硬石膏($CaSO_4$)、钙芒硝($Na_2SO_4 \cdot CaSO_4$)吸水发生化学反应引起体积膨胀。如无水芒硝吸收 10 个水分子后,变为芒硝($Na_2SO_4 \cdot 10H_2O$),体积增大 9.8 倍,其膨胀压力可高达 10MPa 以上;又如硬石膏($CaSO_4$)吸收 2 个水分子后变成石膏($CaSO_4 \cdot 2H_2O$),体积增大 61%;钙芒硝则具有上面两种作用,即:

$$Na_2SO_4 \cdot CaSO_4 + 12H_2O \longrightarrow CaSO_4 \cdot 2H_2O \downarrow + Na_2SO_4 \cdot 10H_2O \downarrow$$

在地壳中,并不是所有岩石都具有膨胀性。膨胀性岩石的膨胀特性也明显不同,通常以岩石的自由膨胀率、岩石的侧向约束膨胀率和膨胀压力来表述。

1)岩石的自由膨胀率

岩石的自由膨胀率是指岩石试件在无任何约束的条件下浸水后所产生膨胀变形与试件原尺寸的比值。通常情况下,又分为岩石的径向自由膨胀率(V_d)和轴向自由膨胀率(V_h),其计算公式分别为:

$$V_h = \frac{\Delta h}{h} \times 100\%$$
$$V_d = \frac{\Delta d}{d} \times 100\%$$

(2-26)

式中:h——岩石试件试验前的高度,mm;

d——岩石试件试验前的直径,mm;

Δh——浸水后岩石试件轴向膨胀变形量,mm;

Δd——浸水后岩石试件径向膨胀变形量,mm。

岩石自由膨胀率的测定采用自由膨胀率试验仪,所用试件为圆柱形或正方形。圆柱形试件的直径宜为 48～65mm,试件高度宜等于直径,两端面应平行;正方形试件的边长宜为 48～65mm,各相对面应平行。试件数量不得少于 3 个。浸水后试验时间不得小于 48h,直至膨胀变形稳定为止。

2)岩石的侧向约束膨胀率

岩石的侧向约束膨胀率是将具有侧向刚性约束的试件浸入水中,使岩石试件仅产生轴向膨胀变形而求得的膨胀率,其计算公式为:

$$V_{hp} = \frac{\Delta h_1}{h} \times 100\%$$

(2-27)

式中:Δh_1——有侧向刚性约束条件下所测得的轴向膨胀变形量,mm。

所用试验仪器为侧向约束膨胀率试验仪,试件为圆柱形。试件高度应大于 20mm,或大于岩石最大矿物颗粒直径的 10 倍,两端面应平行;试件直径宜为 50～65mm。试件数量不得少于 3 个。浸水后试验时间不得小于 48h,直至膨胀变形稳定为止。

3)膨胀压力

膨胀压力是指岩石试件浸水后,使试件保持原有体积所施加的最大轴向压力。

岩石膨胀压力的测定采用膨胀压力试验仪,采用圆柱形试件。试件高度应大于 20mm,或大于岩石最大矿物颗粒直径的 10 倍,两端面应平行;试件直径宜为 50～65mm。试件数量不得少于 3 个。将试件放入内壁涂有凡士林的金属套环内,在试件上下分别放置薄型滤纸和金属透水板,并安装加压系统及量测试件变形的测表。缓慢地向盛水容器内注入蒸馏水直至淹没上部透水板,同时观测变形测表的变化,当变形量大于 0.001mm 时,调节所施加的荷载保持试件高度在整个试验过程中始终不变,通过压力传感器可测得稳定后的最大压力值,即为岩石膨胀压力。

上述三个参数从不同的角度反映了岩石遇水膨胀的特性,进而可利用这些参数,评价建造于遇水膨胀岩体中的地下工程的稳定性,并为这些工程的设计提供必要的设计参数。

4.岩石的崩解性

岩石的崩解性是指岩石与水相互作用时失去黏结性并变成完全丧失强度的松散物质的性能。对于可溶盐与黏土质胶结的沉积岩,其崩解性较为明显,这是因为在水的作用下其内部结构连接遭到破坏所致。

岩石的崩解性一般用岩石耐崩解性指标来衡量。这项指标是在实验室内做干湿循环试验确定的,所用试验仪器为耐崩解性试验仪,如图 2-1 所示。

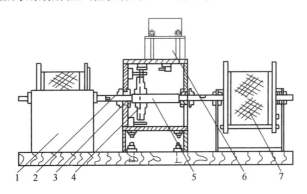

图 2-1　耐崩解性试验仪

1-水槽;2-蜗杆;3-轴套;4-蜗轮;5-大轴;6-马达;7-筛筒

在现场采取保持天然含水率的试样并密封。在实验室内,将现场取回的试样制成每块质量为 40～60g 的浑圆状岩块试件,每组试验试件的数量不少于 10 个。将试件装入耐崩解试验仪的圆柱形筛筒 7(筛孔直径 2mm)内,在 105～110℃ 的温度下烘干至恒重后,在干燥器内冷却至室温称取其质量,记为 m_s。将装有试件的圆柱形筛筒放在水槽 1 内,向水槽内注入蒸馏水,使水位在转动轴下约 20mm。圆柱形筛筒以 20r/min 的转速转动 10min 后,将圆柱形筛筒和残留试件在 105～110℃ 的温度下烘干至恒重(一般 24h),然后在干燥器内冷却至室温,这样就完成了第一次干湿循环试验。再将装有残留试件的圆柱形筛筒放在水槽内,经注水、旋转、烘干、冷却至室温后,称取残留试件的质量,记为 m_r,这样就完成了第二次干湿循环试验。则岩石耐崩解指数按式(2-28)计算。

$$I_{d2} = \frac{m_r}{m_s} \times 100\% \qquad (2\text{-}28)$$

式中:I_{d2}——岩石(二次循环)耐崩解性指数,%;

　　m_s——原试件干质量,g;

　　m_r——残留试件干质量,g。

试验时,可以进行多次干湿循环试验,以便研究岩石耐崩解指数 I_d 与干湿循环次数的关系。岩石耐崩解性指数反映了岩石遇水的崩解特性,其值越小,岩石遇水越容易崩解;反之,其值越大,岩石遇水越不容易崩解,这也是耐崩解性指数定义的由来。

四、岩石的热(冷)理性质

1.岩石热理性

岩石的热理性是指岩石温度发生变化时所表现出来的物理性质。与其他材料一样,岩石也具有热胀冷缩的性质,并且有时表现得相当明显。当温度升高时,岩石不仅发生体积及线膨胀,而且其强度也要降低,变形特性也随之改变。表征岩石热理性的参数与其他材料一样,主要有体积膨胀系数、线胀系数和热导率等。

2. 岩石的抗冻性

岩石的抗冻性是指岩石抵抗冻融破坏的能力,一般采用抗冻性系数来表示。抗冻性系数是指岩石试件经反复冻融后的抗压强度与冻融前抗压强度之比,即:

$$C_R = \frac{S_{cf}}{S_{cw}} \times 100\% \tag{2-29}$$

式中:C_R——岩石抗冻性系数,无因次;

$\quad S_{cf}$——岩石试件冻融后的抗压强度,MPa;

$\quad S_{cw}$——岩石试件冻融前的抗压强度,MPa。

试验时,先将所有相同岩石试件浸水饱和,并分为两组。其中一组进行冻融试验,在$-20 \sim 20℃$温度下反复冻融 25 次以上,冻融次数和温度可根据工程地区的气候条件选定。把经过冻融试件和未经过冻融的另一组岩石试件放入烘箱中烘至恒重,分别测试经过冻融试件和未经过冻融试件的抗压强度,按式(2-29)便可确定岩石的抗冻性参数。

岩石在冻融作用下强度降低和破坏,一方面是由于岩石中各组成矿物的体膨胀系数不同,以及在岩石冷热过程中不同岩层中温度变化不均匀,因而产生内部温度应力;另一方面是由于岩石孔隙中水的冻胀作用所致(水冻结成冰时体积增大约 9%,并产生冻胀压力),使岩石的结构和联结遭受破坏。因此,岩石的抗冻性是高寒地区岩石强度、变形与破坏特性研究的重要方面。

第三节　岩石的力学性质

岩石的力学性质是指岩石在应力作用下表现出来的变形与破坏特征,常由岩石试件在单轴或三轴试验机上所得到的应力—应变曲线,以及强度与变形指标来描述。

岩石(岩块)力学性质的含义包括两个方面:一是岩石的变形特征,即岩石试件在各种荷载作用下的变形规律,其中包括岩石的弹性变形、塑性变形、流变变形等,它反映了岩石的力学属性;二是岩石的强度特征,即岩石试件在荷载作用下破坏时的最大应力(强度极限),以及应力与破坏之间的关系(强度理论),它反映了岩石抵抗破坏的能力和破坏规律。

众所周知,岩体是由岩块(岩石)和结构面组成的。因此,研究岩体的力学性质,首先要研究岩石的力学性质。不仅如此,在某种特定条件下,如岩体中结构面不发育,岩体呈整体状态时,岩石的变形与强度性质,往往可以近似地代替岩体的变形与强度性质。这时,岩体的性质与岩石比较接近,常可通过岩石力学性质的研究外推岩体的力学性质,并解决有关岩体力学问题。另外,岩石强度还是评价建筑材料和岩体工程分类的重要指标。

岩石力学性质的研究,全凭试验。因此,在岩石力学领域,针对岩石试件的室内试验(还有针对岩体的原位试验、针对工程的现场监测)占有十分重要的地位。

一、岩石单轴压缩条件下的力学特性

1. 单轴压缩试验

这是最简单、最基本、使用最多的一类试验项目,采用一般的材料试验机便可进行该项试验,如图 2-2 所示。沿圆柱形试件轴向垂直加载,同时记录试件高度变化,则试件所受单向应力及对应的轴向应变为:

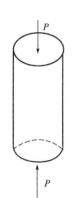

$$\left.\begin{array}{l} \sigma = \dfrac{P}{A} \\[2mm] \varepsilon = \dfrac{\Delta h}{h} \end{array}\right\} \qquad (2\text{-}30)$$

式中:P——施加在试件上的垂直荷载,N;

A——试件断面面积,mm^2;

σ——轴向应力,MPa;

ε——轴向应变,无因次。

试验前,需要将现场取回的岩样加工成圆柱形试件。其直径宜为 48 ~ 54mm(普遍采用 50mm),且应大于岩石最大矿物颗粒尺寸的 10 倍。试件高度与直径之比宜为 2.0 ~ 2.5(普遍采用 2.0)。试件两端面不平整误差不得大于 0.05mm,试件高度、直径的误差不得大于 0.3mm。端面应垂直于试件轴

图 2-2 岩石单轴压缩试验示意图

线,其最大偏差不得大于 0.25°。每组试验试件的数量不应少于 3 个。试验时,以每秒 0.5 ~ 1.0MPa 的速度加荷直至破坏。

试件的端部效应对单轴压缩试验结果有重要影响。当试件上、下两个钢板加压时,钢板与试件端面之间存在摩擦力,阻止试件端部的侧向变形,造成试件端部的应力状态较为复杂,且不均匀。只有在离开端面一定距离的部位,才会出现均匀的单向应力状态。为了减少端部效应,必须在试件和钢板之间加润滑剂,以充分减少钢板与试件端面之间的摩擦力,同时必须使试件长度达到规定要求,以保证在试件中部出现单向均匀的应力状态。

2. 试验结果

1)全应力—应变曲线

在过去很长一段时间内,岩石的变形与强度特性主要靠普通材料试验机进行研究。在对岩石试件进行单轴压缩试验时,当对试件加载达到其极限强度(峰值强度)的瞬间,经常出现试件的突然"爆裂"现象,以至于很难观测到峰值以后的应力—应变关系。这是由于普通材料试验机的刚度较小,在加载过程中材料试验机本身也发生变形,并积聚了大量的弹性变形能。这样,当试件发生破坏时,试验机内储存的大量弹性变形能也立即释放,使试件产生激烈的破坏(即爆裂)。目前,广泛采用电脑自动控制的配有伺服系统的刚性试验机,可获得岩石的全应力—应变全曲线。

所谓全应力—应变曲线,是指岩石试件在破裂前后的全过程曲线。采用刚性试验机,并应用伺服控制系统,控制加载速度以适应试件变形速度,就可以得到岩石的全应力—应变曲线。

典型的全应力—应变曲线如图 2-3 所示,可分为五个阶段。图中 *OA* 段为压密变形阶段,曲线斜率渐增,这反映岩石试件内部原始裂隙逐渐被压密,以及试件与压板之间的间隙调整;*AB* 段为线弹性变形阶段,它的斜率为常数或接近于常数,在此阶段卸载将不会产生残余应变;*BC* 段为塑性变形阶段,曲线斜率逐渐减少,到达 *C* 点时变为零。在塑性变形阶段,新裂隙产生逐渐增多,并扩展以致相互贯穿,卸载后有残余应变;*CD* 段为应变软化阶段(应力不增加而应变不断增长),曲线斜率变为负值,并逐渐趋于平缓。在该阶段已贯穿的裂隙继续发展,卸载后有较大的残余应变;*DE* 段为残余强度阶段,曲线平缓,说明岩石还具有一定的残余强度。在该阶段裂隙张开或错动,最终在 *E* 点使岩石解体。

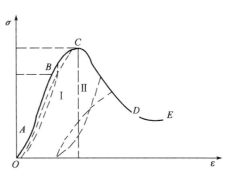

图 2-3　全应力—应变曲线

C 点以前的阶段,可以称为破坏前阶段(峰前区);*C* 点以后的阶段,称为破坏后阶段(峰后区),这是普通材料试验机所测试不到的。实际岩石在应力超过峰值以后仍然具有一定的承载能力,这与岩体工程的实际情况是吻合的。许多地下工程围岩出现大量裂隙,但围岩仍具有承载能力而不出现失稳破坏,甚至许多地下工程开挖在已破坏的岩体中尚能自稳,这充分说明研究峰后区的应力—应变关系也具有非常重要的意义。因此,科学的方法应该是全面研究全应力—应变曲线的特征与规律。

2)强度与变形指标

(1)岩石单轴抗压强度

岩石在单轴压缩荷载作用下达到破坏前所能承受的最大压应力称为岩石的单轴抗压强度,通常用 S_c 来表示,即:

$$S_c = \frac{P_{max}}{A} \tag{2-31}$$

式中:S_c——岩石单轴抗压强度,MPa;

　　P_{max}——施加在试件上的最大垂直荷载,N;

　　　A——试件断面积,mm^2。

(2)岩石的屈服极限

B 点为屈服点,其相应的应力值称为屈服极限,常用 σ_s 来表示。

(3)岩石的弹性模量

峰前区直线段 *AB* 的斜率即为岩石的弹性模量,可按式(2-32)计算。

$$E = \frac{\sigma_B - \sigma_A}{\varepsilon_{hB} - \varepsilon_{hA}} \tag{2-32}$$

式中:E——岩石弹性模量,MPa;

　　σ_A——直线段 *AB* 起始点的应力值,MPa;

　　σ_B——直线段 *AB* 终点的应力值,MPa;

　　ε_{hA}——应力为 σ_A 时的纵向应变值,无因次;

ε_{hB}——应力为 σ_B 时的纵向应变值,无因次。

（4）岩石的泊松比

岩石的泊松比也称为岩石横向变形系数,为横向应变的增量与竖向应变增量的比值。因为岩石试件只受到轴向压力作用,侧向没有约束,可以自由横向变形。试验过程中,通过横向应变片可以测得横向应变随轴向应力的变化规律,便可按式(2-33)计算岩石的泊松比。

$$\mu = \frac{\varepsilon_{dB} - \varepsilon_{dA}}{\varepsilon_{hB} - \varepsilon_{hA}} \tag{2-33}$$

式中：ε_{dA}——应力为 σ_A 时的横向应变值,无因次;

ε_{dB}——应力为 σ_B 时的横向应变值,无因次。

3. 岩石试件破坏形式

岩石试件在单轴压缩荷载作用下破坏时,常见破坏形式有以下三种：

1）单斜面剪切破坏

如图 2-4a)所示,岩石试件的破坏是由剪应力引起的。剪切破坏面大致为一单斜平面,与最大主应力作用平面(水平面)呈 α 角,与岩石内摩擦角 φ 存在如下关系：

$$\alpha = 45^\circ + \frac{\varphi}{2} \tag{2-34}$$

2）X 状共轭斜面剪切破坏

如图 2-4b)所示,岩石试件的破坏也是由剪应力引起的。不过剪切破坏面为共轭双斜面,与最大主应力作用平面(水平面)呈 β 角。这是一种最常见的剪切破坏形式。

3）横向拉伸破坏

如图 2-4c)所示,在单向压应力作用下,由于泊松效应,在试件内部岩石颗粒间产生横向拉应力,当其值超过岩石颗粒之间的连接强度时,岩石试件产生拉伸破坏。

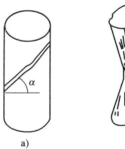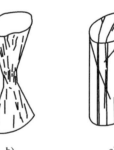

图 2-4　单轴压缩试验岩石试件破坏形式

第一、二种破坏(图 2-4a、b)都是由于破坏面上的剪应力超过岩石抗剪强度引起的,一般称为剪切破坏。另外,由于岩石抗剪强度与破坏面上的正应力有关,因此又称该类破坏为压剪破坏。在实际地下工程中,围岩的破坏绝大部分属于压剪破坏。

除了上述几种典型破坏形式之外,一些胶结程度较好的软弱岩石在荷载作用下可能发生较大的塑性变形而未出现明显的破坏面,这种现象称为塑性流动。

4. 应力—应变关系的理论模型

在确定实际岩土工程的应力与变形时,主要有两种方法:一是解析法;另一是数值计算方法(如有限元法和边界元法)。不论采用哪种方法,都必须先确定岩土工程的应力—应变关系,也就是本构关系或本构方程。

岩石本构方程的建立,主要根据单轴或三轴试验所获得的应力—应变曲线,并通过数理统计的回归方法;或通过把试验得到的应力—应变曲线典型化为理论力学模型,而得到本构方程及其参数。

目前,可供选择的岩土力学模型很多,主要有:

1)线弹性模型(图2-5a)

该模型应力—应变为线性关系,适用于岩石的线弹性变形阶段,其本构方程为:

$$\sigma = E\varepsilon \tag{2-35}$$

2)理想弹塑性模型(图2-5b)

该模型在低应力条件下,应力—应变为线性关系;当应力达到一定值时,应力不再增加而变形却无限制地发展。该模型适用于有屈服平台的塑性岩体,其本构方程为:

$$\sigma = \begin{cases} E\varepsilon & (\varepsilon \leqslant \varepsilon_c) \\ E\varepsilon_c & (\varepsilon > \varepsilon_c) \end{cases} \tag{2-36}$$

3)线性强化弹塑性模型(双线性模型)(图2-5c)

该模型的应力—应变曲线由两条直线构成,适用于峰前区的弹塑性变形阶段,其本构方程为:

$$\sigma = \begin{cases} E\varepsilon & (\varepsilon \leqslant \varepsilon_c) \\ E\varepsilon_c + E_1(\varepsilon - \varepsilon_c) & (\varepsilon > \varepsilon_c) \end{cases} \tag{2-37}$$

4)多线性强化弹塑性模型(图2-5d)

该模型的应力—应变曲线由多条直线构成,适用于峰前区的弹塑性变形阶段,其本构方程为:

$$\sigma = \begin{cases} E\varepsilon & (\varepsilon \leqslant \varepsilon_c) \\ E\varepsilon_c + E_1(\varepsilon - \varepsilon_c) & (\varepsilon_c < \varepsilon \leqslant \varepsilon_{c1}) \\ E\varepsilon_c + E_1(\varepsilon_{c1} - \varepsilon_c) + E_2(\varepsilon - \varepsilon_{c2}) & (\varepsilon_{c1} < \varepsilon \leqslant \varepsilon_{c2}) \\ \vdots \end{cases} \tag{2-38}$$

5)幂次强化弹塑性模型(图2-5e)

该模型的应力—应变关系为幂函数,适用于峰前区的弹塑性变形阶段,其本构方程为:

$$\sigma = A\varepsilon^n \quad 0 < n < 1 \tag{2-39}$$

式中:A, n——试验常数。

在极特殊情况下,当 $n = 0$ 时该模型变为理想的刚塑性模型;当 $n = 1$ 时该模型变为理想的线弹性模型。

6)双曲线弹塑性模型(图2-5f)

该模型的应力—应变关系为双曲线,适用于峰前区的弹塑性变形阶段,其本构方程为:

$$\sigma = \frac{\varepsilon}{a + b\varepsilon} \tag{2-40}$$

式中:a,b——试验常数。

7)线性弱化理想残余塑性模型(图 2-5g)

为了描述岩石的全应力—应变曲线,将全过程曲线分段线性化,从而得到线性弱化理想残余塑性模型,其本构方程为:

$$\sigma = \begin{cases} E\varepsilon & (\varepsilon \leqslant \varepsilon_s) \\ E\varepsilon_s - M_0(\varepsilon - \varepsilon_s) & (\varepsilon_s < \varepsilon \leqslant \varepsilon_R) \\ E\varepsilon_s - M_0(\varepsilon_R - \varepsilon_s) & (\varepsilon > \varepsilon_R) \end{cases} \tag{2-41}$$

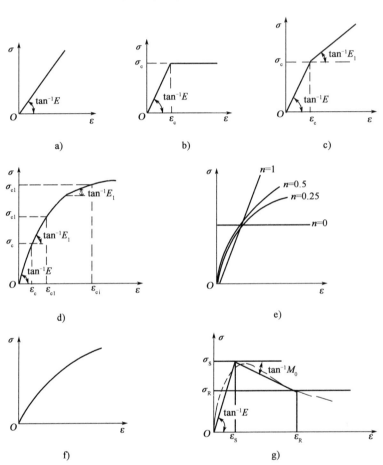

图 2-5 常用岩土力学理论模型

a)线弹性模型;b)理想弹塑性模型;c)线性强化弹塑性模型;d)多线性强化弹塑性模型;e)幂次强化弹塑性模型;f)双曲线弹塑性模型;g)线性弱化理想残余塑性模型

二、岩石单轴拉伸条件下的力学特性

岩石与混凝土类似,属于典型的"耐压怕拉"材料。在单轴拉伸荷载作用下表现出来的力学特性,与单轴压缩荷载作用下表现出来的力学特性明显不同。在工程实践中,反映岩石单轴拉伸条件下的力学特性指标主要是岩石的抗拉强度。下面介绍岩石抗拉强度的定义及其测定方法。

1. 岩石抗拉强度的定义

岩石在单轴拉伸荷载作用下达到破坏时所能承受的最大拉应力称为岩石的单轴抗拉强度。理想化的试验受力状态如图 2-6a) 所示,通常以 S_t 表示抗拉强度,其值等于达到破坏时的最大轴向拉伸荷载 P_{max} 除以试件的截面积 A,即:

$$S_t = \frac{P_{max}}{A} \tag{2-42}$$

由于岩石抗拉强度小,工程实践中一般严格控制拉应力区域的出现。但有时无法实现,只能尽可能缩小拉应力区的范围。拉伸破坏仍是工程岩体及自然界岩体的主要破坏形式之一。作为重要的岩石力学指标,抗拉强度是建立岩石强度准则、选取建筑石材中不可缺少的参数。

2. 岩石单轴抗拉强度的测试方法

试件在拉伸荷载作用下的破坏通常是沿其横截面的断裂破坏,岩石的拉伸破坏试验分为直接拉伸试验法、劈裂法和抗弯法三种,而后两种属于间接试验方法。其中,又以劈裂法最为常用。另外,还可利用点荷载试验测定的岩石点荷载强度估算岩石单轴抗拉强度。

1) 直接拉伸试验法

直接拉伸试验原理如图 2-6a) 所示,采用圆柱形试件,逐渐增大拉伸荷载 P 直至试件断裂。试验时,不可能像压缩试验那样将拉伸荷载直接施加到试件的两个端面上,通常需要特制一金属帽套(图 2-6b)或一金属连接件(图 2-6c)。将圆柱形试件两端用快硬水泥牢固黏结在金属帽套中,或用环氧树脂等黏结剂将岩石试件与金属连接件黏结。养护一段时间具有足够的黏结力后,再进行直接拉伸试验直至破坏,破坏时的最大轴向拉伸荷载除以试件的截面积即为岩石抗拉强度。这种试验难以消除荷载的偏心作用,因而试验结果不太令人满意,成功率不高;此外,裂隙的存在使试验结果离散程度很大,固很少采用。

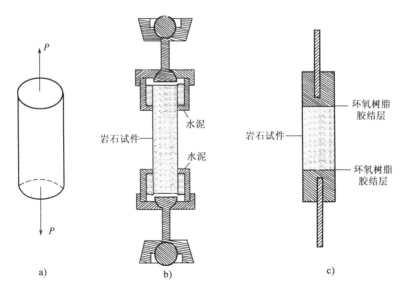

图 2-6　拉伸试验加载和试件示意图

另一种直接拉伸试验的装置,如图2-7所示。该试验使用"骨头"形状的岩石试件。在液压 p 的作用下,由于试件两端和中间部位截面积的差距,在试件中引起拉伸应力 σ_3,其值为:

$$\sigma_3 = \frac{p(d_2^2 - d_1^2)}{d_1^2} \tag{2-43}$$

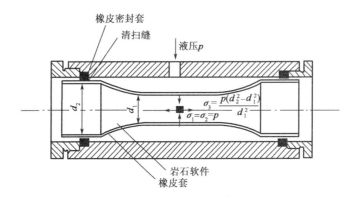

图2-7　限制性直接拉伸试验装置

试件断裂时的 σ_3 值就是岩石的抗拉强度(S_1)。需要指出的是,这是一种限制性的抗拉强度,因为在此试验条件下,岩石试件除受到轴向拉伸应力外,还受到 $\sigma_1 = \sigma_2 = p$ 的侧向压应力。也就是岩石试件所受应力状态不是单轴拉伸,而是复杂应力状态,故该种试验方法也很少采用。

2)劈裂试验法

目前,国内外广泛使用劈裂试验法。我国《工程岩体试验方法标准》(GB/T 50266—2013)也规定采用劈裂法测定岩石抗拉强度,其原理如图2-8所示。采用圆柱体试件,其直径宜为 48~54mm,试件的厚度宜为直径的0.5~1.0倍,并应大于岩石最大矿物颗粒直径的10倍,其加工精度要求与单轴压缩试验相同,试件个数不少于3个。

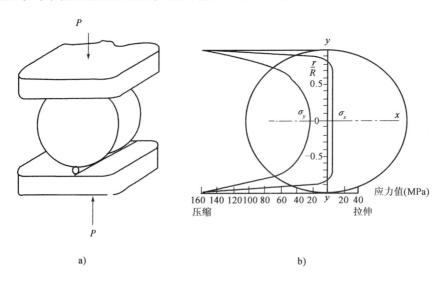

图2-8　劈裂试验加载和应力分布示意图

通过试件直径的两端,沿轴线方向画两条相互平行的加载基线。将两根圆形垫条沿加载基线固定在试件两端。将试件置于压力试验机承压板中心,调整球形座使试件均匀受荷,并使圆形垫条与试件在同一加荷轴线上。在压力 P 作用下,通过圆形垫条给试件施加的荷载属于线荷载,则沿试件直径 y-y 的应力分布如图 2-8b)所示。在试件边缘处,沿 y-y 方向的应力 σ_y 和垂直 y-y 方向的应力 σ_x 均为压应力。而离开边缘后,σ_y 沿 y-y 方向仍为压应力,但应力值比边缘处显著减少,并趋于均匀化;σ_x 变成拉应力,并在沿 y-y 的很长一段距离上呈均匀分布状态。

从图 2-8b)可知,虽然拉应力的值比压应力值低很多,但由于岩石抗拉强度很低,所以试件还是在拉应力作用下而导致试件沿直径 y-y 发生劈裂破坏,记录下破坏时的最大荷载值,记为 $P_{\max}$。根据弹性力学公式,岩石抗拉强度计算公式为:

$$S_t = \frac{2P_{\max}}{\pi D t} \qquad (2\text{-}44)$$

式中:S_t——岩石抗拉强度,MPa;

$P_{\max}$——试件劈裂破坏发生时的最大荷载,N;

D——岩石试件的直径,mm;

t——岩石试件的厚度,mm。

采用圆柱形试件,圆形垫条放置于试验机加压板与试件之间,固定和加载较为困难,而采用立方体试件较为方便。对于边长为 a 的立方体试件,岩石抗拉强度的计算公式为:

$$S_t = \frac{2P_{\max}}{\pi a^2} \qquad (2\text{-}45)$$

国际岩石力学协会(ISRM)建议用特制弧形压模(图 2-9)进行加载。开始时,弧形压模和试件呈线接触,试件劈裂时二者为面接触,但弧形接触面对应的中心角不超过 10°,也能取得令人满意的结果。

应特别指出的是,直接拉伸法与劈裂法试件破裂面上的应力状态是不同的。直接拉伸法试件的破裂面上只受拉应力作用,而劈裂法试件的破裂面上不但有拉应力 σ_x,还有压应力 σ_y,属于双向应力状态,但试件属受拉破坏。因此,两种试验方法测得的抗拉强度有所不同。

3)弯曲试验法

将岩石加工成矩形截面梁(简称岩梁),利用结构试验中梁的三点或四点加载方法,使梁的下缘产生拉应力的作用而使岩石试件产生断裂破坏,以间接地确定岩石的抗拉强度,如图 2-10 所示。

弯曲试验法岩石抗拉强度 R_t 按式(2-46)计算。

$$R_t = \frac{MC}{I} \qquad (2\text{-}46)$$

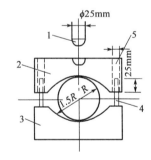

图 2-9　ISRM 建议的劈裂试验弧形压模

1-半球座;2-上压模,厚度为 1.1D(D 为试件直径);3-下压模;4-销钉;5-小孔(孔径 = 销钉直径 + 2mm)

式中:R_t——岩石抗拉强度,MPa;

 M——作用在试件(岩梁)截面上的最大弯矩,N·mm;

 C——岩梁的边缘到中性轴的距离,mm;

 I——岩梁截面绕中性轴的惯性矩,矩形截面梁 $I = bh^3/12$,mm^4。

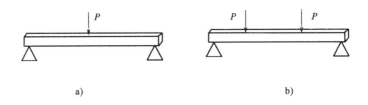

图 2-10 弯曲试验法原理

a)三点弯曲;b)四点弯曲

弯曲试验法主要存在如下问题:

(1)破坏面上的应力分布不均匀,破坏首先从岩梁的下边缘开始,然后迅速扩展到全截面,确定的岩石抗拉强度存在着一定的偏差。

(2)裂隙的存在使试验结果离散程度很大,故也很少采用。

三、岩石剪切条件下的力学特性

在实际岩石工程中,岩石的破坏往往是剪应力引起的。反映岩石抵抗剪切破坏能力的指标是岩石的抗剪强度。下面重点介绍岩石抗剪强度的定义及其测定方法。

1.岩石抗剪强度的定义

岩石在剪切荷载作用下达到破坏时所能承受的最大剪应力称为岩石的抗剪强度。岩石的抗剪强度是岩石抵抗剪切破坏的极限力,是反映岩石力学性质的重要参数之一。

岩石的抗剪强度,与剪切破坏面上的正应力有关。库仑认为二者近似为直线关系,即:

$$\tau_f = c + \sigma \tan\varphi \tag{2-47}$$

式中:τ_f——岩石的抗剪强度,MPa;

 c——岩石的黏结力(内聚力、黏聚力),MPa;

 φ——岩石的内摩擦角,(°)。

由式(2-47)可以看出,土的抗剪强度是由两部分组成的,一部分是黏结力 c,一部分是内摩擦力 $\sigma\tan\varphi$。当 $\sigma = 0$ 时,$\tau_f = c$,表明无正应力时岩石的抗剪强度为 c,此时剪应力只要能克服岩石的黏结力,岩石将被剪断。每种岩石都有自身的黏结力,它是一个定值。对于不同的岩石,如果 c 值越大,岩石的抗剪强度也越大。当 $\sigma \neq 0$ 时,欲使岩石剪切破坏,所施加的剪应力首先应克服岩石黏结力,然后尚需克服正应力在剪切面上产生的摩擦力 $\sigma\tan\varphi$。岩石的内摩擦角 φ 越大,岩石的抗剪强度也越大。当岩石的黏结力 c 为零时,岩石颗粒间无黏结力,岩石属于完全的松散体,其抗剪强度全靠岩石的内摩擦力提供。因此,c 和 φ 是反映岩石强度的两个重要参数。

岩石抗剪强度（c、φ 值）的测定，通常采用直接剪切试验、楔形剪切试验和三轴压缩剪切试验三种方法进行。

2. 岩石抗剪强度的测试方法

1）直接剪切试验

我国《工程岩体试验方法标准》（GB/T 50266—2013）规定可采用此方法直接测定岩石的 c、φ 值。另外，利用该方法还可以测定岩石结构面，以及混凝土与岩石胶结面的抗剪强度。

（1）试验仪器

直接剪切试验所用的设备为岩石直剪试验仪，其原理如图 2-11 所示。直剪试验仪由上、下两个刚性剪切盒组成，试件与剪切盒内壁之间的间隙用填料（水泥砂浆）填实，使试件与剪切盒成为一个整体。在试件四周预制或预留凹槽（剪切缝），预定剪切破坏面应位于剪切缝中部。

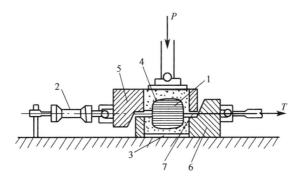

图 2-11　岩石直接剪切试验示意图

1-岩石试件；2-钢弦测力计；3-聚四氟乙烯垫层；4-填料（水泥砂浆）；5-上剪切盒；6-下剪切盒；7-剪切缝（预制凹槽）

（2）试验方法

岩样应在现场随机选取，在实验室加工成圆柱形或正方形试件。试件的直径或边长不得小于 5cm，试件高度应与直径或边长相等。每组试验试件的数量不应少于 5 个。将试件置于金属剪切盒内，并用填料填实试件周围与剪切盒内壁之间的间隙。

在每个试件上分别施加不同的法向应力。不需要固结的试件，法向荷载 N 一次施加完毕并保持其恒定不变，测读法向位移后，即可施加剪切荷载 T；需固结的试件，在法向荷载 N 施加完毕后的第一小时内，每隔 15min 读数 1 次，然后每半小时读 1 次，当每小时法向位移不超过 0.05mm 时，即认为固结稳定，可施加剪切荷载 T。在剪切过程中，应使法向荷载始终保持为常数。

剪切荷载按预估最大剪切荷载分 8～12 级施加。每级荷载施加后，即测读剪切位移 δ_h 和法向位移 δ_v。当剪切位移量变大时，可适当加密剪切荷载分级。剪切荷载逐级施加，直至试件发生剪切破坏。

（3）试验结果

按式（2-48）计算剪切面上的法向应力和剪应力。

$$\left.\begin{array}{l} \sigma = \dfrac{P}{A} \\[2mm] \tau = \dfrac{T}{A} \end{array}\right\} \tag{2-48}$$

式中：σ——作用于剪切面上的法向应力，MPa；

$\quad\quad\tau$——作用于剪切面上的剪应力，MPa；

$\quad\quad P$——作用于剪切面上的总法向荷载，N；

$\quad\quad T$——作用于剪切面上的总剪切荷载，N；

$\quad\quad A$——剪切面积，mm。

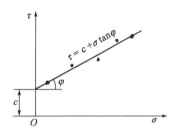

图 2-12　直接剪切试验结果与抗剪强度曲线

一组试件（至少 5 个），可得到相应的一组 σ 和 τ 的数值。在 σ-τ 坐标系上画出反映岩石发生剪切破坏的强度曲线，如图 2-12 所示。一般情况下，试验强度曲线可用直线来拟合，进而可求出反映岩石抗剪强度大小的两个重要参数，即黏结力 c 和内摩擦角 φ（直线在纵轴上的截距为 c，与水平轴的夹角为 φ）。

根据试验结果，还可绘制各法向应力下的剪应力 τ 与剪切位移 δ_h 的关系曲线，以及法向位移 δ_v 与剪切位移 δ_h 的关系曲线，如图 2-13 所示。

图 2-13 中的 $\tau - \delta_h$ 曲线可以分为四个阶段：

①第一阶段（OA 段），剪应力从零一直到 τ_P，$\tau - \delta_h$ 关系曲线近乎为直线，所以又称为弹性阶段，则 τ_P 称为屈服抗剪强度。实际上，在这一阶段岩石试件已产生微裂隙。

②第二阶段（AB 段），剪应力从 τ_P 增加到 τ_f，这一阶段是微裂隙发展与增长阶段。当 $\tau = \tau_f$ 时，试件发生剪切破坏，形成贯通的剪切破坏面，则 τ_f 称为峰值抗剪强度。

③第三阶段（BC 段），为抗剪强度不断降低阶段，由 τ_f 降低到 τ_r，则 τ_r 称为残余抗剪强度，反映了失去黏结力而仅有内摩擦力的抗剪强度。

④第四阶段（CD 段），为残余抗剪强度阶段，近乎为一条水平线，呈现摩擦强度的特征。

屈服抗剪强度 τ_P、峰值抗剪强度 τ_f 和残余抗剪强度 τ_r 反映了岩石不同剪切变形阶段的抗剪强度指标。这些抗剪强度指标均与剪切面上的正应力 σ 有关，随 σ 的增大而增大。若取一组（σ、τ_f）数据绘图（图 2-12）或回归分析，便可确定通常意义上的 c、φ 值；若取一组

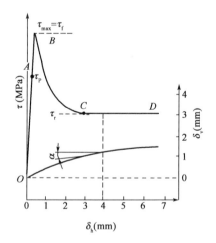

图 2-13　直接剪切试验的 $\tau - \delta_h$ 和 $\delta_v - \delta_h$ 关系曲线

（σ、τ_P）数据绘图或回归分析，便可确定岩石屈服黏结力 c_p 和屈服内摩擦角 φ_p 值；若取一组（σ、τ_r）数据绘图或回归分析，便可确定岩石残余黏结力 c_r 和残余内摩擦角 φ_r 值。

直接剪切试验的优点是仪器构造简单、使用操作方便。其缺点是试件内的应力状态较为

复杂,剪切面上应力分布不均匀,在边缘处产生应力集中,剪切破坏首先从边缘处开始;剪切破坏面人为限定在上、下剪切盒的接触面上,该面不一定是抗剪强度最弱的面,因而测试误差较大。

2)楔形剪切试验

楔形剪切试验采用压力试验机和特制的楔形剪切试验装置,如图 2-14 所示。将立方体试件(边长有 50mm、70mm 和 100mm 三种)安放在两个钢制的倾斜压模之间,而后把夹有试件的压模放在压力试验机上,同时将楔形垫板放置在压膜与试验机压板之间。每对楔形垫板的角度 α 值不同,为保证试件按预定的倾角被剪断,并防止因倾角太大导致倾倒,α 值以在 40°~65°变化为宜。为使在剪切破坏过程中压模不受压板与楔形垫板间摩擦力的影响,在楔形垫板与压板间放置滚柱。

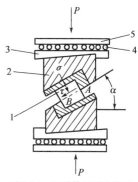

图 2-14　楔形剪切试验装置
1-岩石试件;2-压模;3-楔形垫板;4-滚柱;5-压板

当施加的荷载达到某一值时,试件将沿预定剪切面 A-B 剪断。试件发生剪切破坏时,作用在破坏面上的剪应力和正应力分别为:

$$\begin{cases} \tau = \dfrac{T}{A} = \dfrac{P\sin\alpha}{A} \\[2mm] \sigma = \dfrac{N}{A} = \dfrac{P\cos\alpha}{A} \end{cases} \quad (2\text{-}49)$$

式中:P——试件发生剪切破坏时施加的最大荷载,N;

$\quad$ T——作用在剪切破坏面上的剪切力,N;

$\quad$ N——作用在剪切破坏面上的正压力,N;

$\quad$ A——剪切破坏面的面积,mm^2;

$\quad$ α——楔形垫板倾角,(°)。

若采用不同的楔形垫板,即变动倾角 α,可得到相应的一组 σ 和 τ 的数值,并在 σ-τ 坐标系上画出反映岩石发生剪切破坏的强度曲线(图 2-12),按前述方法便可确定岩石的黏结力 c 和内摩擦角 φ。

岩石抗剪强度(c、φ 值)的测定,还可采用三轴压缩试验进行。

四、岩石三轴压缩条件下的力学特性

在岩石工程中,岩石一般处于三向应力状态下,且三个主应力一般均为压应力。因此,开展三轴压缩条件下岩石强度、变形及破坏规律研究具有十分重要的现实意义。

按应力的组合方式不同,三轴压缩试验可分为两种,即常规三轴压缩试验和真三轴压缩试验。常规三轴压缩试验的应力组合方式为 $\sigma_1 > \sigma_2 = \sigma_3$,试验主要研究围压($\sigma_2 = \sigma_3$)对岩石强度、变形及破坏的影响。真三轴压缩试验的应力组合方式为 $\sigma_1 > \sigma_2 > \sigma_3$,是最接近真实应力状态的试验项目。

1.常规三轴压缩试验

常规三轴压缩试验,亦称普通三轴压缩试验或假三轴压缩试验。这是目前国内外开展较多的三轴压缩试验项目,取得了许多种类岩石的大量试验数据。

1)试验仪器

常规三轴压缩试验采用的是三轴压力试验机,与单轴压缩试验机的主要区别是增加了施加围压的装置——三轴压力室,以及相应的测试与记录系统,见图2-15。目前,国内外各种类型的普通三轴试验机已有很多类型,性能越来越先进、测试数据越来越齐全。

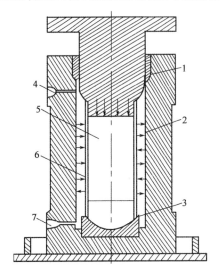

图 2-15 常规三轴压缩试验用的三轴压力室
1-密封装置;2-侧压力(围压);3-球形底座;4-出油口;5-岩石试件;6-乳胶隔离膜;7-进油口

试验前,需要将现场取回的岩样加工成圆柱形试件,其直径应为承压板直径的 0.96 ~ 1.0,高径比宜为 2 ~ 2.5,其加工精度要求与单轴压缩试验相同。一般采用 $\phi 50\text{mm} \times 100\text{mm}$ 的圆柱形试件,近年来试件尺寸有逐渐加大的趋势,以减少尺寸效应和岩石中裂隙对测试结果的影响。每组试验试件的数量不应少于 5 个。

2)试验方法

将试件安装在压力室内,调试整个加载与测试系统处于正常工作状态。每次试验试件所受的侧压力(围压)不同,事先应对试件进行编号并设定侧压力值,在整个试验过程中始终保持侧压力为常数。首先以每秒 0.05MPa 的加荷速度同时施加侧压力和轴向压力至预定侧压力值并使侧压力在试验过程中恒定不变,然后以每秒 0.5 ~ 1.0MPa 的加荷速度施加轴向荷载直至试件完全破坏,记录破坏荷载以及加载过程中轴向应变和横向应变的变化规律。

3)试验结果与分析

(1)不同围压条件下的应力—应变曲线

试验结果表明,围压对应力—应变关系曲线影响很大,说明应力状态对岩石的力学性质有着显著的影响。图 2-16 是大理岩在普通三轴压缩条件下的试验结果,具有如下特点。

① 当围压较小时,曲线屈服点不明显;达到峰值时应变值很小,即韧性小。岩石在应力达到峰值后迅速破坏,破坏时应力急剧下降,峰值强度与残余强度两者相差很大,即应力降大,如图 2-16 中围压 σ_3 小于 23.5MPa 时的曲线。

② 当围压较大时,岩石先发生较大的塑性变形,然后才破坏,破坏后有一定应力降,但要比前者小得多,如图 2-16 中围压 $\sigma_3 = 50 ~ 84.5$MPa 的曲线。

③ 当围压很大时,岩石屈服后发生很大的塑性变形。随着变形的发展,应力几乎保持不变或缓慢增

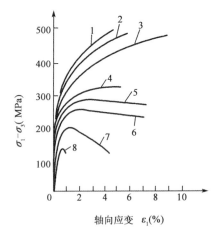

图 2-16 大理岩三轴压缩应力—应变曲线
$1-\sigma_3 = 326$MPa; $2-\sigma_3 = 240$MPa; $3-\sigma_3 = 165$MPa;
$4-\sigma_3 = 84.5$MPa; $5-\sigma_3 = 62.5$MPa; $6-\sigma_3 = 50$MPa;
$7-\sigma_3 = 23.5$MPa; $8-\sigma_3 = 0$

长，没有明显的应力降。如图 2-16 中围压 $\sigma_3 > 165\text{MPa}$ 时的曲线。

上述试验结果虽然不能代表所有的岩石，但岩石应力—应变曲线随围压 σ_3 的增大而改变，说明岩石的塑性是随 σ_3 的增大而越来越明显。也就是岩石介质状态发生了改变，由脆性变为塑性。

图 2-17 是砂质页岩在普通三轴压缩条件下的试验结果。随着围压的提高，岩石的屈服极限、峰值强度、弹性模量和韧性都随围压的增大而显著增大。

（2）岩石三轴抗压强度

岩石在三向压缩荷载作用下，达到破坏时所能承受的最大主应力称为岩石的三轴抗压强度。对于普通三轴压缩试验，三个主应力关系为 $\sigma_1 > \sigma_2 = \sigma_3 > 0$。试验时，保持围压 $\sigma_2 = \sigma_3$ 恒定不变，不断增加 σ_1 直至试件破坏，则破坏时的 σ_1 值即为岩石在该围压下的三轴抗压强度，记为 S_c''。显然，三轴抗压强度将随围压的增大而增大，如图 2-18 所示。

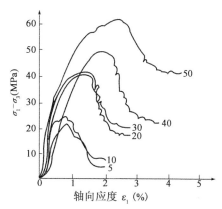

图 2-17　砂质页岩三轴压缩应力—应变全过程曲线（曲线上的数字为围压大小，单位为 MPa）

三轴抗压强度与围压的关系一般为一条曲线，可近似地用一条直线来代替，则直线方程为：

$$S_c'' = S_c + K\sigma_3 \qquad (2\text{-}50)$$

式中：S_c''——岩石三轴抗压强度，MPa；

　　S_c——岩石单轴抗压强度，MPa；

　　K——与岩石种类有关的系数，当满足库仑定律时可表示成 $K = (1 + \sin\varphi)/(1 - \sin\varphi)$，无因次；

　　σ_3——侧向压力（围压），MPa。

（3）岩石黏结力和内摩擦角的确定

以破坏时的 σ_1 与 σ_3 绘制的应力圆称为极限应力圆，如图 2-19 中的圆 3 所示。对多个试件进行不同围压下的三轴压缩试验，便可获得多个极限应力圆，如 5 个试件便可绘制 5 个这样的极限应力圆。为了清晰起见，这样的极限应力圆只画了 1 个（圆 3）。同时，在图 2-19 中，绘制了单轴压缩试验确定的极限应力圆（圆 1）和单轴拉伸试验确定的极限应力圆（圆 2）。岩石

图 2-18　三轴抗压强度与围压的关系曲线

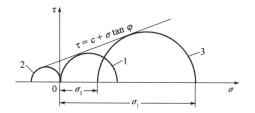

图 2-19　岩石的强度包络线

1-单轴压缩极限应力圆；2-单轴拉伸极限应力圆；

3-三轴压缩极限应力圆

的抗剪强度曲线应该是这些圆的包络线。一般情况下,包络线为一曲线,按库仑定律可简化为直线,则其抗剪强度曲线便是这些圆的公切线。该直线在纵轴上的截距为岩石黏结力 c,与横轴的夹角为岩石内摩擦角 φ。

(4)围压对岩石弹性模量的影响

对于不同的岩石,围压对其弹性模量的影响程度不同。对高强度坚硬致密的岩石,如图2-20a)中的辉长岩,其曲线斜率受围压影响很小,即这类岩石的弹性模量并不因围压的不同而有明显的变化。对岩性软弱的砂岩,其曲线斜率随围压的增加而明显变陡,即弹性模量随围压 σ_3 的增大而增大,说明这类岩石原来具有较多的孔隙和裂隙。随着围压的增大,裂隙闭合而使岩石的弹性模量增大。

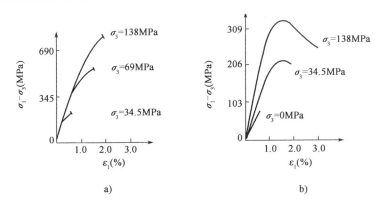

图2-20 两种岩石在不同 σ_3 作用下的 $(\sigma_1 - \sigma_3) - \varepsilon_1$ 曲线

a)辉长岩;b)砂岩

(5)围压对岩石破坏方式的影响

在常规三轴压缩下,岩石的破坏形式与围压大小有关。在低围压作用下,试件破坏形式主要表现为劈裂破坏,与单轴压缩破坏很接近,如图2-4c)所示。在中等围压作用下,试件主要表现为单斜面剪切破坏,如图2-4a)所示。剪切破坏面与最大主应力作用平面之间的夹角约为 $45° + \varphi/2$。上述两种破坏形式均属于脆性破坏。在高围压作用下,试件则会出现塑性流动破坏,试件不出现宏观上的破坏断裂而呈腰鼓形。

由此可见,围压的增大改变了岩石试件在三向压缩应力作用下的破坏形态。若从变形特性的角度分析,围压的增大使岩石从脆性材料逐渐变为塑性材料,其破坏也由脆性破坏逐渐过渡到塑性流动破坏。

2. 真三轴压缩试验

地下岩体或岩石均处于三向不等压的应力状态,其中2个主应力相等($\sigma_2 = \sigma_3$)属于其中的特殊情况。因此开展真三轴压缩试验($\sigma_1 > \sigma_2 > \sigma_3 > 0$),具有十分重要的现实意义。实现真三轴试验的方案有三种,如图2-21所示。

日本的茂木清夫对山口大理岩进行了三向不等压试验,其试验结果如图2-22所示。图2-22a)描述的是围压效应($\sigma_2 = \sigma_3$);图2-22b)描述的是中间主应力 σ_2 效应($\sigma_3 =$ 常数);图2-22c)描述的是最小主应力 σ_3 效应($\sigma_2 =$ 常数)。由真三轴压缩试验结果可知,在高围压条件下岩石的三轴强度显著增加,此时典型的脆性岩石也呈现塑性特征。试验结果还表明,中间主应力对岩石的三轴抗压强度和变形特性是有影响的,但这种影响与 σ_3 的影响比起来要小得多。

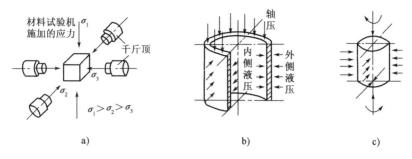

图 2-21 真三轴压缩试验方法

a) 对实心立方体试件施加三向不等压;b) 对空心圆筒试件施加轴压 + 内侧液压 + 外侧液压;c) 对实心圆柱形试件施加轴压 + 扭矩 + 外侧液压

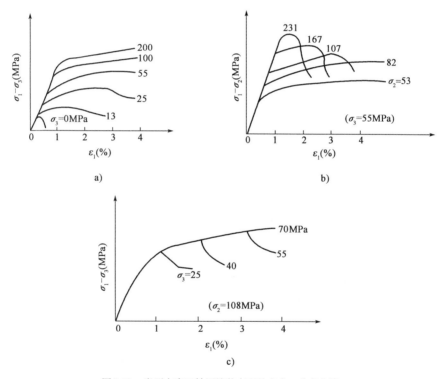

图 2-22 岩石在真三轴压缩状态下的应力—应变曲线

目前,国内外开展岩石真三轴试验并不多。随着岩石真三轴试验机的逐步改进、新型真三轴试验机的研制和大量投入使用,将会越来越多地开展岩石真三轴试验研究工作。

五、岩石在点荷载作用下的力学特性

点载荷试验是 20 世纪 70 年代发展起来的一种试验方法。该试验方法主要测定岩石点荷载强度,并据此估算岩石的单轴抗拉强度与单轴抗压强度。

1. 试验仪器

点荷载试验采用点荷载试验仪,其原理如图 2-23 所示。主要由一个手动液压泵、一个液压千斤顶和一对加压头组成。点荷载 P 由手动液压泵和液压千斤顶提供,加压头结构如图 2-23a)所示。这种点荷载试验仪是便携式的,既可在实验室内使用,又可带到工程现场去做试验,这是点荷载试验能够广泛采用的重要原因。

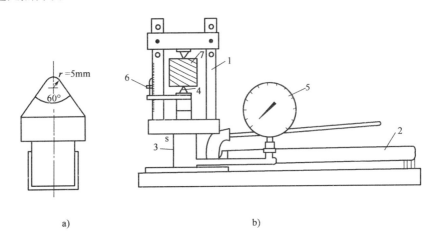

图 2-23　便携式点荷载试验仪与标准加载器
a)标准加载器;b)便携式荷载仪示意图
1-框架;2-手动液压泵;3-千斤顶;4-球端圆台加压头;5-油压表;6-游标标尺;7-试件

点荷载试验的另一个重要优点是对试件的要求不严格,不需要像做其他试验那样精心准备试件。最好的试件就是直径为 25 ~ 100mm 的钻孔岩心。没有岩心时,现场取不规则岩块也可以,当然也可以加工成立方体试件进行点荷载试验。

我国《工程岩体试验方法标准》(GB/T 50266—2013)规定试件尺寸应符合如下规定:①当采用岩心试件作径向试验时,试件的长度与直径之比不应小于 1;作轴向试验时,加荷两点间距与直径之比宜为 0.3 ~ 1.0。②当采用方块体或不规则块体试件作试验时,其尺寸宜为 50mm ± 35mm;加荷两点间距与加荷处岩样平均宽度之比宜为 0.3 ~ 1.0;试件长度不应小于加荷两点间距。

由于点荷载试验的结果离散性较大,因此要求每组试验必须达到一定的数量。同一含水状态下的岩心试件数量每组应为 5 ~ 10 个,方块体或不规则块体试件数量每组应为 15 ~ 20 个。

2. 试验方法

(1)径向试验时,将岩心试件放入球端圆锥(加压头)之间,使上下锥端与试件直径两端紧密接触,量测加荷点间距。接触点距试件自由端的最小距离不应小于加荷两点间距的 0.5 倍。

(2)轴向试验时,将岩心试件放入球端圆锥之间,使上下锥端位于岩心试件的圆心处并与试件紧密接触。量测加荷点间距及垂直于加荷方向的试件宽度。

(3)方块体与不规则块体试验时,选择试件最小尺寸方向为加荷方向。将试件放入球端圆锥之间,使上下锥端位于试件中心处并与试件紧密接触。量测加荷点间距及通过两加荷点最小截面的宽度。接触点距试件自由端的距离不应小于加荷点间距的 0.5 倍。

试件安装好后,使用手动液压泵稳定地施加荷载,使试件在 10 ~ 60s 内破坏,记录下破坏荷载,记为 P。试验结束后,应描述试件的破坏形态。破坏面贯穿整个试件,并通过两加荷点为有效试验。

3. 试验结果

1) 岩石点荷载强度

按式(2-51)计算岩石点荷载强度。

$$I_s = \frac{P}{D_e^2} \tag{2-51}$$

式中：I_s——未经修正的岩石点荷载强度，MPa；

    P——破坏荷载，N；

    D_e——等价岩心直径，mm。

当采用钻孔芯心进行径向加载试验时，等价岩心直径一般取加荷点间距，即 $D_e = D$；对于软弱岩石，加载时上下锥端将贯入试件内，若试件破坏瞬间的加荷点间距 D' 能够测量出来，则等价岩心直径按式(2-52)计算。

$$D_e = \sqrt{DD'} \tag{2-52}$$

式中：D——加荷点间距，mm；

    D'——上下锥端发生贯入后试件破坏瞬间的加荷点间距，mm。

当采用钻孔岩心进行轴向加载，或采用方块体或不规则块体进行加载试验时，一般应按式(2-53)计算等价岩心直径。

$$D_e = \sqrt{\frac{4WD}{\pi}} \tag{2-53}$$

式中：W——通过两加荷点最小截面的宽度（或平均宽度），mm。

若上下锥端发生贯入试件内的情况，可按式(2-54)计算等价岩心直径。

$$D_e = \sqrt{\frac{4WD'}{\pi}} \tag{2-54}$$

按式(2-51)计算的岩石点荷载强度，适用于加荷点间距 $D = 50$mm 的情况。当加荷点间距 $D \neq 50$mm 时，应对计算值进行修正。

2) 修正的岩石点荷载强度

(1) 当试验数据较多，且同一组试件中的等价岩心直径具有多种尺寸，而加荷两点间距 $D \neq 50$mm 时，应根据试验结果绘制 D_e^2 与破坏荷载 P 的关系曲线，并在曲线上查找 $D_e^2 = 2500$mm^2 对应的 P 值，记为 P_{50}，并按式(2-55)计算岩石点荷载强度。

$$I_{s(50)} = \frac{P_{50}}{2500} \tag{2-55}$$

式中：$I_{s(50)}$——经尺寸修正后的岩石点荷载强度，MPa；

    P_{50}——根据 $D_e^2 - P$ 关系曲线，当 $D_e^2 = 2500$mm^2 时对应的 P 值，MPa。

(2) 当试验数据较少，不宜采用上述方法修正时，应按式(2-56)计算岩石点荷载强度。

$$I_{s(50)} = FI_s \tag{2-56}$$

式中：F——修正系数，$F = (D_e/50)^m$，无因次；

    m——修正指数，可取 0.40 ~ 0.45，或根据同类岩石的经验值确定。

3）单轴抗拉强度与单轴抗压强度的估算

在所有的岩石试验项目中，点荷载试验最为简单。点荷载试验仪属于便携式，可在工程现场取不规则岩石试件后即时进行试验。在确定了岩石点荷载强度 $I_{s(50)}$ 后，可分别按式（2-57）和式（2-58）估算岩石单轴抗拉强度与单轴抗压强度。

$$S_t = k_t I_{s(50)} \qquad (2-57)$$

$$S_c = k_c I_{s(50)} \qquad (2-58)$$

式中：k_t——抗拉强度经验参数，取 $0.79 \sim 0.90$；

k_c——抗压强度经验参数，取 $22.8 \sim 23.7$。

六、岩石在长时荷载作用下的力学特性

岩石在长时荷载作用下，将呈现出流变性。国内外对岩石流变性的研究已取得许多成果，已形成一门独立的学科，即岩石流变力学，它是岩石力学的一个重要分支。此处只介绍岩石流变力学中的基本概念，其他详细内容参考有关书籍。

1. 岩石的流变性

流变性又称为黏性，是指岩石在外荷载长时间作用下，应力或变形随时间而变化的性质。流变性包括弹性后效和流动，流动又分为黏性流动和塑性流动。

1）弹性后效

弹性后效是一种延迟发生的弹性变形和弹性恢复，即材料在弹性范围内受力时，加载后经过一段时间应变才增加到应有的数值，卸载后经过一段时间应变才恢复到零，如图 2-24 所示。

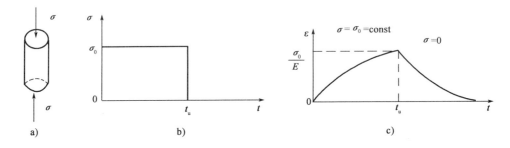

图 2-24 弹性后效
a）单轴压缩；b）应力与时间的关系；c）应变与时间的关系

当 $t = 0$ 时，给岩石试件施加单向应力 σ_0（图 2-24a），并保持其恒定不变（图 2-24b），应变随时间不断增长（图 2-24c），经过一段时间后应变才增加到应有的数值 σ_0/E，即弹性变形的产生具有滞后现象。当 $t = t_u$ 时，卸去试件全部应力（$\sigma = 0$），弹性变形不是立即恢复，而是经过一段时间后才恢复到零，也就是弹性变形的恢复也具有滞后现象。

2）流动

流动是指随时间的延续而发生的不可恢复的塑性变形或永久变形。流动分为黏性流动和塑性流动。

（1）黏性流动：无论应力值怎样小，物体中总存在着应变速度 $\dot{\varepsilon} = d\varepsilon/dt \neq 0$ 的流动。

（2）塑性流动：是指物体中的应力超过屈服极限时才出现的流动。

也就是说,当应力值低于屈服极限时,流动属于黏性流动;当应力超过屈服极限时,流动则属于塑性流动。

单纯的黏性材料是很少的。一般工程材料在外力作用下,瞬时出现弹性或弹塑性变形,以后才逐渐呈现黏性变形(流变变形),即多为弹黏性材料或弹黏塑性材料。因此,在研究实际问题时,必须同时进行弹黏性或弹黏塑性分析。所以流变力学又可称为弹黏性力学、黏塑性力学或弹黏塑性力学。

流变力学的研究对于岩石力学的实际工程问题非常重要。这一方面是由于岩石或岩体本身的结构和组成反映出具有明显的流变材料特征,另一方面也是由于岩体的受力条件(包括长期受力和三向应力状态)使流变性更为突出。在地下工程中表现出来的力学现象,包括围岩压力、变形和破坏等几乎都与时间因素有关。因此,解决实际工程问题不能离开岩石流变性的分析。

2. 流变方程与流动极限

在流变力学中,流变性研究包括两个方面:一是流变过程中应力、应变与时间的关系,即流变方程;二是强度或屈服限与时间的关系。而平衡方程、几何方程和边界条件与弹性力学完全相同。流变力学的解法也与弹性力学相同,即根据物体的平衡方程、几何方程和流变方程,利用边界条件求得应力解、应变解和位移解。

1)流变方程(亦称本构方程或状态方程)

众所周知,弹性力学中的物理方程为胡克定律。在单向应力状态下,可表示为 $\sigma = E\varepsilon$,即:

$$f(\sigma,\varepsilon) = \sigma - E\varepsilon = 0 \tag{2-59}$$

流变方程反映了物体在外荷载作用下应力、应变与时间的关系,写成一般形式为:

$$f(\sigma,\varepsilon,t) = 0 \tag{2-60}$$

具体的函数形式需要通过试验来确定。例如,霍布斯(Hobbs)对砂岩、粉砂岩、石灰岩、页岩和泥岩等进行了大量的单轴蠕变试验,提出了下面的经验公式,即:

$$\varepsilon = \frac{\sigma}{E_0} + h\sigma^{ft} + k\sigma\lg(t+1) \tag{2-61}$$

式中:E_0——瞬时弹性模量,MPa;

$\quad\sigma$——应力,MPa;

h、k、f——试验参数。

式(2-61)按一般形式,可改写为:

$$f(\sigma,\varepsilon,t) = \varepsilon - \frac{\sigma}{E_0} + h\sigma^{ft} + k\sigma\lg(t+1) = 0 \tag{2-62}$$

在流变力学中,时间因素通常包含在应力速率与应变速率之中,则流变方程的一般形式还可表示为:

$$f(\dot{\sigma},\dot{\varepsilon}) = 0 \tag{2-63}$$

式中:$\dot{\sigma}$——应力速率,$\dot{\sigma} = \dfrac{\mathrm{d}\sigma}{\mathrm{d}t}$;

$\quad\dot{\varepsilon}$——应变速率,$\dot{\varepsilon} = \dfrac{\mathrm{d}\varepsilon}{\mathrm{d}t}$。

流变方程反映了应力、应变与时间的关系。为了便于分析研究,常常把上述 σ、ε 和 t 这三个因素中的一个因素固定,单独研究其他两个因素的相互关系。固定因素不同,就会得到不同的方程和曲线。

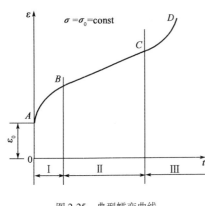

图 2-25　典型蠕变曲线

（1）蠕变

蠕变是指当应力恒定不变时（$\sigma = \sigma_0 = \text{const}$），应变随时间的延续而增长的现象。岩石的蠕变性通常用蠕变曲线来描述,该曲线可以通过单轴压缩蠕变试验来确定。典型的蠕变曲线,如图 2-25 所示。

从图 2-25 可以看出,岩石在恒定荷载作用下,在加载的瞬间首先出现瞬时弹性变形 ε_0,然后发生了随时间不断增长的蠕变变形。典型的蠕变曲线一般分为三个阶段,包括:

①AB 段——第 I 蠕变阶段（或称为初始蠕变阶段、衰减蠕变阶段、过渡蠕变阶段）:在该阶段内,蠕变曲线上凸,应变速率逐渐减小,最终趋于某一常数,即:

$$\frac{d\varepsilon}{dt} > 0, \frac{d^2\varepsilon}{dt^2} < 0$$

②BC 段——第 II 蠕变阶段（或称为等速蠕变阶段、稳定流动阶段）:在该阶段内,蠕变曲线为一条斜直线,应变速率 $\dot{\varepsilon}$ 近似为常数,即:

$$\frac{d\varepsilon}{dt} = \text{const}, \frac{d^2\varepsilon}{dt^2} = 0$$

③CD 段——第 III 蠕变阶段（或称为加速蠕变阶段、不稳定流动阶段）:在该阶段内,蠕变曲线下凹,应变速率不断增大,最终导致岩石试件破坏,即:

$$\frac{d\varepsilon}{dt} > 0, \frac{d^2\varepsilon}{dt^2} > 0$$

并不是任何材料在任何应力水平上都存在蠕变三阶段,即便同一材料,在不同应力水平下蠕变曲线的类型也不同。一般有两种基本类型,如图 2-26 所示。

①稳定蠕变:在低应力水平下,只有蠕变第 I 、II 阶段,且第 II 阶段为水平线,永远不会出现第 III 阶段那种变形迅速增大而导致破坏的现象。

②不稳定蠕变:在较高的应力水平下,连续出现蠕变的三个阶段,最终导致岩石试件破坏。

由此可以看出,在较低应力水平下,蠕变变形很快会稳定下来,地下工程围岩一般不会产生过大的蠕变变形量;但在较高的应力水平下,蠕变变形量较大,且最终导致围岩破坏而发生冒顶与片帮。

（2）卸载特性

卸载特性是指在给定的应力、应变水平上,突然卸去外

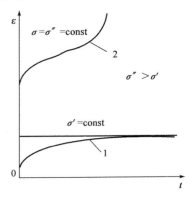

图 2-26　蠕变曲线类型
1-稳定蠕变;2-不稳定蠕变

载(应力)后变形随时间延续而逐渐恢复的现象。
卸载特性可用卸载曲线来表示,该曲线也可由试验
得到,与单轴压缩蠕变试验采用同一试件来完成。
卸载曲线通常与蠕变曲线绘在一张图上,如图2-27
所示。

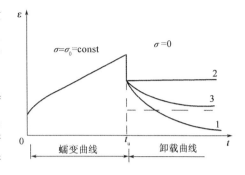

图2-27　卸载曲线
1-弹性后效;2-流动;3-弹性后效 + 流动

在对岩石试件进行单轴压缩蠕变试验时,保持
应力恒定不变($\sigma = \sigma_0 = \text{const}$),蠕变一段时间$t_u$
后,立即卸载($\sigma = 0$),观测试件轴向应变的恢复情
况,并绘制出卸载曲线。卸载曲线可能有三种情
况,包括:

①卸载后瞬时弹性变形立即恢复,然后应变随
时间逐渐恢复到零,即试件恢复到加载前的原始状
态,这种现象属于弹性后效,如图2-27中的曲线1所示。

②卸载后瞬时弹性变形立即恢复,然后应变稳定下来,随时间不再减小,如图2-27中的曲
线2所示,这种现象属于流动,即岩石试件随时间发生了不可恢复的永久变形。

③卸载后瞬时弹性变形立即恢复,然后应变随时间逐渐减小,但不恢复到零,以某一条水平
线作为渐进线,如图2-27中的曲线3所示,这种情况说明岩石既有流动,又有弹性后效现象。

(3)松弛

松弛是指在对岩石试件施加一定应力后已产生一定初始应变值,保持该应变值恒定不变
($\varepsilon = \text{const}$),则应力随时间的延续而减少的现象。

岩石的松弛特性通常用松弛曲线来描述(图2-28),有四种基本类型:

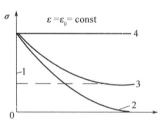

图2-28　松弛曲线类型

①立即松弛:应变保持恒定后,应力立即消失到0,松弛曲
线与σ轴重合,如图2-28中的曲线1所示。

②完全松弛:应变保持恒定后,应力逐渐消失,直到应力降
为零,松弛曲线以t轴为渐近线,如图2-28中的曲线2所示。

③不完全松弛:应变保持恒定后,应力逐渐减小,但最终不
能完全消失,而趋于某一定值,即松弛曲线以某一条水平线作为
渐进线,如图2-28中的曲线3所示。

④不松弛:变形保持恒定后,应力始终不变,松弛曲线平行
于t轴,如图2-28中的曲线4所示。

在同一初始应变值条件下,不同材料具有不同类型的松弛特性与松弛曲线。同一材料,在
不同初始应变值条件下也可能表现为不同类型的松弛特性。常见的松弛特性为完全松弛和不
完全松弛,而立即松弛和不松弛属于两种极端情况。

材料的松弛特性可通过试验测得,该类试验为应力松弛试验。由于在设备实施上较为困
难,所以目前进行松弛试验的极为罕见,常用蠕变试验研究岩石的流变特性。

(4)等时应力—应变关系

在流变方程$f(\sigma, \varepsilon, t) = 0$中,固定时间$t$,则可获得材料在给定时刻的应力—应变关系,常
用等时应力—应变曲线来表示,如图2-29a)所示。等时应力—应变曲线可通过试验获得的一

组蠕变曲线转绘得到,如图 2-29b)所示。当 $t=0$ 时,得到的就是弹塑性力学中叙述的瞬时应力—应变曲线。

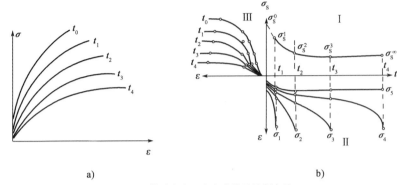

a)

图 2-29　等时应力—应变曲线及绘制方法

a)等时应力—应变曲线;b)等时应力—应变曲线与流动极限曲线转绘方法

I-流动极限衰减曲线;II-蠕变曲线族;III-等时应力—应变曲线族

（5）黏性方程

黏性方程是指应变速率与应力的关系方程,可用 $\dot{\varepsilon}-t$ 黏性曲线来表示。有两种类型,即黏性流动（图 2-30a)和塑性流动（图 2-30b)。

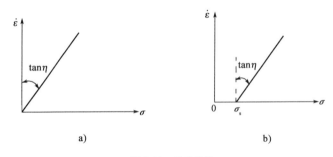

a)　　　　　　b)

图 2-30　黏性曲线

a)黏性流动;b)塑性流动

黏性流动的黏性方程为:

$$\dot{\varepsilon} = \frac{\sigma}{\eta} \tag{2-64}$$

式中:η——黏滞性系数,MPa·s。

塑性流动的黏性方程为:

$$\dot{\varepsilon} = \frac{\sigma - \sigma_s}{\eta} \tag{2-65}$$

式中:σ_s——屈服限,MPa。

黏性方程和黏性曲线也可通过试验得到,即在进行单轴压缩蠕变试验时,通过观测不同应力水平下的轴向应变速率,便可获得所需要的结果。

2)流动极限

流动极限,就是具有流变性材料的屈服极限。试验结果表明,它往往随荷载作用时间的延长而衰减。

（1）衰减曲线

在通过单轴压缩蠕变试验获得的蠕变曲线族上（图2-29b），选取各蠕变曲线上骤然上升的拐点作为流动极限，则可相应地找到经历各时间后的流动极限值，从而转绘出衰减曲线。

图2-29b）中 $t=0$ 时的流动极限就是瞬时流动极限，即弹塑性力学中的屈服限，$\sigma_s^0 = \sigma_s$；$t \to \infty$ 时的流动极限 σ_s^∞ 称为长期流动极限，或称为长期强度。材料的长期强度是一个极为重要的参数，是大型永久性地下工程设计必不可少的指标。

（2）衰减方程

衰减曲线可用衰减方程来表示，即：

$$f(\sigma_s, t) = 0 \tag{2-66}$$

具体的函数形式是多种多样的，应根据试验结果通过回归分析得到。例如，指数型经验方程为：

$$\sigma_s = A + Be^{-at} \tag{2-67}$$

当 $t \to \infty$ 时，$\sigma_s = \sigma_s^\infty$，即 $A = \sigma_s^\infty$；当 $t=0$ 时，$\sigma_s = \sigma_s^0$，即 $A+B = \sigma_s^0$，则 $B = \sigma_s^0 - \sigma_s^\infty$。代入上式，则流动极限与时间的关系又可表示为：

$$\sigma_s = \sigma_s^\infty + (\sigma_s^0 - \sigma_s^\infty)e^{-at} \tag{2-68}$$

式中：σ_s^0——瞬时流动极限，MPa；

σ_s^∞——长期流动极限（长期强度），MPa；

a——试验参数，s^{-1}。

3.蠕变试验

岩石流变性质的研究、流变方程的建立、长期强度的确定全凭试验，目前采用最多的就是蠕变试验。蠕变试验最突出的特点是要保持荷载长时间恒定不变，更确切地说是保证试件内的应力始终为常数。有的蠕变试验要进行几个月、几年，甚至十几年的观测，这就要求必须有长时间稳定的恒压装置和精度极高的观测仪表。

目前，蠕变试验主要有单轴压缩蠕变试验、普通三轴压缩蠕变试验等，随着真三轴蠕变试验机的研制与问世，将陆续开展岩石真三轴压缩蠕变试验。常见的蠕变加载方式主要有：

1）重物＋杠杆法

如图2-31所示，利用重物和杠杆给岩石试件施加垂直荷载，由于重物的重量恒定不变，则岩石试件所受荷载也恒定不变。用千分表观测岩石试件在该级荷载作用下的应变与时间的关系，可绘制出蠕变曲线。这种方法虽然简单、可靠，但施加的荷载值较小。

2）大小气、液缸法

如图2-32所示，将气缸一端接通氮气瓶或蓄能器，气缸的另一端与试验机的液压油缸或三轴压力室侧腔连接。打开氮气瓶的阀门，使气缸充气，其压力为 p_1。在活塞的作用下，另一端液缸的压力为 p_2。在保证气体压力 p_1 不变的情况下，可获得恒定不变的液体压力 p_2，从而达到稳压和增压的目的。

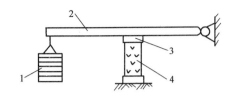

图 2-31　重物 + 杠杆法

1-重物;2-杠杆;3-垫板;4-岩石试件

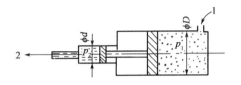

图 2-32　大小气、液缸法

1-通氮气瓶;2-通试验机液压油缸或三轴压力室侧腔

3)伺服加载法

这是目前采用最多的加载方法,利用伺服控制阀和电脑进行液压的自动控制,可实现稳压的目的。目前,国内外已经生产了多种多功能岩石蠕变试验机或岩石流变仪,能够进行单轴和常规三轴压缩条件下的蠕变试验。

在中硬以下岩石或软岩中开掘的地下工程,大约需经半个月至半年的时间,变形才能趋于稳定,或处于无休止的变形状态,直至破裂失稳。开展蠕变试验和岩石流变性质的研究,对解决地下工程的设计与支护问题,有着十分重要的现实意义。

七、岩石在动力荷载作用下的力学特性

动力荷载是相对于静力荷载而言的。若施加在物体上的力或者力矩的大小、方向、位置不变或随时间变化很缓慢,就是静力荷载;反之,作用在物体上的力或者力矩随时间变化很大,就是动力荷载。动力荷载可能是有规律的周期变化,也可能是无规则、无规律的随时间变化。动力荷载包括振动荷载和冲击荷载,如汽车(火车)荷载、机械设备振动荷载、波浪力、地震力、风荷载等。

在地下工程中,岩石承受的动力荷载主要是爆破荷载、地震力、掘进机的切削力等。在这些荷载作用下,岩石动力学性质研究主要包括岩石中应力波的传播规律,以及岩石动力变形与强度性质。

目前,国内外对岩石在动力荷载作用下的力学性质的研究已取得许多成果,已形成一门独立的学科,即岩石动力学,它是岩石力学的一个重要分支。此处只介绍岩石动力学中的基础知识,其他详细内容参考有关书籍。

1. 应力波的定义与分类

所谓波,是指某种扰动或某种运动参数或状态参数(例如应力、变形、振动、温度、电磁场强度等)的变化在介质中的传播。应力波就是应力和应变在固体中的传播。例如,当炸药在岩土介质中爆炸时,其冲击压力以波动形式向四外传播,就是一种应力波。由于固体介质变形性质的不同,在固体中传播的应力波有下列几类:

1)弹性波

应力波的一种,扰动或动荷载作用引起的应力和应变在弹性介质中传递的形式,即在应力—应变关系服从胡克定律的介质中传播的应力波属于弹性波。弹性介质中质点间存在着相互作用的弹性力,当某处物质粒子离开平衡位置,即发生应变时,该粒子在弹性力的作用下发生振动,同时,又引起周围粒子的应变和振动,这样形成的振动在弹性介质中的传播过程即为弹性波。

2）塑性波

物体受到超过弹性极限的冲击应力扰动后产生的应力和应变的传播、反射的波动现象。在塑性波通过后，物体内会出现残余变形。由于固体材料弹性性质和塑性性质的不同，在均匀弹塑性介质中传播的塑性波和弹性波也有区别，主要表现在：

（1）塑性波波速与应力有关，它随着应力的增大而减小，较大的变形将以较小的速度传播，而弹性波的波速与应力大小无关。

（2）塑性波波速总比弹性波波速小。

（3）塑性波在传播过程中波形会发生变化，而弹性波则保持波形不变。

塑性波的研究已有 80 多年的历史。1930 年美国的 L. H·唐奈在研究细杆一维应力波的传播规律时，发现了塑性波。他注意到杆中有两种波在传播，先行的是波速较快而应力峰值较低的弹性波，后行的便是波速较慢而应力峰值较高的塑性波。

在能够传播塑性波的介质中，应力在未超过弹性极限前仍然是弹性波；当应力超过弹性极限后，出现屈服应力，才有塑性波的出现。

3）冲击波

冲击波亦称激波，是一种不连续峰以超声速在介质中的传播，这个峰导致介质状态参数突跃。任何波源，当它的运动速度超过了其波的传播速度时，这种波动形式都可以称为冲击波。其特点是波前的跳跃式变化，即产生一个峰面（波头陡峭）。峰面处介质的物理性质和状态参数发生跃变，造成强烈的破坏作用。例如，炸药在介质中爆炸，爆炸产物在瞬间高速膨胀，使周围空气猛烈震荡而形成冲击波，并作用在岩体上。

冲击波具有不可逆的能量损失，故传播到一定距离，例如爆炸在从中心算起 12～15 倍装药半径处，就蜕变为弹性波。

岩石受扰动（例如爆炸）时，在岩石中主要传播的是弹性波。即使在静荷载的作用下表现为弹塑性的岩石，因在爆破荷载作用下，塑性减小，屈服极限提高，脆性增加，变形性质也接近于弹性体。而塑性波和冲击波只能在振源附近才能观察到，在距振源一小段距离后，迅速衰减为弹性波。弹性波传播距离远。

2. 弹性波在岩体中的传播

在岩体内传播的弹性波称为体波，可分为纵波（P 波）和横波（S 波）。纵波又称为压缩波，波的传播方向与质点的振动方向一致，它产生压缩或伸缩变形；横波又称为剪切波，其传播方向与质点振动方向垂直，它产生剪切变形。当爆破、地震等扰动发生时，同时产生纵波和横波，但二者传播速度不一样。纵波速度大于横波速度，即纵波先于横波到达。

沿着岩体表面和内部不连续面传播的弹性波称为面波，可分为瑞利波（R 波）和勒夫波（Q 波）。面波的传播速度小于体波，但传播距离较远。

根据波动理论，传播于连续、均匀、各向同性弹性介质中的纵波速度 V_P 和横波速度 V_s 可表示为：

$$V_\mathrm{P} = \sqrt{\frac{E_\mathrm{d}(1-\mu_\mathrm{d})}{\rho(1+\mu_\mathrm{d})(1-2\mu_\mathrm{d})}} \tag{2-69}$$

$$V_S = \sqrt{\frac{E_d}{2\rho(1+\mu_d)}} \qquad (2\text{-}70)$$

式中：V_P——纵波速度，km/s；

V_S——横波速度，km/s；

E_d——动弹性模量，GPa；

μ_d——动泊松比，无因次；

ρ——介质密度，g/cm^3。

比较式(2-69)和式(2-70)可知，纵波传播速度大于横波传播速度。另外，从这两个公式可以看出，纵波速度 V_P 和横波速度 V_S 仅与介质密度 ρ 以及岩体动力变形参数 E_d 和 μ_d 有关。实际上，这两个值受许多因素的影响，主要有岩性、岩石风化程度、结构面发育程度、应力状态、地下水及地温等。若想准确确定弹性波在岩石或岩体中的传播速度，只有通过实测。

3.弹性波速度的测定

1)岩体中弹性波传播速度的测定

岩体声波速度测试是利用电脉冲、电火花、锤击等方式激发声波，测试声波在岩体中的传播时间，据此计算声波在岩体中的传播速度。具体实施时，可以在地下工程现场的帮面或平坦的岩面上测定，如图 2-33 所示。通过声波测试仪的触发电路振荡发生正弦脉冲，送到声源(发射换能器)处使压电晶体产生机械振荡，则发射换能器发射弹性波。弹性波在岩体内传播，为接收器所接收。经放大器放大后，为时间测定装置所接收并记录下来，测得纵波和横波在岩体中的传播时间。现场接收器一般用两个，分别安装在两个平行钻孔中。第一个接收器(与声源距离为 D_1)接收纵波，第二个接收器(与声源距离为 D_1)接收横波。这是因为纵波先于横波到达，但由于传播速度快，横波在纵波到达后马上到达，造成横波难以分辨，而采用两个接收器接收不同的声波，就可以解决这个问题。

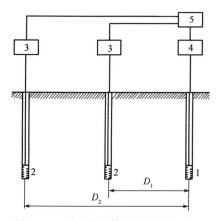

图 2-33　现场量测岩体弹性波速度的方法
1-声源；2-接收器；3-放大器；4-触发电路；
5-时间测定装置

由式(2-71)和式(2-72)分别计算弹性波在岩体中传播时的纵波速度和横波速度。

$$V_{mP} = \frac{D_1}{\Delta t_P} \qquad (2\text{-}71)$$

$$V_{mS} = \frac{D_2}{\Delta t_S} \qquad (2\text{-}72)$$

式中：V_{mP}——岩体中纵波传播速度，m/s；

V_{mS}——岩体中横波传播速度，m/s；

D_1、D_2——声波发射点与接收点之间的距离，m；

Δt_P——纵波在岩体中传播时间，s；

Δt_S——横波在岩体中传播时间，s。

2)岩石(岩块)弹性波传播速度的测定

首先到现场取岩样,加工两端面相互平行的试件。测定时,用黄油或凡士林把声源和接收器粘在试件的两端,由于试件尺寸小、弹性波传播距离短,为提高测量精度,应使用高频换能器,即利用超声波,其频率范围一般可采用 1.5 ~ 50kHz。测试方法与现场测试基本相同,然后按(2-73)和式(2-74)分别计算弹性波在岩块中传播时的纵波速度和横波速度。

$$V_{rP} = \frac{a}{\Delta t_P} \qquad (2-73)$$

$$V_{rS} = \frac{a}{\Delta t_S} \qquad (2-74)$$

式中:V_{rP}——岩块中纵波传播速度,m/s;

$\quad V_{rS}$——岩块中横波传播速度,m/s;

$\quad a$——岩石试件两端面的间距,m;

$\quad \Delta t_P$——纵波在岩块中传播时间,s;

$\quad \Delta t_S$——横波在岩块中传播时间,s。

在岩块中测定的纵波和横波速度,普遍大于在岩体中测定的速度。这是因为岩体中含有较多结构面所致。结构面的存在导致弹性波在传播过程中的反射、折射与散射;弹性波通过结构面时,还会引起振动能量的消耗。

4. 岩石(或岩体)的动力变形与强度

1) 动力变形参数

反映岩石或岩体动力变形性质的参数通常有动弹性模量、动泊松比和动剪切模量。这些参数均可通过声波测试资料确定,即由式(2-69)和式(2-70)可得:

$$\mu_d = \frac{V_P^2 - 2V_S^2}{2(V_P^2 - V_S^2)} \qquad (2-75)$$

$$E_d = V_P^2 \rho \frac{(1 + \mu_d)(1 - 2\mu_d)}{1 - \mu_d} = 2V_S^2 \rho (1 + \mu_d) \qquad (2-76)$$

$$G_d = \frac{E_d}{2(1 + \mu_d)} = V_S^2 \rho \qquad (2-77)$$

式中:E_d——岩石(或岩体)的动弹性模量,GPa;

$\quad G_d$——岩石(或岩体)的动剪切模量,GPa;

$\quad \mu_d$——岩石(或岩体)动泊松比,GPa;

$\quad \rho$——岩石(或岩体)的密度,g/cm³。

将实验室测定的岩块纵波传播速度 V_{rP} 和横波传播速度 V_{rS} 代入式(2-75) ~ 式(2-77)中,可获得岩石(岩块)的动弹性模量、动泊松比和动剪切模量。同理,若将现场测定的岩体纵波传播速度 V_{mP} 和横波传播速度 V_{mS} 代入式(2-75) ~ 式(2-77)中,可获得岩体的动力变形参数。

从大量的测试数据可知,不论是岩体还是岩块,其动弹性模量普遍大于静弹性模量,二者的比值一般 1.2 ~ 10.0,大者可超过20.0。

岩石(或岩体)的动弹性模量、动泊松比和动剪切模量可用于岩石(或岩体)的动力学分析。利用声波法测定岩体动力学参数的优点是:测定方法简单,省时省力;不扰动被测岩体的天然结构和应力状态;适用范围广,能在各类工程、各个部门使用。

2）动力强度

在进行岩石力学试验时，施加在岩石上的荷载并非完全静止的。从这个意义上讲，静态加载和动态加载没有根本区别，只是加载速率不同而已。一般认为，当加载速率使应变速率为$10^{-6} \sim 10^{-4} s^{-1}$范围时，均属于准静态加载。大于这一范围时，则是动态加载。

试验研究成果表明，动态加载下岩石的强度比静态加载时要高，这实际上是一个时间效应问题。在加载速率缓慢时，岩石中的塑性变形得以充分发展，微裂隙得以充分扩张，反映出强度较低；反之，在动态加载下，荷载很快或迅速地施加到应有的数值，塑性变形来不及发展，微裂隙来不及充分贯通，就达到了破坏的峰值，表现为强度高。特别是在爆破等冲击荷载作用下，岩体强度提高尤为明显。一般情况下，在冲击荷载作用下岩石的动抗压强度为静抗压强度的$1.2 \sim 2.0$倍。表2-4给出了水泥砂浆、砂岩及大理岩在不同加载速率下的强度值。

水泥砂浆、砂岩和大理岩在不同加载速率下的单轴抗压强度　　　　　表2-4

试　样	加载速率（MPa/s）	抗压强度（MPa）	强　度　比
水泥砂浆	9.8×10^{-2}	37.0	1.0
	3.4	44.0	1.2
	3.0×10^5	53.0	1.5
砂岩	9.8×10^{-2}	37.0	1.0
	1.9	40.0	1.1
	3.8×10^5	57.0	1.6
大理岩	9.8×10^{-2}	80.0	1.0
	3.2	86.0	1.1
	10.6×10^5	140.0	1.8

除了声波测试外，目前国内外相继研发了许多研究岩石动力特性的新方法，如动力直剪试验、动三轴压缩试验、SHPB冲击试验等，但还不够成熟。岩石的动力试验研究是一个新的重点研究领域。随着智能技术、信息技术、数据采集与处理技术等方面的进步，以及新试验方法的出现，会使岩石动力特性研究更加深入。

八、影响岩石力学性质的主要因素

影响岩石力学特性的因素很多，主要包括岩石自身属性、环境与试验条件三个方面。

1. 岩石自身属性

1）岩石的矿物组成

人类目前已发现的矿物有3000多种，最多的是硅酸盐类矿物，约占矿物总量的50%。构成岩石的矿物称为造岩矿物，常见的造岩矿物只有20～30种，主要包括：正长石、斜长石、黑云母、白云母、辉石、角闪石、橄榄石、绿泥石、滑石、高岭石、石英、方解石、白云石、石膏、黄铁矿、褐铁矿和磁铁矿等。其中，最重要的有7种造岩矿物，分别是正长石、斜长石（二者又统称长石类矿物）、石英、角闪石类矿物（主要是普通角闪石）、辉石类矿物（主要是普通辉石）、橄榄石和方解石。甚至可以说，整个地壳几乎是由上述7种矿物构成的。

组成岩石的矿物种类与成分不同,反映在岩石的宏观力学性质上就明显不同,这是影响岩石力学性质的根本因素。如岩浆岩随硬度大的矿物(如橄榄石等)含量的增多,其弹性越明显、强度越高;沉积岩中砂岩的弹性及强度随石英含量的增加而增高;变质岩中,含硬度低的矿物(如云母、滑石、高岭石等)越多,强度越低。

2)岩石的结构与构造

岩石的结构主要反映岩石微观结构特征,是指岩石中晶粒或岩石颗粒的大小、形状以及连接方式。岩石结构主要有粒状结构、斑状结构、似斑状结构等。

岩石的构造主要反映岩石宏观结构特征,是指组成岩石的矿物集合体的形状、大小和空间的相互关系及充填方式,即这些矿物集合体组合的几何学特征。岩石的构造主要有片麻构造、块状构造、流纹构造、枕状构造、气孔状构造、晶洞构造等。

相同矿物组成的岩石,其结构和构造特征不同时,表现的宏观力学特性有所不同。

3)岩石的密度

对于同种岩石,当其结构与构造特征相近时,其密度越大(岩石越致密),弹性模量和抗压强度越大。

4)岩石的风化程度

新鲜岩石的力学性质和风化岩石的力学性质有着较大的区别,特别是当岩石风化严重时,其力学性质明显降低。

2. 环境影响

1)水对岩石力学性质的影响

岩石中的水通常以两种方式赋存,即结合水和自由水。

结合水是由于矿物颗粒对水分子的吸引力(静电引力)超过了重力而被束缚在矿物颗粒表面的水,水分子运动主要受矿物颗粒表面势能的控制,这种水在矿物颗粒表面形成一层水膜,这种水膜产生下述三种作用。

(1)联结作用:束缚在矿物颗粒表面的水分子通过其吸引力作用将矿物颗粒拉紧,表现出联结作用,称为水胶联结,这种作用在土中是明显的。但对于岩石,由于矿物颗粒间的联结强度远远高于这种联结作用,因此,它们对岩石力学性质的影响是微弱的,但对于被土充填的结构面的力学性质的影响则很明显。

(2)润滑作用:由可溶盐、胶体矿物联结的岩石,当有水浸入时,可溶盐溶解,胶体水解,使原有的联结变成水胶联结,导致矿物颗粒间联结力减弱,摩擦力减低,水起到润滑剂的作用。

(3)水楔作用(图2-34):当两个矿物颗粒靠得很近,有水分子补充到矿物表面时,矿物颗粒利用其表面吸引力将水分子拉到自己周围。在两个颗粒接触处,由于吸引力作用使水分子向两个矿物颗粒之间的缝隙内挤入,这种现象称水楔作用。

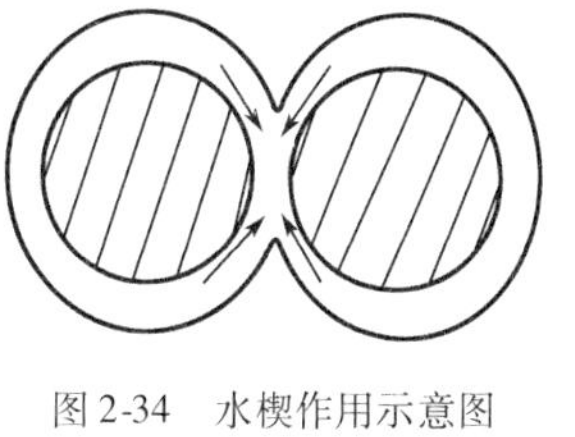

当岩石受压时,如压应力大于吸着力,水分子就被压力从接触点中挤出。反之,如压应力减小至低于吸着力,水分子就又挤入两颗粒之间,使两颗粒间距增大。这样便产生两种结果:一是岩石体积膨胀,如岩石处于不可变形的条件,便产生膨胀压力;二是水胶联

图2-34　水楔作用示意图

结代替胶体及可溶盐联结,产生润滑作用,岩石强度降低。

上述三种作用都与岩石中结合水有关,而岩石含结合水的多少主要和矿物的亲水性有关。岩石中亲水性最大的是黏土矿物,故含黏土矿物多的岩石受水的影响最大。如黏土岩在浸湿后其强度降低可达90%,而含亲水矿物少(或不含)的岩石如花岗岩、石英岩等,浸水后强度变化则小得多。

自由水不受矿物颗粒表面吸引力的控制,其运动服从重力规律。自由水主要产生两种作用。

(1)孔隙压力作用:对于孔隙和微裂隙中含有重力水的岩石,当其突然受载而水来不及排出时,岩石孔隙或裂隙中将产生很高的孔隙压力。这种孔隙压力,减小了颗粒之间的压应力,从而降低了岩石的抗剪强度,甚至使岩石微裂隙端部处于受拉状态从而破坏岩石的联结。

(2)溶蚀—潜蚀作用:岩石中渗透水在其流动过程中可将岩石中可溶物质溶解带走,有时将岩石中小颗粒冲走,从而使岩石强度大为降低,变形加大,前者称为溶蚀作用,后者称为潜蚀作用。在岩体中有酸性或碱性水流时,极易出现溶蚀作用;当水力梯度很大时,对于孔隙度大、联结性差的岩石易产生潜蚀作用。

岩石试件的湿度,即含水率大小对岩石的力学性质产生很大的影响,特别是对于黏土质岩石。众所周知,含水率会影响全应力—应变曲线,因而它对岩石的变形、抗压强度和峰后特性有影响。含水率越大,岩石抗压强度越低。另外,对于某些岩石,在水的浸泡下将产生膨胀、崩解、泥化等现象,严重影响岩石的力学性质。

2)温度对岩石力学性质的影响

人们越来越多地开始关注岩石在高温和低温条件下,或温度变化过程中对岩石力学性质的影响。目前,国内外已研发了不少这方面的试验设备。图2-35为三种不同岩石在围压为500MPa,温度从25℃升高到800℃时应力—应变关系曲线。可以看出,随着温度的升高,岩石的屈服极限和峰值强度降低,而塑性增大。

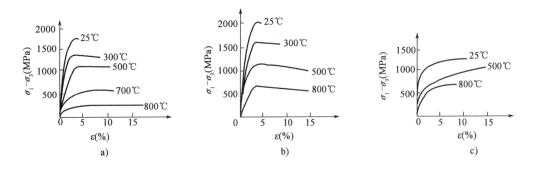

图2-35　温度对岩石力学性质的影响(围压均为500MPa)
a)玄武石;b)花岗石;c)白云岩

在寒区冻融环境下,孔隙、微裂隙中的水在冻融时的胀缩作用对岩石的力学性质影响很大。随着寒区铁路、公路、桥梁等工程的建设,这一问题的研究显得越来越急迫。

3.试验条件

1）试件的尺寸与形状

试件尺寸对岩石力学性质的影响称为尺寸效应。单轴压缩试验结果表明，试件尺寸越大，所测得的岩石抗压强度越小，这是由于试件内部所包含的弱面或微裂隙随试件尺寸增大而增加的缘故。但当试件尺寸超过一定值后，强度将维持在某固定值左右。图2-36是大理岩与辉长岩的单轴压缩试验结果，由此可见试件尺寸对岩石强度的影响。

单轴压缩试验一般采用圆柱形试件，其高径比对试验结果也将产生一定的影响。高径比（H/D）越大，单轴抗压强度越小，如图2-37所示。当高径比超过2.5～3.0时，曲线平缓，测试结果稳定。

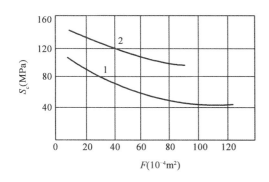

图2-36　岩石试件强度与试件尺寸关系曲线
1-大理岩；2-辉长岩

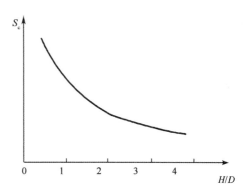

图2-37　岩石试件强度与高径比的关系曲线

另外，若采用立方体试件或长方体试件进行单轴压缩试验，其试验结果与圆柱形试件将有所不同。因此，世界各个国家，均对各种试验所采用的岩石试件的形状与尺寸进行人为规定，以使试验结果具有可比性和工程应用价值。

2）试验方法

岩石在单轴压缩、单轴拉伸、三轴压缩、压剪等试验方法中所表现出来的力学性质有较大的区别。即使是普通三轴压缩试验，随着围压的提高，岩石的屈服极限、峰值强度、弹性模量和韧性等都随之增大。这说明，岩石的力学性质与岩石试件所受的应力状态有关，即岩石的强度、变形指标等与应力状态有关，这是岩土材料有别于其他材料的一个显著特征。

3）荷载性质

单轴压缩试验结果表明，加载速度的大小对岩石的抗压强度将产生一定的影响。加载速度越大，岩石的抗压强度越高。当加载速度很大时，就像炸药爆炸时引起的冲击载荷，这时岩石的性态与一般压缩试验所看到的状态完全不一样，表现出动力学的性质。当加载速度极为缓慢或保持不变时，岩石的力学性质呈现出明显的时间效应。

从上面的分析可以看出，岩石的力学性质受很多因素的影响。为解决实际工程问题，应通过现场取样并保持其天然状态，选取合适的试验方法与加载方式，来确定其力学性质指标，再进行实际岩石工程的力学分析与计算。

第四节　岩石的强度理论

岩石中的应力、应变增长到一定程度时,岩石会发生破坏。岩石的破坏判据(亦称破坏准则或破坏条件)是指岩石破坏时的应力状态与岩石强度参数间的函数关系,又称强度准则或强度条件。岩石破坏判据的建立与选用,应反映工程实际岩石的破坏机理。所有描述岩石破坏机理、过程与条件的理论统称为强度理论。

岩石强度理论重点研究岩石的破坏准则,它是判断岩土工程是否安全的标准,反映在极限状态下的"应力—应力"之间的关系。也就是说,强度准则要解决在什么样的应力组合下、达到什么样的应力水平时,岩石发生破坏。

岩石的强度准则与本构方程不同。本构方程反映的是岩石在受力过程中的"应力—应变"之间的关系,而强度准则反映的是在极限状态下的"应力—应力"间的关系。

岩石强度理论是建立在大量试验的基础之上的,它在一定程度上反映了岩石的强度特性,并用来作为岩石破坏的判据。经典的材料强度理论包括最大正应力强度理论、最大正应变强度理论、最大剪应力强度理论和剪应变能强度理论,它们分别以相应的正应力、正应变、剪应力和剪应变能阀值作为材料破坏与否的判据。由于岩石材料的特殊性,在岩石力学中常用的强度理论主要有库仑强度理论、莫尔强度理论、德鲁克—普拉格强度理论和格里菲斯强度理论等。

一、库仑强度理论

库仑(C. A. Coulomb)在 1773 年提出了最早的强度准则,后经纳维尔(B. Navier)在 1883 年进行了完善,至今在岩体工程领域仍广泛采用。所以,该准则又被称为库仑—纳维尔准则。

1. 基本观点

(1)材料的破坏是由于剪应力引起的,当剪应力达到其抗剪强度时,材料发生剪切破坏。

(2)剪切破坏面上的正应力增加了材料的抗剪强度,其增加量与正应力的大小成正比。

(3)剪切破坏力的一部分用来克服材料自身的黏结力(黏聚力、内聚力),使材料颗粒间脱离连接;另一部分用来克服与正应力成正比的摩擦力,使面间发生错动而最终破坏。

也就是说,当材料某截面上的剪应力达到黏结力与内摩擦力之和时,材料将发生剪切破坏。

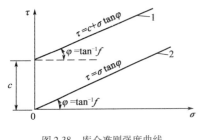

图 2-38　库仑准则强度曲线
1-$c \neq 0$ 时;2-$c = 0$ 时

2. 库仑准则方程

$$| \tau | = c + f\sigma = c + \sigma\tan\varphi \tag{2-78}$$

式中:τ——剪切破坏面上的剪应力,MPa;

σ——剪切破坏面上的正应力,MPa;

c——岩石的黏结力,MPa;

f——岩石的内摩擦系数,$f = \tan\varphi$,无因次;

φ——岩石的内摩擦角,(°)。

库仑准则的强度曲线为一直线,如图 2-38 所示。

3. 库仑准则用主应力表示

在对岩石进行普通三轴压缩试验时,每次试验都保持围压 $\sigma_2 = \sigma_3$ 恒定不变,而按一定加载速率增加轴压 σ_1 直到试件发生剪切破坏为止。因此,在整个加载过程中,表现为应力莫尔圆的不断增大。当应力莫尔圆与岩石的抗剪强度曲线相切时,试件将发生破坏,此时的莫尔圆称为极限应力圆,如图 2-39 所示。根据极限应力圆与强度曲线间的几何关系,便可以推导出库仑准则的主应力表示。

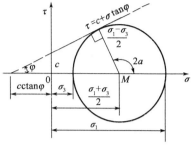

图 2-39　三轴压缩极限应力圆与强度曲线

由图 2-39 的直角三角形可以得出:

$$\frac{1}{2}(\sigma_1 - \sigma_3) = \left[\frac{1}{2}(\sigma_1 + \sigma_3) + c\cot\varphi\right]\sin\varphi$$

整理得:

$$\sigma_1 = \frac{2c\cos\varphi}{1 - \sin\varphi} + \sigma_3 \frac{1 + \sin\varphi}{1 - \sin\varphi} \tag{2-79}$$

上式即为库仑准则的主应力表示,当岩体中某点的最大主应力 σ_1 和最小主应力 σ_3 满足上式关系时,该点将发生剪切破坏。

单轴压缩试验($\sigma_2 = \sigma_3 = 0$)可测得岩石的单轴抗压强度 S_c,即岩石试件剪切破坏时 $\sigma_1 = S_c$,代入式(2-79)可得:

$$S_c = \frac{2c\cos\varphi}{1 - \sin\varphi} \tag{2-80}$$

由图 2-39 可知:

$$\alpha = \frac{1}{2}(90° + \varphi) = 45° + \frac{\varphi}{2} \tag{2-81}$$

α 为破裂面与最大主平面的夹角(图 2-40)。由于对称性,地下岩体破裂面有时是一对或共轭出现的。地质力学通常提到的 X 型节理,即是一对共轭剪切破裂面。

根据三角恒等关系,有:

$$\frac{1 + \sin\varphi}{1 - \sin\varphi} = \cot^2\left(45° - \frac{\varphi}{2}\right) = \tan^2\left(45° + \frac{\varphi}{2}\right) = \tan^2\alpha \tag{2-82}$$

将式(2-80)和式(2-82)代入式(2-79),可得库仑准则用主应力表示的另一种形式,即:

$$\sigma_1 = \sigma_3\tan^2\alpha + S_c \tag{2-83}$$

在主应力坐标系统,库仑准则的强度曲线如图 2-41 所示,亦为一斜直线。

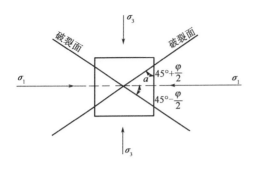

图 2-40　共轭破裂面（X 型节理）

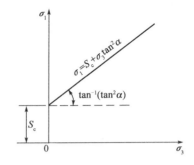

图 2-41　库仑准则在主应力坐标系统的曲线形

库仑定律一般只适用于正应力为压应力的情况,即 $\sigma \geqslant 0$。若将库仑定律推广到 $\sigma < 0$ 的情况,即受拉区(图 3-39 的虚线),则单轴拉伸破坏时 $\sigma_1 = \sigma_2 = 0, \sigma_3 = -S_t$,代入式(2-79)可得:

$$S_t = \frac{2c\cos\varphi}{1 + \sin\varphi} \tag{2-84}$$

将式(2-80)和式(2-84)代入式(2-79),可得库仑准则的另一种表达形式,即:

$$\sigma_1 = S_c + \frac{S_c}{S_t}\sigma_3 \tag{2-85}$$

大量的试验表明,岩石材料的剪切强度曲线在低围压情况下多近似为直线,而且多呈剪切破坏形式,破裂角的实测值与预测值也基本吻合。所以库仑准则既简单,又具有广泛的适用性。

库仑准则不适用于高围压的情况,这是因为在高围压条件下实测的强度曲线不再是直线,按直线近似拟合必将带来较大的误差。此外,库仑准则没有考虑中间主应力 σ_2 的影响,而大量的岩石试验结果表明 σ_2 的影响是存在的。

二、莫尔强度理论

试验结果表明,岩石的剪切强度曲线不一定都是直线。为了使强度理论能适应非直线的情况,莫尔(O. More)在 1900 年对库仑准则做了推广,提出了莫尔强度准则。

1. 基本观点

(1)材料的破坏是由剪应力与同一截面上的正应力综合作用的结果。

(2)破坏剪应力的大小取决于破坏面上的正应力,是正应力的函数。

(3)在受压区,材料表现为压剪破坏,破坏剪应力与该面的正应力成正变关系;在受拉区,材料表现为拉剪破坏或脆性拉伸破坏,拉应力的绝对值越大,破坏剪应力就越小,两者成反变关系。

2. 莫尔准则方程

莫尔准则方程的一般形式为:

$$|\tau| = f(\sigma) \tag{2-86}$$

式中:τ——破坏剪应力,MPa;

σ——剪切破坏面上的正应力,MPa。

函数 $f(\sigma)$ 采用什么形式，主要根据单轴压缩试验、单轴拉伸试验和三轴压缩试验的结果所获得的试验强度曲线特征来确定。

单轴压缩与拉伸试验可分别测得岩石单轴抗压强度 S_c 与抗拉强度 S_t，从而可绘出单轴压缩与单轴拉伸极限应力圆。在进行普通三轴压缩试验时，每次保持围压不变，按一定加载速度增加轴压至岩石试件完全破坏，这样便得一组破坏时的主应力数对，从而可画出若干个极限应力圆，如图 2-42 所示。作这些极限应力圆的包络线，即得岩石的试验强度曲线。

根据试验强度曲线的特征，可采用斜直线、双曲线、抛物线、摆线、摆线加斜直线以及双斜直线等各种曲线形式（视对试验强度曲线的拟合好坏而定）。下面简述几种常用的包络线形式。

1）斜直线型包络线

采用斜直线型包络线及写出的准则方程与库仑理论完全相同，见式（2-78）。因此，很多书经常提到的"库仑—莫尔"条件的含义就在于此。

2）抛物线型包络线

试验强度曲线有时可以近似采用二次抛物线拟合，如图 2-43 所示，其表达式为：

$$\tau^2 = n(\sigma + S_t) \tag{2-87}$$

式中　S_t——岩石单轴抗压强度，MPa；

　　　n——试验参数。

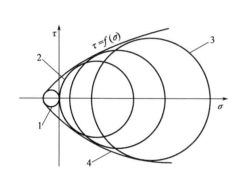

图 2-42　岩石的试验强度曲线

1-单轴拉伸极限应力圆；2-单轴压缩极限应力圆；

3-三轴压缩极限应力圆；4-包络线

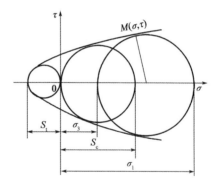

图 2-43　抛物线型包络线

主应力表达式为：

$$(\sigma_1 - \sigma_3)^2 = 2n(\sigma_1 + \sigma_3) + 4nS_t - n^2 \tag{2-88}$$

抛物线型包络线由于函数关系较为简单，在实际岩土工程中有时采用。

3）双曲线型包络线

双曲线（图 2-44）方程为：

$$\tau^2 = (\sigma + S_t)^2 \tan^2\eta + (\sigma + S_t)S_t \tag{2-89}$$

其中：

$$\tan\eta = \frac{1}{2}\left(\frac{S_c}{S_t} - 3\right)^{\frac{1}{2}} \tag{2-90}$$

由上式可知，当 $S_c/S_t < 3$ 时，$\tan\eta$ 将出现虚值，故双曲线型强度曲线不适用于 $S_c/S_t < 3$ 的

岩石。

双曲线型包络线,由于方程较为复杂,在实际工程中应用较少。

4)双斜直线

岩石的试验强度曲线一般为曲线,可采用双斜直线来拟合。图2-45为长沙矿冶研究院对大理岩所做的强度曲线,采用双斜直线描述,即在低围压范围内以一段直线表示;在高压区以另一段直线表示。从图中可以看出,当 $\sigma < 19.5$ MPa 时,强度曲线方程可写成 $\tau = 9.5 + \sigma\tan66°$;当 $\sigma > 19.5$ MPa 时,强度曲线方程则为 $\tau = 40.0 + \sigma\tan29.5°$。

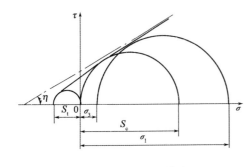

图2-44 双曲线型包络线   图2-45 大理岩的双斜强度曲线

莫尔准则和库仑准则都是建立在试验基础上的破坏判据,而且都是以剪切破坏作为破坏机理,实质上是剪应力强度理论,但莫尔准则比库仑准则具有更广泛的适用性。一般认为,这个理论比较全面地反映了岩石的强度特性,对塑性材料和脆性材料的剪切破坏均适用。同时,也反映了岩石抗拉强度远小于抗压强度这一特性,并能解释岩石在三向等拉时会破坏,而在三向等压时不会破坏(曲线在受压区不闭合),这一点已为试验所证实。莫尔准则与库仑准则一样,也没有考虑中间主应力的影响。

三、德鲁克—普拉格强度理论

德鲁克—普拉格准则(Druckr-Prager,1925,简称 D – P 准则)是在库仑准则和塑性力学中著名的米赛斯(Mises)准则的基础上发展和推广而来的,其表达式为:

$$\alpha I_1 - \sqrt{J_2} = K \tag{2-91}$$

式中:I_1——应力张量第一不变量,$I_1 = \sigma_1 + \sigma_2 + \sigma_3$,MPa;

J_2——应力偏张量第二不变量,$J_2 = \dfrac{1}{6}\left[(\sigma_1 - \sigma_2)^2 + (\sigma_2 - \sigma_3)^2 + (\sigma_3 - \sigma_1)^2 \right]$,MPa²;

α、K——只与岩石内摩擦角 φ 和黏聚力 c 有关的常数,其中:

$$\alpha = \frac{\sin\varphi}{\sqrt{9 + 3\sin^2\varphi}}$$

$$K = \frac{3c\sin\varphi}{\sqrt{9 + 3\sin^2\varphi}}$$

用主应力表示为:

$$(\sigma_1 - \sigma_2)^2 + (\sigma_2 - \sigma_3)^2 + (\sigma_3 - \sigma_1)^2 = \frac{6\sin^2\varphi}{9 + 3\sin^2\varphi}\left[(\sigma_1 + \sigma_2 + \sigma_3) - 3c\right]^2$$

$$(2\text{-}92)$$

德鲁克—普拉格准则考虑了中间主应力的影响,已在国内外岩土力学与工程的数值分析计算中获得广泛的应用。

四、格里菲思强度理论

格里菲思(A. A. Griffith)在1921年提出了具有广泛影响的强度理论,该理论对破坏机理的认识与库仑、莫尔强度理论明显不同。库仑、莫尔准则认为材料的破坏属于剪切破坏,是由剪应力引起的。而格氏准则认为,不论物体受力状态如何(拉、压均可),最终本质上都是由于拉应力引起的脆性拉伸破坏。

1. 基本观点

(1)物体内存在众多随机分布的细微裂隙,这些裂隙可近似看成是长度相当、形状相似的扁平椭圆形,且都是张开的,互不相关,如图2-46所示。

(2)当含有这些裂隙的材料处于复杂应力状态时,在这些裂隙的端部便会产生拉应力集中。当其拉应力值超过材料的抗拉强度时,这些裂隙便开始扩展,其扩展方向大致与最大主应力作用方向平行(图2-47),最终导致材料在拉应力作用下产生拉伸破坏。

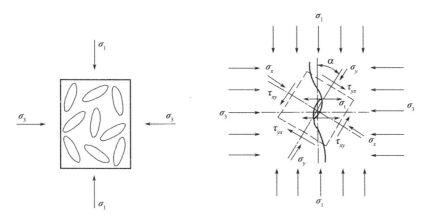

图2-46　随机分布的格里菲思裂纹　　图2-47　裂隙周边上的应力及裂纹扩展方向

(3)材料和裂纹都是各向同性的。

2. 格氏准则方程

格里菲思将裂纹视为贯穿的扁平椭圆,按线弹性平面应变问题来处理。裂隙端部产生的拉应力σ_t与最大主应力σ_1和最小主应力σ_3的关系,可由弹性力学得出,从而可建立格氏准则方程为:

$$\begin{cases} \dfrac{(\sigma_1 - \sigma_3)^2}{8(\sigma_1 + \sigma_3)} = S_t & (\sigma_1 + 3\sigma_3 \geqslant 0) \\ \sigma_3 = -S_t & (\sigma_1 + 3\sigma_3 < 0) \end{cases}$$

$$(2\text{-}93)$$

在单轴压缩条件下,$\sigma_1 = S_c$,$\sigma_2 = \sigma_3 = 0$,代入上式可得$S_c = 8S_t$,即格氏准则得出了脆性材

料的抗压强度为其抗拉强度 8 倍的推断。这一推断对某些岩石是比较接近的,但一般岩石的 $S_c/S_t = 10 \sim 100$。

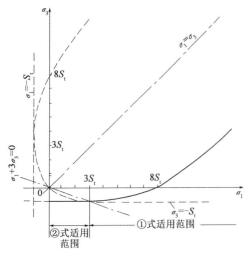

图 2-48　格氏准则在主应力坐标系统中的强度曲线

在主应力平面坐标系统,格氏准则方程的图形如图 2-48 所示。从该图可以看出,第一公式的应用范围比较大,而第二公式的应用范围比较小,且只适用于主应力 σ_1 较小、σ_3 为拉应力的情况。在实际工程课题中,上述情况比较少见,故一般都采用第一公式。

格氏准则适用于各种应力状态,即适用于受压区,也适用于受拉区。但只适用于脆性材料的拉伸破坏。同时应该指出,格里菲思准则是裂隙刚开始发展时的应力准则,而不是岩石完全破坏时的准则。但格里菲思准则能够正确地预测裂隙开始发展的方向,并已被试验所证实。同样,格里菲思准则也没有考虑中间主应力的影响,这是该理论的一个缺陷。

3. 修正的格氏准则

格氏准则是建立在裂隙张开的条件下,但在压应力作用下,张开的裂隙必然要闭合。裂隙闭合后,便能承受正应力,而且由于摩擦也能承受剪应力,岩石的强度增加了。同时,岩石的破坏方式也可能发生改变,由脆性拉伸破坏变为压剪破坏。于是麦克林托克(F. A. Mcclintock)和瓦尔西(J. B. Walsh)对格里菲思准则进行了修正,其修正公式为:

$$\sigma_1 = S_c + \frac{\sqrt{1+f^2}+f}{\sqrt{1+f^2}-f}\sigma_3 \tag{2-94}$$

式中:f——裂隙面间摩擦系数,无因次;

S_c——岩石单轴抗压强度,MPa。

修正的格式准则方程与库仑准则方程式(2-85)相似,都属于直线方程。

4. 扩展的格氏准则——默雷尔准则

在格里菲思准则方程中,没有考虑中间主应力 σ_2 的影响,而试验证明 σ_2 的影响是存在的。默雷尔(S. A. F. Murrell)根据格氏准则方程的特点,靠逻辑推理扩展到了三维,把 σ_2 引入到准则方程中。他首先分析了格氏准则方程(指第一个方程)在 $\sigma_1 - \sigma_3$ 坐标平面上的图形(图 2-48),该图形特点如下:

(1)过原点。

(2)切于直线 $\sigma_1 = -S_t$ 和 $\sigma_3 = -S_t$。

(3)以等倾线 $\sigma_1 = \sigma_3$ 为轴的抛物线。

由此可以推断三维图形具有如下特点:

(1)过原点。

(2)切于平面 $\sigma_1 = -S_t$,$\sigma_2 = -S_t$ 和 $\sigma_3 = -S_t$。

（3）以等倾线 $\sigma_1 = \sigma_2 = \sigma_3$ 为轴的旋转抛物体,如图 2-49 所示。

符合上述条件的旋转抛物体方程,即三维情况下的格氏准则方程为:

$$(\sigma_1 - \sigma_2)^2 + (\sigma_2 - \sigma_3)^2 + (\sigma_3 - \sigma_1)^2 = 24S_t(\sigma_1 + \sigma_2 + \sigma_3) \tag{2-95}$$

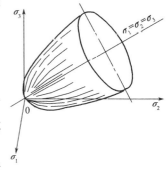

单轴压缩至极限状态时,$\sigma_1 = S_c$,$\sigma_2 = \sigma_3 = 0$,代入上式可得:$S_c = 12S_t$,即默雷尔准则推断脆性材料的单轴抗压强度为其抗拉强度的 12 倍。这个数字对脆性较强的岩石,似更为合理。

扩展的格氏准则考虑了中间主应力的影响,为三维应力状态提出了另一种可供实用的强度准则。

图 2-49　扩展的格氏准则

五、最大正应变理论

前面介绍的岩石破坏准则,都属于应力破坏条件,也就是当物体中的应力在某种组合下达到某极限值时材料发生破坏。事实上,物体在外荷载作用下,当其变形量(或应变)到达某极限值时,材料也将发生破坏。也就是说,材料的破坏受两方面的控制,即应力和变形,当其中一方面超限时,材料便发生破坏。最大正应变理论属于变形破坏条件。

1. 基本观点

（1）坚硬岩石在无围压或低围压条件下,有时会出现与最大主应力作用方向大致平行的劈裂裂纹(图 2-50),属于张性破坏(拉伸破坏)。

（2）物体发生张性破裂的原因是由于最大延伸应变 ε 达到了一定的极限应变值引起的。

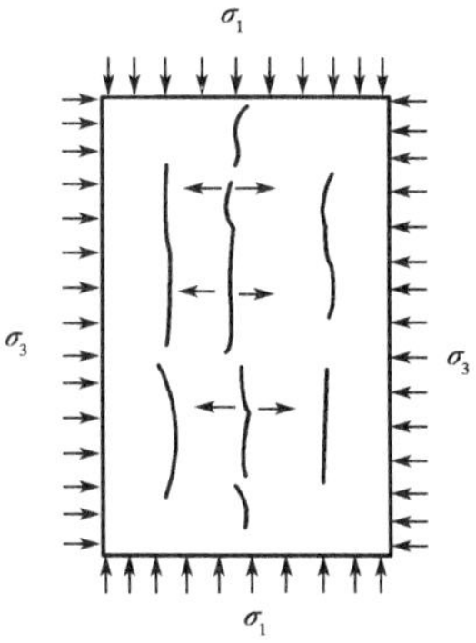

2. 准则方程

最大正应变理论的准则方程可表示为:

$$\varepsilon = \varepsilon_0 \tag{2-96}$$

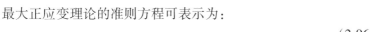

式中:ε——延伸应变,无因次;

ε_0——材料破坏时的极限应变值,无因次。

图 2-50　岩石张破裂

对于地下工程,可以采用围岩内边界最大位移作为判据,即:

$$u = u_0 \tag{2-97}$$

式中:u——地下工程围岩内边界最大位移,mm;

u_0——围岩破坏时的极限位移值,mm。

若假设岩石拉伸破坏前属于线弹性体,则延伸应变和极限应变值分别为:

$$\varepsilon = -\varepsilon_3 = -\frac{1}{E}\left[\sigma_3 - \mu(\sigma_1 + \sigma_2)\right] \tag{2-98}$$

$$\varepsilon_0 = \frac{S_t}{E} \tag{2-99}$$

将式(2-98)和式(2-99)代入式(2-96),可得:

$$\mu(\sigma_1 + \sigma_2) - \sigma_3 = S_t \tag{2-100}$$

极限应变值也可采用单轴压缩条件的极限应变,即:

$$\varepsilon_0 = \mu\varepsilon_{1极} = \mu\frac{S_c}{E} \qquad (2-101)$$

将式(2-98)和式(2-101)代入式(2-96),可得:

$$\mu(\sigma_1 + \sigma_2) - \sigma_3 = \mu S_c \qquad (2-102)$$

式(2-100)和式(2-102)简单,且考虑了中间主应力的影响。但应特别指出的是,这两个公式仅适用于脆性材料的拉伸破坏,且破坏前岩体属于理想线弹性体。

特别地,当 $\sigma_2 = \sigma_3$ 时,有:

$$\sigma_1 = \frac{1-\mu}{\mu}\sigma_3 + S_c \qquad (2-103)$$

上式与库仑准则方程(式2-85)相似,都属于直线方程。

六、霍克—布朗岩石破坏经验判据

上述岩石强度理论通常是在一定假定条件下,从理想状况出发通过一定的数学推演而得到的,对于某一荷载条件的某些岩石是较为合适的。但是,岩石条件特别是工程岩体的状况是极其复杂的,不仅是它的地应力,就其岩石节理裂隙的复杂性,便令通常的"理想"强度理论束手无策。于是,国内外岩石力学研究者探索新的途径,来建立岩石的强度条件或破坏准则。在这方面,具有代表性的是霍克(Hock)—布朗(Brown)于1980年提出的经验公式,它是通过广泛采用试验资料和数理统计方法建立的岩石强度经验准则,其表达式为:

$$\sigma_1 = \sigma_3 + \sqrt{mS_c\sigma_3 + kS_c^2} \qquad (2-104)$$

式中:σ_1、σ_3——最大、最小主应力,MPa;

$\quad$ S_c——完整岩石的单轴抗压强度,MPa;

$\quad$ m、k——经验参数,通过室内试验或现场原位试验确定。

七、岩石强度准则的选择

在上述众多强度理论中,采用哪种强度理论较为切合实际,主要根据试验结果和实际岩体工程的破坏方式来确定。如果岩石或岩体的破坏是由于剪应力引起的剪切破坏,具有明显的剪切破坏面,应采用库仑强度理论、莫尔强度理论或德鲁克—普拉格强度理论;若岩石或岩体的破坏属于拉伸破坏,则应采用格里菲斯强度理论和最大正应变理论。

从目前实际应用情况来看,在分析一般的工程问题时,受压区一般采用库仑或斜直线型莫尔准则,在受拉区一般采用格里菲斯准则;对于数值计算,多采用库仑准则、莫尔准则或德鲁克-普拉格准则;对于软岩地下工程,当变形量较大时可采用最大正应变准则。

严格来说,各种强度理论都有一定的局限性,都有各自的适用范围。因此,有关岩石强度理论的研究和建立,特别是岩石三维强度理论的建立,仍是岩体力学研究领域中一个很重要的研究课题,需要对各种岩石进行大量的真三轴试验。

从生产实践中看出岩石的破坏是"渐进破坏",即岩体内某一点受力超过其自身强度时,则该点抵抗破坏的能力降低,而其他邻近点将受到转移来的增大的应力作用,于是破坏将依次发展,破坏区域逐渐扩大。这种"渐进破坏"在极限情况下,将使整个破坏滑动面的强度降低至残余强度,导致最终破坏。目前,利用有限元法可以模拟和追踪这种破坏过程。

另外,由于岩体的不均匀性和非均质性,岩体破坏时往往是几种不同性质破坏同时出现,但它们对岩体的破坏作用不是等同的。因此,岩体中破坏条件与类型也是逐点改变的。

随着人们对岩体破坏机理认识的日益深入,目前都倾向于岩体破坏受软弱结构面控制的观点,即认为岩体中断层、裂隙、节理和层理等结构面对岩体的破坏起决定性的控制作用。

总之,加强岩石或岩体强度理论及其应用的研究,对解决实际岩石工程问题有着十分重要的意义。

思考与练习题

一、思考题

1. 岩石的三相比例指标有哪些?如何确定?

2. 解释渗流、渗透性、渗透系数和渗透率的定义。

3. 岩石的水理性包括哪些?

4. 什么叫岩石的吸水性?用哪些指标来衡量?如何确定?

5. 什么叫岩石的软化性?用哪个指标来衡量?如何确定?

6. 什么叫岩石的膨胀性?其原因是什么?用哪些指标来衡量?如何确定?

7. 什么叫岩石的崩解性?用哪个指标来衡量?如何确定?

8. 什么叫岩石的热理性?用哪个指标来衡量?

9. 什么叫岩石的抗冻性?用哪个指标来衡量?如何确定?

10. 如何进行岩石单轴压缩试验,可获得岩石哪些力学指标?

11. 利用普通材料试验机进行岩石单轴压缩试验发生岩爆的原因是什么?如何才能获得岩石的全应力—应变曲线?典型岩石全应力—应变曲线分为哪几个阶段?

12. 对岩石进行单轴压缩试验时,岩石试件的破坏形式有哪些?

13. 岩石应力—应变关系的理论模型有哪些?试写出各种理论模型的本构方程。

14. 什么叫岩石单轴抗拉强度?其测定方法有哪些?

15. 什么叫岩石的抗剪强度?其测定方法有哪些?

16. 如何进行岩石普通三轴压缩试验?可获得岩石哪些力学指标?

17. 如何实现岩石真三轴压缩试验?

18. 简述点荷载试验方法,可获得岩石哪些力学指标?

19. 解释岩石流变性、弹性后效、流动、黏性流动、塑性流动、流变方程、流动极限、蠕变和松弛的定义。

20. 蠕变试验方法有哪些?获得的蠕变曲线类型有哪些?典型蠕变曲线分为哪几个阶段?

21. 松弛曲线的类型有哪些?

22. 如何确定岩石(或岩体)的动弹性模量、动剪切模量、动泊松比和动力强度?

23. 影响岩石力学性质的主要因素有哪些?

24. 简述库仑强度理论的基本观点,并写出库仑准则方程的不同表达式。

25. 简述莫尔强度理论的基本观点,并写出莫尔准则方程的不同表达式。

26. 试绘出德鲁克—普拉格强度准则方程在主应力空间的几何图形。

27. 简述格里菲斯强度理论的基本观点,并写出格里菲斯准则方程的不同表达式。

28. 简述最大正应变理论的基本观点,并写出最大正应变准则方程的不同表达式。

29. 试绘出霍克—布朗岩石强度经验方程的几何图形,并与库仑强度曲线进行对比。

二、练习题

1. 某地下工程在施工过程中,取一原状岩样。通过室内试验测得其体积为 $98.7cm^3$,质量为 $185.4g$,烘干后干土质量为 $160.1g$,岩石的比重 $G_s = 2.7$。试求岩石的天然重度 γ、含水率 ω、干重度 γ_d、孔隙比 e、孔隙率 n、饱和重度 γ_{sat} 和有效重度 γ'。

2. 某岩样烘干后的质量为 240g,在常温常压下浸水 48h 后的质量为 250.5g,然后将其煮沸 6h,测得其质量为 261.6g。同时对该种岩石进行单轴压缩试验,测得其干燥和饱和条件下的单轴抗压强度分别为 30.2MPa 和 26.5MPa。试确定岩石的吸水率、饱和吸水率、饱水系数和软化系数。

3. 有 3 块 $\phi50 \times 100mm^3$ 的立方体岩石试件,进行单轴压缩试验,破坏时施加的最大受压载荷分别为 $P_1 = 400kN$、$P_2 = 370kN$ 和 $P_3 = 350kN$。试求该岩石单向抗压强度。

4. 用圆盘劈裂法进行砂岩单向抗拉强度试验,试件直径为 50mm,厚度为 40mm,劈裂(拉断)时所施加的最大载荷为 14.6kN。试求其单轴抗拉强度。

5. 有三块 $(5 \times 5 \times 5)cm^3$ 立方体岩石试件,进行直接剪切试验,施加的法向荷载 P 分别为 40kN、60kN 和 80kN,剪切破坏时施加的剪切荷载分别为 50.1kN、68.4kN 和 85.8kN。试确定该岩石的黏结力 c 和内摩擦角 φ。

6. 有三块 $(5 \times 5 \times 5)cm^3$ 立方体岩石试件,分别做倾角为 48°、55° 和 64° 的抗剪强度试验,其施加的最大荷载分别为 43.4kN、28.3kN 和 20.7kN。试确定该岩石的黏结力 c 和内摩擦角 φ。

7. 将岩石试件进行一系列单轴压缩试验,求得其抗压强度的平均值为 2.3MPa。将同样的岩石在 5.9MPa 的围压下进行一系列三轴压缩试验,求得破坏时主应力的平均值为 18.2MPa。试在莫尔图上绘出代表这两种试验结果的应力圆,并确定该岩石的黏结力 c 和内摩擦角 φ。

8. 对大理岩进行普通三轴压缩试验,围压分别为 10MPa、20MPa 和 30MPa,试验测得破坏时的最大主应力分别为 22.4MPa、31.5MPa 和 40.6MPa。试确定岩石三轴抗压强度与围压关系的直线方程,以及岩石的黏结力 c 和内摩擦角 φ。

9. 采用 $\phi100mm$ 钻孔岩心进行轴向加载点荷载试验,通过两加荷点平均宽度为 120mm,破坏荷载为 $P = 6.6kN$,已知修正系数 $m = 1.1$,试确定岩石点荷载强度 $I_{s(50)}$,并估算岩石的单轴抗压强度与单轴抗拉强度。

10. 实际测得某岩块中的纵波传播速度 $V_{rP} = 5600m/s$,横波传播速度 $V_{rS} = 3700m/s$,已知该岩块的密度为 $2.3g/cm^3$,试确定岩石的动弹性模量、动剪切模量和动泊松比。

11. 某岩石符合库仑强度准则,通过试验测得其黏结力 $c = 41.2MPa$,内摩擦角 $\varphi = 27°$。试求围压 $\sigma_2 = \sigma_3 = 20MPa$ 时岩石的极限抗压强度及破裂面的倾角。若同样的岩石所受应力为 $\sigma_1 = 32MPa$、$\sigma_3 = 24MPa$,试确定岩石是否发生破坏。

12. 已知岩石的单轴抗压强度 $S_c = 21.2MPa$,单轴抗拉强度 $S_t = 2.7MPa$,试分别按库仑准则和抛物线型莫尔准则确定 $\sigma_3 = 3.5MPa$ 时岩石的三轴抗压强度。

13. 已知岩石的 $c = 2.6 \mathrm{MPa}$，$\varphi = 31°$，试分别按德鲁克—普拉格准则和默雷尔准则确定 $\sigma_2 = 10 \mathrm{MPa}$ 和 $\sigma_3 = 5 \mathrm{MPa}$ 时的岩石三轴抗压强度。

14. 已知隧道拱顶围岩的最大主应力 $\sigma_1 = 45 \mathrm{MPa}$，中间主应力 $\sigma_2 = 0$，最小主应力 $\sigma_3 = -10 \mathrm{MPa}$，岩石单轴抗拉强度 $S_t = 15 \mathrm{MPa}$，泊松比 $\mu = 0.3$。试分别按格里菲斯强度理论和最大正应变理论判断隧道拱顶岩石是否破坏。

15. 通过试验测得某岩石单轴抗压强度 $S_c = 14.2 \mathrm{MPa}$，经验参数 $m = 1.5$，$k = 0.004$。试按霍克—布朗经验方程分别确定 $\sigma_3 = 5$、10、15、20、25 和 $30 \mathrm{MPa}$ 时的三轴抗压强度，并绘制其强度曲线。

第三章　岩体的力学性质与工程分类

第一节　概　　述

工程涉及的实际岩体与实验室内测试的岩石试件的力学性能有着很大的差别,引起这种差别的主要因素有:岩体的非连续性、岩体的非均质性、岩体的各向异性和岩体的含水性等,其中最关键的因素是岩体的非连续性。

岩体内存在的各种地质界面,包括不连续面和物质分异面,统称为结构面(亦称弱面),如裂隙、节理、层理、软弱夹层、断层及断裂破碎带等。它在横向延展上具有面的几何特性,常充填有一定物质,具有一定厚度。如节理和裂隙是由两个面及面间的水或气组成;断层及层间错动面是由上、下盘两个面及面间充填的断层泥和水构成的实体组成的。岩体中的各种结构面依其本身的产状,彼此组合,将岩体切割成形态不一、大小不等以及成分各异的岩石块体,称为结构体(亦称岩块)。因此,岩体的变形与强度,取决于构成岩体的岩块和结构面的力学性能。

结构面弱化了岩体的力学性能,决定了岩体工程的稳定性,导致岩体的各向异性,成为岩体渗流的主要通道。大至地震、滑坡,小到地下工程的冒顶、片帮,一般都是沿结构面活动和发展的。

第二节　岩体结构的基本类型

岩体是由结构面及其所围限的结构体所组成,具有一定的结构是岩体的显著特征之一。岩体结构是指岩体中结构面与结构体的空间排列组合特征。因此,岩体结构应包括两个基本要素或称结构单元,即结构面和结构体。也就是说,不同的结构面与结构体之间,以不同方式排列组合形成了不同的岩体结构。大量的工程失稳实例表明:工程岩体的失稳破坏,往往主要不是岩石材料本身的破坏,而是由于岩体结构失稳引起的。所以,不同结构类型的岩体,其物理力学性质、力学效应及其稳定性都是不同的。

一、结构体特征

结构体的形态极为复杂,它的大小及形态主要取决于结构面的密度及其空间组合关系。结构体常见的形状有:块状、柱状、层状、板状、碎块状及碎屑状。

结构体的形状还与岩石类型有关。例如,玄武岩、流纹岩常由单一的柱状或块状结构体组成,花岗岩、闪长岩由原生节理切割成短柱状或块状结构体,厚层砂岩常由块状结构体组成,薄层及中厚层砂、页岩互层在层间错动下常形成板状结构体。

另外,结构体的形状与区域构造运动强度密切相关。在轻微构造运动带,大多发育棋盘格式节理,它切割成的结构体多数为短柱状六面体。在强烈构造运动带,节理组数多,大多3~4组,在它的切割下形成的结构体常出现多种形态。

二、岩体结构的类型

在《岩土工程勘察规范》(2009年版)(GB 50021—2001)中,为了概况地反映岩体中结构面和结构体的成因、特征及其排列组合关系,将岩体结构划分为5大类(表3-1)。在《工程岩体分级标准》(GB/T 50218—2014)中,将岩体结构也划分为5类(表3-2)。

岩土工程勘察规范中划分的岩体结构类型 表3-1

岩体结构类型	岩体地质类型	结构体形状	结构面发育情况	岩土工程特征	可能发生的岩土工程问题
整体状结构	巨块状岩浆岩和变质岩,巨厚层沉积岩	巨块状	以层面和原生、构造节理为主,多呈闭合型,间距大于1.5m,一般为1~2组,无危险结构	岩体稳定,可视为均质弹性各向同性体	局部滑动或坍塌;深埋洞室的岩爆
块状结构	厚层状沉积岩,块状岩浆岩和变质岩	块状柱状	有少量贯穿性节理裂隙,结构面间距0.7~1.5m,一般为2~3组,有少量分离体	结构面互相牵制,岩体基本稳定,接近弹性各向同性体	
层状结构	多韵律薄层、中厚层状沉积岩,副变质岩	层状板状	有层理、片理、节理,常有层间错动	变形和强度受层面控制,可视为各向异性弹塑性体,稳定性极差	可沿结构面滑塌;软岩可产生塑性变形
碎裂状结构	构造影响严重的破碎岩层	碎块状	断层、节理、片理、层理发育,结构面间距0.25~0.5m,一般为3组以上,有许多分离体	整体强度很低,并受较弱结构面控制,呈弹塑性体,稳定性很差	易发生规模较大的岩体失稳;地下水加剧失稳
散体状结构	断层破碎带,强风化及全风化带	碎屑状	构造和风化裂隙密集,结构面错综复杂,多充填黏性土,形成无序小块和碎屑	完整性遭极大破坏,稳定性极差,接近松散体介质	易发生规模较大的岩体失稳;地下水加剧失稳

工程岩体分级标准中划分的岩体结构类型 表3-2

类型	亚类	岩体结构特征
块状结构	整体结构	岩体完整,呈巨块状,结构面不发育,间距大于100cm
	块状结构	岩体较完整,呈块状,结构面轻度发育,间距一般50~100cm
	次块状结构	岩体较完整,呈次块状,结构面中等发育,间距一般30~50cm
层状结构	巨厚层状结构	岩体完整,呈巨厚状,层面不发育,间距大于100cm
	厚层状结构	岩体较完整,呈厚层状,层面强度发育,间距一般50~100cm
	中厚层状结构	岩体较完整,呈中厚层状,层面中等发育
	互层结构	岩体较完整或完整性差,呈互层状,层面较发育或发育,间距一般10~30cm
	薄层结构	岩体完整性差,呈薄层状,层面发育,间距一般小于10cm
镶嵌结构	镶嵌结构	岩体完整性差,岩块镶嵌紧密,结构面较发育到很发育,间距一般10~30cm

续上表

类型	亚　类	岩 体 结 构 特 征
碎裂结构	块裂结构	岩体完整性差,岩块间有岩屑和泥质物充填,嵌合中等紧密～较松弛,结构面较发育到很发育,间距一般 10～30cm
	碎裂结构	岩体破碎,结构面很发育,间距一般小于 10cm
散体结构	碎块状结构	岩体破碎,岩块夹岩屑或泥质物
	碎屑状结构	岩体破碎,岩屑或泥质物夹岩块

由表 3-1 和表 3-2 可知:不同结构类型的岩体,结构体和结构面的特征不同,岩体的工程性质、变形与破坏机理也不相同。但其根本的区别还在于结构面的性质及其发育程度,在进行岩体力学性质研究之前,应首先弄清岩体中结构面的情况及其力学属性,建立符合实际工程岩体的地质力学模型,使岩体稳定性分析建立在可靠的基础之上。

第三节　结构面的特性

一、结构面的几何特征

结构面对岩体力学性质的影响主要表现在结构面自身的力学性质及其几何特征两个方面。其中,几何特征通常包括:结构面的产状、连续性、密度、张开度和形态等。

1. 结构面的产状

产状是指结构面在空间的分布状态,可由走向、倾向和倾角三要素来表示。其中:走向是指结构面与水平面相交的交线方向;倾向是与走向呈垂直的方向,它是结构面上倾斜线最陡的方向;倾角是指水平面与结构面之间所夹的最大角度。由于走向可根据倾向来加以推算,故一般只用倾向、倾角来表示。

为了便于结构面的数学表达,建立如图 3-1a)所示的坐标系,结构面就视为该坐标系中的一个空间平面。同时约定:向上为 z 轴正向,向东为 x 轴正向,向北为 y 轴正向;结构面产状由倾向角 β 和倾角 α 确定。由图 3-1a)的几何关系可见,结构面的倾向角 β 则为结构面倾向与 y 轴(正北向)的夹角;结构面倾角则为结构面外法线与 z 轴的夹角,如图 3-1b)所示。

在图 3-1b)中,$\hat{n}$ 表示结构面的外法线,设为单位矢量 $\hat{n}$,则 $\hat{n}$ 在坐标轴 x、y、z 上的分量分别为:$\sin\alpha\sin\beta$、$\sin\alpha\cos\beta$、$\cos\alpha$。这样,结构面的空间方位就可用单位矢量来表示,即:

$$\hat{n} = (\sin\alpha\sin\beta, \sin\alpha\cos\beta, \cos\alpha) \tag{3-1}$$

结构面的产状与开挖面的空间关系,将直接影响岩体的稳定性。最简单的实例就是顺坡向和逆坡向的结构面,前者从几何学上是一个不利的因素,而后者却是有利的。

2. 结构面的连续性

结构面的连续性又称为结构面的延展性或贯通性,反映了结构面的贯通程度,常用迹长、线连续性系数和面连续性系数表示。研究结构面的连续性对岩体的变形特性、破坏机理及渗透程度等都有十分重要的意义。

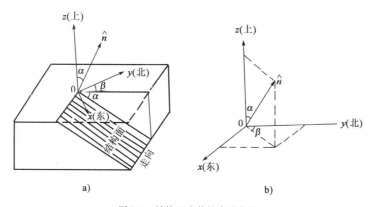

图 3-1　结构面产状的表示方法

a)结构面与空间坐标系;b)结构面的倾向角和倾角与坐标轴的关系

1)迹长

结构面与勘测面交线的长度,称为迹长。国际岩石力学学会(ISRM,1978 年)建议用结构面的迹长来描述和评价结构面的连续性,并制订了相应的分级标准(表 3-3)。

结构面连续性分级表　　　　　　　　表 3-3

描述	很低连续性	低连续性	中等连续性	高连续性	很高连续性
迹长(m)	<1	1~3	3~10	10~20	>20

2)线连续性系数 K_l

线连续性系数是指沿结构面延伸方向上,结构面各段长度之和与测线长度的比值(图 3-2),即

$$K_l = \frac{\sum a_i}{\sum a_i + \sum b_i}$$　　　　　　（3-2）

式中：K_l——结构面的线连续性系数;

$\sum a_i$——测线内结构面各段长度(迹长)之和,$\sum a_i = a_1 + a_2 + a_3 + \cdots m$;

$\sum b_i$——测线内完整岩石(岩桥)长度之和,$\sum b_i = b_1 + b_2 + b_3 + \cdots m$;

$\sum a_i + \sum b_i$——测线总长度,m。

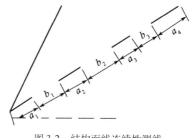

图 3-2　结构面线连续性测线

显然,$0 \leqslant K_l \leqslant 1$。$K_l$ 值越大说明结构面的连续性越好,当 $K_l = 1$ 时,结构面完全贯通;当 $K_l = 0$ 时,则岩体是完整的。

3)面连续性系数 K_a

面连续性系数是指结构面延伸方向,结构面面积之和与被测试岩体总面积的比值,即:

$$K_a = \frac{a}{A}$$　　　　　　（3-3）

式中:K_a——结构面的面连续性系数;

a——结构面面积之和,m^2;

A——被测试岩体总面积,m^2。

面连续性系数 K_a 从平面上描述了结构面连续扩展或贯通的程度,也反映了岩体被结构面切割分离的程度,所以又称之为切割度。当 $K_a = 1$ 时,说明该岩体结构面贯通率为100%(岩体全部被结构面切断);当 $K_a = 0$ 时,岩体为连续的完整体。

3. 结构面的密度

结构面的密度反映结构面发育的密集程度,常用线密度 K_ρ、间距 d 等指标表示。线密度 K_ρ 是指结构面法线方向单位测线长度上交切结构面的条数(条/m);间距 d 是指同一组结构面法线方向上两相邻结构面的平均距离,两者互为倒数关系,即:

$$K_\rho = \frac{1}{d} \tag{3-4}$$

式中:d——结构面的间距,m;

K_ρ——结构面的线密度,条/m。

有两组结构面 K_{a1}、K_{a2}、K_{b1}、K_{b2},如图3-3所示。当岩体上有 n 组结构面时,则沿测线 x 上的 n 组结构面间距为:

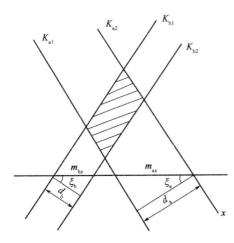

图3-3 两组结构面密度计算图

$$m_{ax} = \frac{d_a}{\cos\xi_a}, m_{bx} = \frac{d_b}{\cos\xi_b}, \cdots, m_{nx} = \frac{d_n}{\cos\xi_n} \tag{3-5}$$

将式(3-5)代入式(3-4)可得各分组结构面的密度,n 个分组密度叠加后可得该测线 x 上结构面的密度,即:

$$K_\rho = \frac{\cos\xi_a}{d_a} + \frac{\cos\xi_b}{d_b} + \cdots + \frac{\cos\xi_n}{d_n} \tag{3-6}$$

ISRM(1978年)建议的结构面密度分级标准,见表3-4。

结构面密度分级标准(ISRM 1978)   表3-4

描述	极密集	很密集	密集	中等密集	稀疏	很稀疏	极稀疏
间距(mm)	<20	20~60	60~200	200~600	600~2000	2000~6000	>6000

4. 结构面的张开度

结构面的张开度是指结构面两壁面间的垂直距离。结构面两壁面一般不是紧密接触的,而是呈点接触或局部接触,接触点大部分位于起伏或锯齿状的凸起点。这种情况下,由于结构面实际接触面积减少,必然导致其黏结力降低。实际岩体中结构面的张开度是不一样的,其分类描述见表3-5。

结构面张开度分级   表3-5

描 述	结构面张开度(mm)	状 态
很紧密	<0.1	
紧密	0.1~0.25	闭合结构面
部分张开	0.25~0.5	

续上表

描 述	结构面张开度(mm)	状 态
张开 中等宽的 宽的	0.5 ~ 2.5 2.5 ~ 10 > 10	裂开结构面
很宽的 极宽的 似洞穴的	10 ~ 100 100 ~ 1000 > 1000	张开结构面

一般张开结构面具有较大的张开度,往往成为地下水的通道。在漫长的地质年代作用下,水流中的一部分物质残留或沉积在结构面中;结构面的面壁被风化后,也会有一部分物质遗留下来;另外,由于后期的地质作用,使得张开的裂缝由一些矿物重新胶结在一起等。这些处在结构面裂缝中的物质被称作充填物,此时结构面的强度将主要由充填物决定。

5. 结构面的形态

结构面的形态通常用结构面侧壁的粗糙度及起伏度来描述。

1)结构面的粗糙度

结构面的粗糙度可用粗糙度系数 JRC(Joint Roughness Cocfficient)来表示。巴顿(Barton,1977 年)提出将结构面粗糙度分为 10 级,分别给出了典型剖面及 JRC 的值,如图 3-4 所示。

在实际工作中,可用结构面纵剖面仪测出待测结构面的实际粗糙剖面,然后与图 3-4 的标准剖面对比,确定结构面的粗糙度系数 JRC。这种方法显然带有目测的主观性,误差较大。比较准确的方法是采用巴顿提出的结构面抗剪强度公式,通过结构面压剪试验,反算结构面粗糙度系数,即:

$$JRC = \frac{\tan^{-1}(\tau/\sigma) - \varphi}{\lg(JCS/\sigma)} \quad (3-7)$$

式中:τ——结构面压剪试验峰值时的剪应力,MPa;

σ——结构面压剪试验峰值时的正应力,MPa;

φ——基本摩擦角(未风化平滑结构面的摩擦角),(°);

JCS——结构面壁面抗压强度,MPa。

国际岩石力学学会(ISRM)建议采用施密特锤(Schmidt 锤,即回弹仪)测试结构面壁面抗压强度。根据试验测定的回弹值,按下式计算,即:

$$JCS = 10^{(0.00088\gamma R + 1.01)} \quad (3-8)$$

式中:γ——岩石的重度,kN/m³;

R——回弹值,无因次。

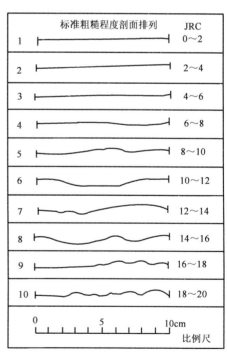

标准粗糙程度剖面排列	JRC
1	0 ~ 2
2	2 ~ 4
3	4 ~ 6
4	6 ~ 8
5	8 ~ 10
6	10 ~ 12
7	12 ~ 14
8	14 ~ 16
9	16 ~ 18
10	18 ~ 20

0   5   10cm
比例尺

图 3-4 结构面典型剖面及粗糙度 JRC 的值

2）结构面的起伏度

起伏度可用起伏角来描述（图3-5），即：

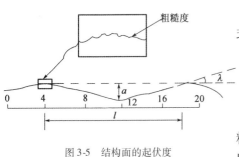

图3-5 结构面的起伏度

$$\lambda = \arctan\left(\frac{2a}{l}\right) \qquad (3-9)$$

式中：a——结构面起伏波的幅度，也就是相邻两波峰连线与其中波谷的最大距离，mm；

l——起伏波的长度，也就是两相邻波峰之距离，mm。

对结构面的抗剪强度有较大影响的是结构面的粗糙度。粗糙度越大，结构面摩擦角越大，其抗剪强度也越大。

二、结构面的分类

结构面是在岩体形成和地质作用的漫长历史过程中，在岩体内形成和不断发育的各种地质界面，在连续介质力学理论中视为不连续面。结构面对工程岩体的完整性、渗透性、物理力学性质及应力传递等都有显著的影响，是造成岩体非均质、非连续、各向异性和非线弹性的本质原因之一。为了便于掌握结构面的分布规律及其对工程稳定性的影响，有必要对结构面进行分类。

1. 按地质成因分类

根据地质成因的不同，可将结构面划分为原生结构面、构造结构面和次生结构面。各类结构面的主要特征及其对工程稳定性的影响，见表3-6。

结构面按地质成因分类　　　　表3-6

成因类型		地质类型	主要特征			工程地质评价
			产状	分布	性质	
原生结构面	沉积结构面	1. 层理层面 2. 软弱夹层 3. 不整合面、假整合面 4. 沉积间断面	一般与岩层产状一致，为层间结构面	海相岩层中此类结构面分布稳定，陆相岩层中呈交错状，易尖灭	层面、软弱夹层等结构面较为平整；不整合面及沉积间断面多由碎屑、泥质物质构成，且不平整	较大的坝基滑动及滑坡；地下工程，尤其是煤矿巷道的冒顶、片帮等通常由此类结构面所造成
	岩浆结构面	1. 侵入体与围岩接触面 2. 岩浆岩墙接触面 3. 原生冷凝节理	岩脉受构造结构面控制，而原生节理受岩体接触面控制	接触面延伸较远，比较稳定，而原生节理往往短小密集	接触面可具熔合及破裂两种不同的特征，原生节理一般为张裂面，较粗糙不平	一般不造成岩体的大规模破坏。但有时与构造断裂配合，也可形成岩体的滑移
	变质结构面	1. 片理 2. 片岩软弱夹层	产状与岩层或构造方向一致	片理短小，分布极密；片岩软弱夹层延展较远，具有固定层次	结构面光滑平直，片理在岩体深部往往闭合成隐闭结构面，片岩软弱夹层含片状矿物，呈鳞片状	在变质较浅的沉积岩中，如千枚岩等路堑边坡，常见塌方。片岩夹层有时对工程及地下洞体稳定也有影响

续上表

成因类型	地质类型	主要特征			工程地质评价
		产状	分布	性质	
构造结构面	1. 节理 2. 断层 3. 层间错动面 4. 羽状裂隙,劈理	产状与构造面呈一定关系,层间错动与岩层一致	张性断裂较短小,剪切断裂延长较远,压性断裂规模大,但有时为横断层切割成不连续状	张性断裂不平整,常具有次生充填,呈锯齿状,剪切断裂平直,具羽状裂隙,压性断层具多种构造,呈层状分布,往往含断层泥等	对岩体稳定影响很大,常构成边坡及地下工程的塌方、冒顶等
次生结构面	1. 卸荷裂隙 2. 风化裂隙 3. 风化夹层 4. 泥化夹层 5. 次生夹泥层	受地形及原结构面控制	分布上往往呈不连续状透镜体,延展性差,且主要在地表风化带内发育	一般为泥质充填,水理性质很差	在天然及人工边坡上造成危害,有时对坝基、坝肩及浅埋隧道等工程亦有影响

2. 按结构面破坏属性分类

通过大量的野外观察、地质勘探和工程实践,缪勒根据岩体结构面的破坏属性和分布密度两方面的因素,将结构面分为:单个节理、节理组、节理群、节理带以及破坏带或糜棱岩(细粒状岩石)五大类型。再考虑按节理中的充填材料性质和充填程度,又将每种类型分成三个细类。这样,结构面分为十五个细类,如图3-6所示。

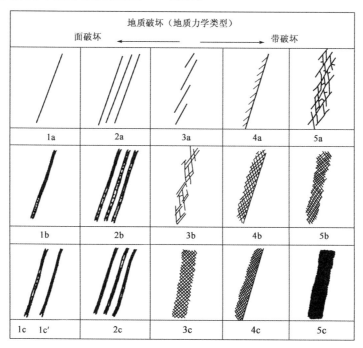

图3-6　结构面破坏属性分类法

1a-粗节理;2a-粗节理组;3a-巨节理群;4a-带有羽毛状节理的粗节理;5a-破裂带;1b-充填风化物的粗节理;2b-充填风化物的粗节理组;3b-带有巨节理的破坏带;4b-带有边缘粗节理的破坏带;5b-近糜棱岩(构造角砾)带;1c-有黏土充填的粗节理;1c′-由黏土组成的破坏带的粗节理;2c-充填黏土的粗节理群;3c-带有糜棱岩的巨节理;4c-带有粗节理的糜棱岩带;5c-糜棱岩带

三、结构面的分级

结构面是决定结构体大小、形状与方位,进而控制岩体力学性能的重要因素。因此,根据结构面发育程度、规模大小和组合形式等进行分级就显得非常必要,具体分级见表3-7。Ⅰ、Ⅱ、Ⅲ级结构面属实测结构面,其产状可以直接体现在工程地质图上;Ⅳ、Ⅴ级结构面是统计结构面,产状只能通过其密度统计,认识其规律。

结 构 面 的 分 级 　　　　　　　　表 3-7

级序	分 布 规 模	地 质 类 型	力 学 属 性	工 程 地 质 评 价
Ⅰ级	一般延伸约数千米至数十千米以上,破碎带宽约数米至数十米乃至几百米以上	通常为大断层或区域性断层	属于软弱结构面,通常处理为计算模型的边界	区域性大断层往往具有现代活动性,给工程建设带来很大的危害,直接控制区域性岩体及其工程的整体稳定性。一般工程应尽量避开
Ⅱ级	贯穿整个工程岩体,长度一般数百米至数千米,破碎带宽数十厘米至数米	多为较大的断层、层间错动、不整合面及原生软弱夹层等	属于软弱结构面、滑动块裂体的边界	通常控制工程区的山体或工程围岩稳定性,构成滑动岩体边界,直接威胁工程的安全稳定性。工程应尽量避开或采取必要的处理措施
Ⅲ级	延伸长度为数十米至数百米,破碎带宽度为数厘米至1m左右	断层、节理、发育好的层面及层间错动,软弱夹层等	多数也属于软弱结构面,或较坚硬结构面	主要影响或控制工程岩体,如地下洞室围岩及边坡岩体的稳定性等
Ⅳ级	延伸长度为数十厘米至20~30m,小者仅数厘米至十几厘米,宽度为零至数厘米不等	节理、层面、次生裂隙、小断层及较发育的片理、劈理面等	多数为坚硬结构面;构成岩块的边界面	该级结构面数量多,分布有随机性,主要影响岩体的完整性和力学性质,是岩体分类及岩体结构研究的基础,也是结构面统计分析和模拟的对象
Ⅴ级	规模小,连续性差,常包含在岩块内	隐节理、微层面、微裂隙及不发育的片理、劈理等	属于硬结构面	主要影响或控制岩块的物理力学性质

四、结构面的试验方法

对于结构面,其尺寸从几厘米到数十千米。在进行岩体的稳定性分析时,对于结构面的影响不可能不分巨细地一概单独考虑。通常认为极细小的结构面,其影响包含在岩块的变形或强度试验指标中;较小的结构面,其影响则包含在岩体的变形或强度试验指标中;对于与工程尺度相当的较大型结构面,如隧道围岩中长度大于4~5m的结构面,其影响应该专门考虑,并进行必要的试验研究。如在有限元等数值计算方法中,一般将结构面划分为特有的"节理单元"。

结构面力学性质的研究,同样可以通过试验的方法。结构面一般为软弱的地质界面,其破坏方式一般为剪切破坏,所以研究结构面在剪应力作用下的抗剪强度及其变形性质显得格外重要。下面介绍几种主要的结构面试验方法。

1. 直剪仪法

利用直接剪切仪测定结构面的抗剪强度及其变形性质,如图 3-7 所示。可分为一般压剪(容许剪胀)和刚性压剪(不容许剪胀)。

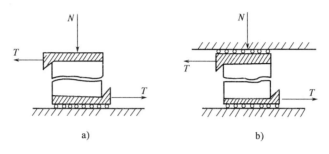

图 3-7　直剪仪法
a) 一般压剪;b) 刚性压剪

首先施加正应力 N,并保持其恒定不变。然后施加切向力 T,并按一定加载速度增大 T 值,直到试件沿结构面发生剪切破坏为止。

当试件沿结构面发生剪切破坏时,作用在结构面上的应力有:

$$\begin{cases} \tau = \dfrac{T}{A} \\ \sigma = \dfrac{N}{A} \end{cases} \tag{3-10}$$

式中: T——试件沿弱面发生剪切破坏时所施加的最大切
　　　　向力,MN;
　　　N——正压力,MN;
　　　A——剪切破坏面(即结构面)的面积, m^2 ;
　　　τ——结构面的抗剪强度,MPa;
　　　σ——作用在结构面上的正应力,MPa。

试验时,取 n 个相同的岩石试件,并含有相同的结构面。每次试验时所施加的 N 值都不相同,这样便得到 n 组(σ , τ)数据,并在坐标系 σ - τ 中标出这些试验点(图 3-8),便可获得结构面的抗剪强度曲线。

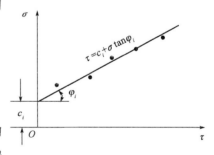

图 3-8　结构面的抗剪强度曲线
c_i -结构面的黏结力; φ_i -结构面的内摩擦角

2. 三轴仪法

当结构面具有很大的倾角时,可采用三轴压缩试验的方法确定结构面的抗剪强度曲线。试验过程与前述岩块的普通三轴压缩试验基本相同。仍采用圆柱形试件,但含有结构面,如图 3-9 所示。首先保持围压恒定不变,并按一定加载速度增加轴压直至试件沿结构面发生剪切破坏,记录下试件沿结构面发生剪切破坏时的轴向应力 σ_1 和围压 σ_3 。

试验时,取 n 个相同的岩石试件(且含有相同的结构面)。但每次施加的围压都不相同,这样便可得到 n 组剪切破坏时的(σ_1 , σ_3)数据,从而可画出一组极限应力圆,如图 3-10 所示。在极限应力圆上找出代表弱面的点,连接这些点便得到结构面的抗剪强度曲线。

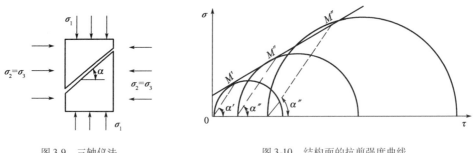

图 3-9　三轴仪法　　　　　　　　　　图 3-10　结构面的抗剪强度曲线

3.现场试验法

如图 3-11 所示,在现场就地切割岩体,靠千斤顶或扁千斤顶施加正应力和剪切力,从而测定结构面的抗剪强度。

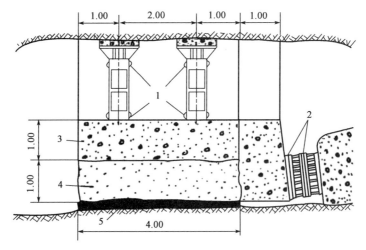

图 3-11　软弱夹层的现场压剪试验方法(尺寸单位:m)

1-施加正压力的扁千斤顶;2-施加剪切力的扁千斤顶;3-混凝土垫层;4-岩石;5-结构面

五、结构面的变形性质

结构面在受压时可能闭合,充填物被压密;受拉时可能脱开;受剪时其上下岩面可能沿弱面发生相对错动。在岩体中结构面是力学上的薄弱环节,对岩体稳定起控制作用。因此,必须研究结构面的变形性质。尤其是近些年来随着有限单元法的发展,使结构面对岩体应力、变形和破坏的影响可以进行定量分析,因而结构面应力与应变关系的研究就显得更为重要。下面将结构面一些主要的变形性质分述如下。

1.结构面的压缩变形性质

1)"σ-v"曲线

在法向应力作用下结构面的法向变形特征通常用"σ-v"曲线来表示(σ 为作用在结构面上的法向应力,v 为结构面法向相对变形)。采用上述试验方法不施加剪应力,便可获得结构面的"$\sigma\text{-}v$"曲线。大量的试验结果表明,"$\sigma\text{-}v$"曲线不是线性的,因而其法向刚度系数 K_n($\sigma\text{-}v$"曲线的切线斜率)也不是常数,如图 3-12 所示。

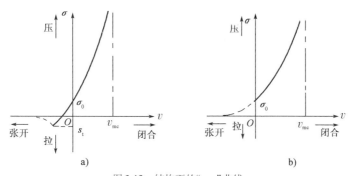

图 3-12 结构面的"$\sigma\text{-}v$"曲线

a)具有抗拉能力的结构面;b)无抗拉能力的结构面

σ_0-结构面在天然岩体中的初始应力;s_t-结构面的抗拉强度;v_{mc}-结构面的极限压密量

一般情况下,结构面不能承受拉应力,或者只能承受很小的拉应力。结构面受拉脱开后,其法向刚度系数 K_n 为零。结构面受压时,开始为点或线接触,经挤压、局部破碎或劈裂,接触面增加,随之变形也逐渐增加。但结构面的法向压缩变形不可能无限制地增加下去,有一个极限压密的问题。对于有充填物的结构面,随着压应力的增加,充填物逐渐被压密,K_n 值也随之增大。由于充填物不可能被挤走,或者夹层两壁表面相接触时,则压密量趋于极限压密量 v_{mc},其法向刚度系数也趋于一个很大的量值。对于无充填物的结构面,也有极限压密问题。当压应力小时,如果两壁接触点较少,则随着压应力的增大接触点将被压碎,从而使接触面积增大,法向刚度系数也随之急剧增加,压密量趋于极限压密量。

当法向应力大于初始应力($\sigma \geqslant \sigma_0$)时,结构面闭合;但当法向应力小于初始应力($\sigma < \sigma_0$)时,结构面要张开。有抗拉能力的结构面和无抗拉能力的结构面的曲线形式有所不同。一般情况下,只研究 $\sigma \geqslant \sigma_0$ 条件下结构面的压缩变形性质及其本构关系。

2)古德曼(R. E. Goodman)与班迪斯(S. C. Bandis)经验方程

图 3-12 所示的"$\sigma\text{-}v$"曲线可以通过上述试验方法确定,古德曼(R. E. Goodman,1974 年)提出用下面的经验方程来拟合,即:

$$\frac{\sigma - \sigma_0}{\sigma_0} = A\left(\frac{v}{v_{mc} - v}\right)^t \tag{3-11}$$

式中:σ_0——结构面在天然岩体中的初始应力,MPa;

$\quad v_{mc}$——极限压密量(即结构面的法向最大压缩量),mm;

$\quad \sigma$——作用在结构面上的法向应力,MPa;

$\quad v$——结构面法向相对变形,mm;

$\quad A,t$——试验参数。

班迪斯(S. C. Bandis,1984 年)等人通过对大量的天然、不同风化程度和表面粗糙程度的非填充结构面的试验研究,提出了双曲线形关系式,即:

$$\sigma = \frac{v}{a - bv} \tag{3-12}$$

式中：a, b——试验参数。

显然，当正应力 $\sigma \to \infty$ 时，$v \to v_{mc} = \dfrac{a}{b}$。

2.结构面的剪切变形性质

1)"$\tau\text{-}u$"曲线

在法向应力恒定条件下结构面的剪切变形特征通常用"$\tau\text{-}u$"曲线来表示（τ 为作用在结构面上的剪应力，u 为结构面相对剪切位移），简称为剪切位移曲线。采用上述试验方法，可以获

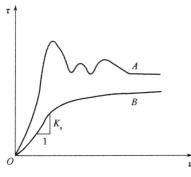

得结构面的"$\tau\text{-}u$"曲线。大量的试验结果表明，单组结构面的"$\tau\text{-}u$"曲线均为非线性曲线。根据剪切变形机理不同，可分为脆性变形型（图 3-13 所示的 A 曲线）和塑性变形型（图 3-13 所示的 B 曲线）两类曲线。

无充填物粗糙硬性结构面的"$\tau\text{-}u$"曲线属于脆性变形型。其特点是，开始时剪切变形随应力增加缓慢，曲线较陡；峰值后剪切变形增加较快，有明显的峰值强度和应力降，并产生不规则的峰后变形和滞滑现象，当应力降至一定值后趋于稳定，残余强度明显低于峰值强度。

图 3-13　单组结构面的剪切变形曲线
A-脆性变形型；B-塑性变形型

具有一定宽度的构造破碎带、软弱夹层及含有较厚充填物的裂隙、节理、泥化夹层和夹泥层等软弱结构面的"$\tau\text{-}u$"曲线，多属于塑性变形型。其特点是，曲线无明显的峰值强度和应力降，且峰值强度与残余强度相差很小，曲线的切线斜率 K_s（称为切向刚度系数）是连续变化的。对于平直光滑结构面，在剪切过程中基本不发生法向位移，只有水平切向位移，其"$\tau\text{-}u$"曲线也呈现塑性变形型。

2)力学模型及本构方程

图 3-13 为试验测得的"$\tau\text{-}u$"曲线，为处理问题方便，一般可归纳为两种简单的力学模型，如图 3-14 所示。塑性变形型一般简化为弹塑性模型，脆性变形型一般简化为多线性模型。

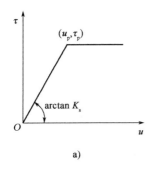
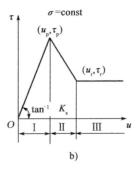

图 3-14　结构面剪切位移曲线的理论模型
a)弹塑性模型；b)多线性模型

对于弹塑性模型,其本构方程为:

$$\tau = \begin{cases} k_s u & u \leqslant u_P \\ \tau_P & u > u_P \end{cases} \tag{3-13}$$

式中:τ_P——峰值强度,MPa;

　　　u_P——峰值强度对应的剪切位移,mm;

　　　k_s——切向刚度系数,MPa/mm。

对于多线性模型,其本构方程为:

$$\tau = \begin{cases} k_s u & u \leqslant u_P \\ \tau_P - \left(\dfrac{\tau_P - \tau_r}{u_r - u_P}\right)(u - u_P) & u_P < u \leqslant u_r \\ \tau_r & u > u_r \end{cases} \tag{3-14}$$

式中:τ_r——残余强度,MPa;

　　　u_r——残余强度对应的剪切位移,mm;

　　　其余符号意义同前。

3)法向应力的影响

上述剪切位移曲线是在 $\sigma = \text{const}$ 为常数条件下测得的。那么在 σ 为不同值条件下,会对剪切位移曲线产生什么样的影响呢? 图 3-15 为泥化板岩的剪切位移曲线,试验结果表明:σ 值越大,产生同样剪切位移所需的剪应力越大,剪切位移曲线初始段的切向刚度系数 K_s 亦越大。但有的试验结果表明:当 σ 值不同时,各剪切位移曲线初始段斜率值接近一致,甚至可以忽略其差异。

法向应力的影响程度与结构面本身特性,以及结构面两侧岩石的性质有关。对于软弱夹层或未胶结的结构面,其法向应力的影响比较严重;对于胶结良好、刚度较大的结构面,则法向应力的影响要小些。

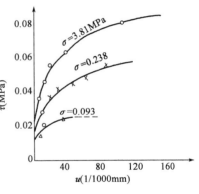

图 3-15　泥化板岩剪切位移曲线

3.剪切膨胀特性

许多岩体在剪切破坏过程中要发生体积膨胀,这是因为结构面或软弱夹层两壁不可能十分光滑,剪切破坏面也不可能很平整的缘故。我们把在法向应力作用下沿着具有一定粗糙度的裂面剪切时所产生的体积膨胀现象称为剪胀现象,亦称扩容现象。图 3-16 给出了某地大理岩夹层面剪切试验时的实测"v-u"曲线。

由此可见,岩体的剪胀现象是因为结构面或剪切破坏面不可能十分平整和光滑而引起的,是随着破坏的开始而产生的。剪胀现象也是近年来研究较多的重要现象,由于岩体的剪胀或碎胀,对支护体要产生较大的附加压力。

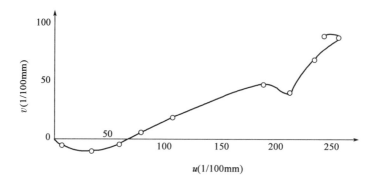

图 3-16　大理岩夹层面剪切试验时测定的"v-u"曲线

六、结构面的抗剪强度

结构面的强度包括抗拉强度、抗压强度和抗剪强度。由于结构面的抗拉强度非常小,常可忽略不计,所以一般认为结构面是不能承受拉应力的。另外,在工程荷载作用下,岩体破坏常以沿某结构面的滑动破坏为主。因此,在岩体力学中主要研究结构面的抗剪强度。结构面的抗剪强度取决于结构面的接触类型、壁面情况及粗糙程度、两侧岩石的性质,以及充填物的性质等。结构面的接触类型主要有 6 种,如图 3-17 所示。

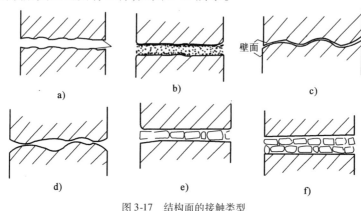

图 3-17　结构面的接触类型

a)开口节理;b)充填节理;c)啮合齿状节理;d)非啮合节理;e)单层块状充填节理;f)多层块状充填节理

1. 充填节理的抗剪强度准则

对于充填节理,其抗剪强度主要取决于充填物的性质。一般认为服从库仑定律,即:

$$\tau = c_i + \sigma\tan\varphi_i \qquad (3\text{-}15)$$

式中:c_i——充填物的黏结力,MPa;

　　φ_i——充填物的内摩擦角,(°);

　　τ,σ——结构面发生剪切破坏时的剪应力与正应力,MPa。

c_i、φ_i 值是表征结构面抗剪强度特性的两个重要参数,与结构面充填状态、充填物的性质、两侧岩石的强度等密切相关,只能通过试验确定。由式(3-15)可见,当 $\sigma = 0$ 时,$\tau = c_i$,表明 c_i 为结构面的纯剪切强度,由结构面的咬合作用和胶粘作用所产生。当结构面无充填物,且接触面平直光滑时,$c_i = 0$。

2. 啮合齿状结构面的抗剪强度准则

天然状态中的岩体结构面多数都是粗糙起伏的,通常把这种起伏假设为齿状,当结构面发生剪切破坏时,岩体的上盘顺齿面上升,显示出剪胀效应(俗称"爬坡效应"),这种效应增加了结构面的抗剪强度。其剪胀程度与结构面上的法向应力密切相关,法向应力越大,剪胀越小。这是因为推动上盘岩体滑动所需的剪切力随着法向应力增加而增大,当增大到某极限时,结构面的接触齿就会被剪断(俗称"切齿效应")。齿被剪断后变为充填物,此时啮合齿状结构面转变为充填结构面。

1)齿的作用分析(图 3-18)

无齿时(平直结构面):$\dfrac{T}{N} = \tan\varphi$ 或 $T = N\tan\varphi$ 时,即滑动。

有齿时(规则齿状结构面):

$$\frac{T}{N} = \frac{T'\cos i + N'\sin i}{N'\cos i - T'\sin i} = \frac{T'/N'\cos i + \sin i}{\cos i - T'/N'\sin i} = \frac{\tan\varphi\cos i + \sin i}{\cos i - \tan\varphi\sin i}$$

$$= \frac{\tan\varphi + \tan i}{1 - \tan\varphi\tan i} = \tan(\varphi + i)$$

则有齿时的滑动(极限平衡)条件为:

$$T = N\tan(\varphi + i) \tag{3-16}$$

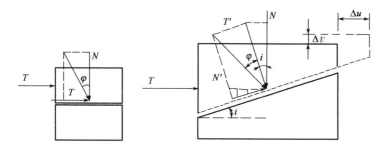

图 3-18 齿的作用分析

对于规则齿形结构面,与无齿时的平直结构面相比较,相当于内摩擦角增加了"i"角,i 称为滑升角。这说明,由于起伏齿的作用,使得结构面的内摩擦角从 φ 增加到 $(\varphi + i)$,从而提高了结构面的抗剪强度,这是爬坡效应所产生的必然结果。

事实上,啮合齿状节理不可能为规则的锯齿形。那么滑升角 i 值应该怎样确定呢? 巴顿(N. Barton,1977 年)通过试验建立了下面的经验公式,即:

$$i = JRClg(JCS/\sigma) \tag{3-17}$$

式中:JRC——结构面粗糙度系数,无因次;

  JCS——壁面抗压强度,MPa;

  σ——结构面所受的正应力,MPa。

从上式可以看出,滑升角与结构面粗糙度系数成正比,结构面越粗糙,滑升角越大;与正应力成反变关系,所受正应力越大,滑升角越小。

2）佩顿（F. D. Patton）双线形强度准则（图 3-19）

当 $\sigma \leqslant \sigma_t$ 时，剪切滑移时齿互相骑越，产生爬坡效应，齿没有被剪断，表现为摩擦强度特征，由式（3-16）可得：

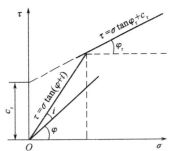

$$\tau = \sigma \tan(\varphi + i) \tag{3-18}$$

式中：i——滑升角，（°）；

φ——基本内摩擦角（未风化平直结构面的内摩擦角），（°）。

当 $\sigma > \sigma_t$ 时，剪切滑移时齿被剪断，产生切齿效应，从而表现出似黏结力 c_r，结构面的内摩擦角降低至 φ_r，则：

$$\tau = c_r + \sigma \tan\varphi_r \tag{3-19}$$

图 3-19　佩顿双线形强度准则

式中：c_r——因齿被剪断而呈现出的似（等效）黏结力，MPa；

φ_r——齿剪断后结构面的内摩擦角，（°）。

式（3-19）为齿剪断后的强度准则，因齿剪断后转变为充填物，所以其准则方程与充填节理的准则方程在形式上完全相同。

根据式（3-18）和式（3-19），可得：

$$\sigma_t = \frac{c_r}{\tan(\varphi + i) - \tan\varphi_r} \tag{3-20}$$

3）莱旦尼（Ladanyi）与阿彻姆包特（Archambault）准则（简称 L&A 准则）

莱旦尼与阿彻姆包特认为，结构面的总剪切破坏力是由四部分组成的，即克服平直结构面摩擦力所需要的剪切力、使倾斜结构面上块滑升所需要的剪切力、克服结构面斜齿面在垂直投影面上摩擦力所需要的剪切力，以及使一部分齿被剪断所需要的剪切力。经过推导（推导过程从略），其准则方程为：

$$\tau = \frac{\sigma(1 - \alpha_s)(k_v + \tan\varphi) + \alpha_s(c_0 + \sigma\tan\varphi_0)}{1 - (1 - \alpha_s)k_v\tan\varphi} \tag{3-21}$$

式中：α_s——比例系数（即齿被剪断部位总面积与结构面总剪切面积之比），其值为 $0 \leqslant \alpha_s \leqslant 1$；

k_v——剪胀率（结构面的垂直位移与水平位移之比，即 $k_v = \dfrac{\Delta v}{\Delta u}$）；

c_0——结构面两侧岩石的黏结力，MPa；

φ_0——结构面两侧岩石的内摩擦角，（°）；

其余符号意义同前。

为便于应用，莱旦尼等人还给出了 α_s 和 k_v 的经验公式，即：

$$\begin{cases} \alpha_s = 1 - \left(1 - \dfrac{\sigma}{JCS}\right)^L \\ k_v = \left(1 - \dfrac{\sigma}{JCS}\right)^K \tan i \end{cases} \tag{3-22}$$

式中：L, K——经验系数，对粗糙岩面：$K = 4, L = 1.5$；

其余符号意义同前。

关于 L&A 准则,几点讨论如下。

(1)L&A 准则,即式(3-21)的图形(图 3-20),为一连续的弯转曲线。试验结果表明,该准则方程及其曲线能很好地拟合一些齿状结构面的试验结果。

(2)当结构面上的正应力较低时,不会出现切齿现象,则 $\alpha_s = 0$,$k_v = \tan i$,代入式(3-21)可得 $\tau = \sigma \tan(\varphi + i)$,与佩顿双线形强度准则式(3-18)相同。

(3)当结构面的正应力达到了结构面的壁面抗压强度,即 $\sigma = $ JCS 时,代入式(3-22)得 $\alpha_s = 1$、$k_v = 0$,再代入式(3-21)得 $\tau = c_0 + \sigma \tan \varphi_0$,转化为岩块强度的库仑准则。

(4)当无剪胀时,$k_v = 0$,代入式(3-21),可得:

$$\tau = \sigma(1 - \alpha_s)\tan\varphi + \alpha_s(c_0 + \sigma\tan\varphi_0) \qquad (3\text{-}23)$$

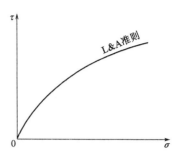

图 3-20　L&A 准则的抗剪强度曲线

L&A 准则同时考虑了齿被部分剪断和剪胀现象,是比较完善的结构面强度理论。但由于比例系数 α_s 与结构面的接触类型、结构面所受正应力、节理的啮合情况等许多因素有关,其值较难精确确定,故在一定程度上限制了该理论的实际应用。而对于双线形强度准则,由于概念清晰,参数少,在工程中应用较为广泛。

3. 结构面剪切破坏的判断方法及影响区间

在实际工程中,往往可以通过测试手段测出主应力的大小及作用方向,也可探明结构面与主应力方向相交的角度,如图 3-21 所示。在这种条件下,怎样判断作用在结构面上的剪应力是否达到或超过其抗剪强度而使结构面发生剪切破坏呢?

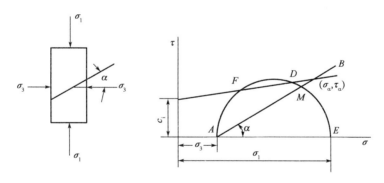

图 3-21　结构面剪切破坏的判断

首先在 τ-σ 坐标系统绘制拟判断结构面的强度曲线。然后在同一图上,根据岩体中的最大主应力 σ_1 和最小主应力 σ_3 绘制应力圆,并在应力圆上定出代表结构面应力状态的点。因为结构面与最小主应力 σ_3 的夹角为 α,所以应当从点 $A(\sigma_3, 0)$ 作一直线 AB 与 σ 轴呈 α 角。直线 AB 与应力圆相交于 M 点,该点就是代表结构面应力状态的点,M 点的坐标 $(\tau_\alpha, \sigma_\alpha)$ 即为作用于结构面上的应力值(图 3-22)。根据 M 点是落在强度曲线上方或下方,来判断结构面是否发生破坏。当 M 点落在 AF 弧(不包括 F 点)或 DE 弧(不包括 D 点)上时,$\tau_\alpha < |\tau|$(τ 为结构面抗剪强度),表示 M 点代表的结构面不会发生剪切破坏;当 M 点落在 F、D 两点上时,$\tau_\alpha = |\tau|$,表示刚好沿结构面发生剪切破坏(或称之为极限平衡状态);当 M 点落在 FD 弧(不包括 F、D 点)上时,$\tau_\alpha > |\tau|$,表示岩体早已沿结构面发生剪切破坏,这种状态事实上不可能存在。

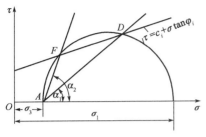

图 3-22 结构面的影响区间

从上述分析可以看出,当结构面与最小主应力 σ_3 作用方向的夹角 α 在 α_1 与 α_2 区间内时(图 3-22),岩体才会沿结构面破坏。如果结构面不是位于这两个角度范围内,它就不能对岩体强度起控制作用,岩体将沿新的某个剪切面发生剪切破坏。则 $[\alpha_1,\alpha_2]$ 定义为结构面的影响区间。

七、影响结构面力学性质的因素

结构面是岩体中的薄弱环节,其力学性质的影响因素除了前面提到的结构面两侧岩石的力学性质、结构面几何特征及充填物的性质外,还与结构面的尺寸大小、前期变形历史、含水率和后期加载过程等有关。

1. 尺寸效应

巴顿(N. Barton,1982 年)用不同尺寸的结构面进行了压剪试验,试验结果表明,当含相同结构面的试件长度从 5~6cm 增加到 36~40cm 时,内摩擦角降低 8°~12°。随着结构面面积的增加,峰值剪应力(峰值强度)呈现减小趋势,这便是结构面的尺寸效应。结构面的尺寸效应还体现在以下几个方面:

(1)随着结构面尺寸的增大,达到峰值强度的位移量增大。

(2)随着尺寸的增大,剪切破坏形式由脆性变形型向塑性变形型转化。

(3)尺寸加大,峰值剪胀率减小。

(4)随结构面粗糙度减小,尺寸效应也减小。

2. 前期变形历史

天然岩体中的结构面在形成过程中和形成之后,大多经历过位移或变形。结构面的抗剪强度与变形历史密切相关,即新鲜结构面的抗剪强度明显高于受过剪切作用结构面的抗剪强度。耶格(J. C. Jaeger)通过试验发现,当第 1 次进行新鲜结构面剪切试验时,试样具有很高的抗剪强度。沿同一方向重复进行到第 7 次剪切试验时,试验还保留峰值与残余值的区别,当进行到第 15 次时,峰值与残余值已非常接近。

3. 含水率

由于水对泥夹层的软化作用,含水率的增加使泥质矿物黏结力和结构面内摩擦角急剧下降,使结构面的抗剪强度大幅度下降。暴雨引发岩体沿结构面发生滑坡事故,正是由于结构面含水率增加的缘故。由此可见,水对岩体稳定性的影响是不可忽视的。

4. 时效性

有些结构面具有时效性,在恒定荷载下会产生蠕变变形。一般认为,充填结构面长期抗剪强度比瞬时抗剪强度低 15%~20%。对于泥化夹层,抗剪强度的时效性主要表现在 c 值的降低,而对内摩擦角影响较小。由于结构面抗剪强度表现出时效性,必须注意岩体长期抗剪强度的变化与预测,保证岩体的长期稳定性,从而确保岩石边坡、坝基等工程结构的安全。

第四节　岩体的力学性质

一、一般概念

1. 岩体与岩块(岩石)的区别

岩体是整个地质母体中的一部分,在岩体内部有着许多结构面。这些结构面把岩体分割成各种类型和尺寸的岩石块体,从而把岩体变成既连续又不连续的裂隙体。因此可以认为,岩体是由结构面和岩块(又叫岩石)两个基本单元构成的自然地质体。

岩体与岩块的区别主要体现在以下几个方面。

1)组构方面

(1)岩块含岩石材料及微小裂隙。

(2)岩体含岩石及较大的多组结构面。

2)力学性质方面

(1)岩体的力学性质不仅取决于岩块,更为重要的是取决于结构面的力学性质,是二者的综合反映。

(2)由于结构面的存在,岩体的弹性模量小、峰值强度低、残余强度低(图3-23)、变形大、泊松比大,且各向异性。

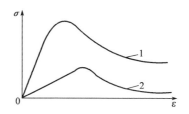

图 3-23　岩石与岩块力学性质比较示意图
1-岩石的应力应变曲线;2-岩体的应力应变曲线

(3)岩体是一种多介质的裂隙体。在自然界中岩体有时表现为散体状,有时表现为碎裂状或整体状,因而形成"松散体—弱面体—连续体"的一个系列。弱面体存在有两种极端状态:一种是岩体中弱面(结构面)很少或几乎没有,则基本上可看作是均质连续体。此时,岩体的力学性质与岩石相差无几;另一种是岩体中弱面充分发育,将岩体切割成碎块状,可视为松散体,此时,岩体的力学性质与岩块相差较大,如其强度仅为岩块强度的几分之一至几十分之一。

(4)岩体是地质体的一部分,它的边界条件就是周围的地质体。这说明岩体位于一定的地质物理环境中,如水、空气、地温等。它们不仅对岩体的力学性质有很大影响,而且本身往往是使工程岩体不稳定的重要因素,在评价岩体稳定性时不容忽视。

2. 尺寸效应

如前所述,结构面存在尺寸效应。同样,岩体也存在尺寸效应。取不同尺寸的岩体试件(试体)进行试验,其强度将随尺寸的加大而减小,如图 3-24 所示。这种岩体的力学性质因试体的尺寸不同而变化的现象称为尺寸效应。

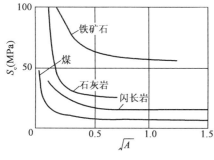

图 3-24　岩体尺寸效应的试验结果

由图 3-24 所见,各种岩石的尺寸效应都不同。图中 A 为试体的横截面积,S_c 为岩体的单轴抗压强度。可见,大部分岩石在 $\sqrt{A} > 0.5 \sim 1.0$ m 时,曲线平缓,即性状稳定。故该尺寸可作为岩体与岩块的尺寸界限。

二、岩体试验方法

岩体试验原则上与岩块试验无本质区别,一般也要进行单轴压缩试验、三轴压缩试验和剪切试验等。不同的是岩体试验试体大、设备大、代价大。

根据尺寸效应,试体的尺寸一般为 0.5 ~ 1.5m,近年来有逐渐加大的趋势。由于试体尺寸大,就需要较大的加载设备,有足够的能力使试体破坏。另外,岩体试验一般多在现场原位就地切割岩体,试验较为困难且成本高。

1. 现场岩体试验

1)岩体单轴抗压强度的测定

现场岩体单轴抗压强度试验是一种较为简单的原位测试方法,可依据具体情况采用不同的加载设备与测试手段。如在地下工程中测试岩体的单轴抗压强度,可采用下面的方法。

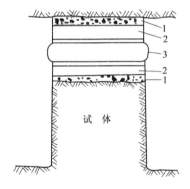

图 3-25 岩体现场抗压强度试验

1-水泥砂浆;2-垫层;3-压力枕(扁液压千斤顶)

用手工方法从岩体中切割出一个平面尺寸为 $(0.5 \sim 1.5)$ m $\times (0.5 \sim 1.5)$ m,仅与地下工程底板岩体连接的整体岩柱(图 3-25)。岩柱高度不应小于平面尺寸,在岩柱(试体)顶与地下工程顶板之间设置垫层 2 和压力枕 3。为使载荷均匀分布在试体上,在试体端面和与其对应的地下工程顶板表面敷抹一层水泥砂浆 1。

在试验过程中,载荷是逐渐施加的。每施加一级荷载,便可测定出试体相应的变形量,据此可获得岩体的应力应变曲线,以及岩体的变形指标(如岩体的弹性模量和泊松比等)。同时,根据试体破坏时压力枕施加的最大荷载及试体的横截面积,可计算出岩体的单轴抗压强度。

2)岩体抗剪强度的测定

在现场进行岩体抗剪强度的试验,一般采用双液压千斤顶法,如图 3-26 所示。试体的底面积一般为 $(0.5 \sim 4.0)$ m²,采用液压千斤顶加载。试验时,先用垂直千斤顶施加竖向压力 P,并固定在某一值上。然后施加倾斜力 T,直到试体沿 AB 面发生剪切破坏为止。为使剪切破坏面上不产生力矩效应,合力必须通过剪切面中心。

设试体的抗剪面积为 F_{AB},则试体剪切破坏时作用在 AB 面上的应力为:

$$\begin{cases} \tau = \dfrac{T\cos\alpha}{F_{AB}} \\ \sigma = \dfrac{P + T\sin\alpha}{F_{AB}} \end{cases} \tag{3-24}$$

式中:τ——岩体的抗剪强度,MPa;

σ——剪切破坏面上的正应力,MPa;

P——施加的竖向荷载,MN;

T——施加的倾斜力,MN;

F_{AB}——剪切破坏面面积,一般为 $(0.5 \sim 4.0)\ m^2$;

α——倾斜力的倾角,一般 $\alpha = 15°$。

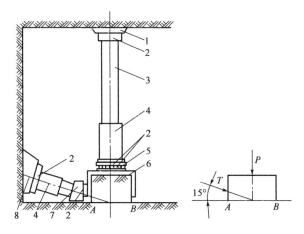

图 3-26　岩体现场抗剪强度试验

1-砂浆顶板;2-钢板;3-传力柱;4-千斤顶;5-滚轴排;6-钢筋混凝土保护罩;7-斜垫板;8-混凝土后座

每组试体应有 5 个以上,每次施加的垂直压力 P 都不同,则可获得多组 (σ, τ) 数据。在 σ-τ 坐标系上绘出这些点,可得到岩体的强度曲线,如图 3-27 所示(图中 c、φ 分别为岩体的黏结力和内摩擦角)。

现场岩体抗剪强度试验,试体的尺寸一般为 $(0.5 \sim 1.5)\ m \times (0.5 \sim 1.5)\ m$。根据尺寸效应,用上述试体测定出的力学指标仍很难代表岩体的真实指标。因此对于重要的工程,可采用大型或巨型试体。例如,1966 年,巴西一水电站进行压剪试验的试体尺寸达 $5.5m \times 5.5m \times 4.2m$,体积为 $139m^3$;1970 年,苏联叶尼塞河上一水电站,对节理花岗岩进行压剪试验,所用巨型试体尺寸达 $8m \times 12m \times 7m$,体积达 $402m^3$。

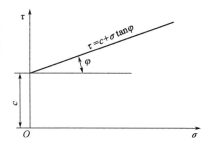

图 3-27　岩体抗剪强度曲线

另外,采用现场岩体三轴压缩试验,也可测定岩体的 c、φ 值,如图 3-28 所示。用液压千斤顶施加轴向荷载,用压力枕施加侧向荷载。依据侧向荷载施加的不同,现场岩体三轴压缩试验分为等围压三轴试验 $(\sigma_2 = \sigma_3)$ 和真三轴试验 $(\sigma_1 > \sigma_2 > \sigma_3)$。研究表明,中间主应力在岩体力学性质中起着不可忽视的作用,多结构面岩体尤为如此。因此,尽管等围压三轴试验实用性很强,但真三轴试验也将会越来越受到重视。由于现场原位三轴压缩试验在技术上很复杂,故只在非常必要时才进行。

3) 岩体变形模量的测定

岩体变形模量是反映岩体变形特征的重要力学参数,岩体变形模量 E_m 定义为:

$$E_m = \frac{\sigma}{\varepsilon} = \frac{\sigma}{\varepsilon_e + \varepsilon_p} \tag{3-25}$$

式中:σ——岩体所受的压应力,MPa;

    ε——岩体在压应力 σ 作用下产生的总应变,$\varepsilon = \varepsilon_e + \varepsilon_p$;

    ε_e——岩体产生的可恢复的弹性应变;

    ε_p——岩体产生的不可恢复的塑性应变。

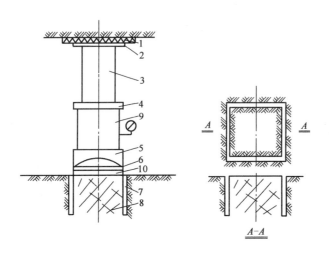

图 3-28 岩体现场三轴压缩试验

1-混凝土顶座;2-垫板;3-传力柱;4-垫板;5-球面垫;6-垫板;7-压力枕;8-试体;9-液压千斤顶;10-钢筋混凝土保护罩

岩体的变形模量与弹性模量不同。岩体的弹性模量是岩体所受压应力与其弹性模量的比值,即:

$$E = \frac{\sigma}{\varepsilon_e} \tag{3-26}$$

显然,$E_m \leqslant E$。

岩体的变形模量一般通过原位岩体静力法试验直接取得,也可以通过岩体声波测试间接取得。而常用原位岩体静力法又包括承压板法、钻孔变形法、狭缝法、水压洞室法及单(双)轴压缩试验法等。下面主要介绍承压板法和钻孔变形法。

(1)承压板法

在地下工程底板选择具有代表性的岩面(注意避开大的断层及破碎带),作为试验承载面,并清除浮石,平整岩面。依次装上承压板、千斤顶、传力柱和变形计等,如图 3-29 所示。地下工程顶板和传力柱为反力装置,油压千斤顶通过承压板对岩面施加荷载,用变形计或变形量测仪记录岩体变形值。承压板的形状一般为方形或圆形,面积为 $0.25 \sim 1.20\text{m}^2$,材料可以是弹性的,也可以为刚性的。千斤顶一般选择 $500 \sim 3000\text{kN}$。

将预定的最大荷载分为若干级,采用逐级一次循环法加载,如图 3-30 所示。同时记录下各级循环加载时的位移值,绘制压力—位移(p-W)曲线,如图 3-31 所示。

利用弹性理论中的布辛奈斯克(J. V. Boussinesq,1885 年)公式,计算岩体的变形模量 E_m 和弹性模量 E,即:

$$E_m = \frac{pD(1 - \mu_0^2)\omega}{W} \tag{3-27}$$

$$E = \frac{pD(1 - \mu_0^2)\omega}{W_e} \tag{3-28}$$

式中:p——承压板单位面积上的压力,MPa;

D——承压板的直径或边长,m;

W,W_e——对应 p 下的岩体总位移和弹性位移,m;

μ_0——岩体的泊松比;

ω——与承压板形状和刚度有关的系数。对圆形刚性承压板 $\omega = 0.79$;方形刚性承压板 $\omega = 0.88$;圆形柔性承压板 $\omega = 0.85$;方形柔性承压板 $\omega = 0.95$。

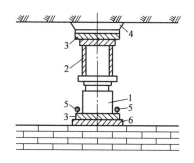

图 3-29　承压板法试验装置示意图
1-千斤顶;2-传力柱;3-钢板;4-混凝土
顶板;5-变形计;6-承压板

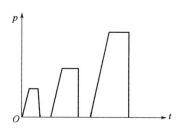

图 3-30　循环加载示意图

承压板法是在岩体表面进行的,研究发现表面承压板法测得的岩体变形模量偏低,分析认为主要是工程爆破扰动、开挖引起岩体表面应力释放等原因造成围岩表面附近岩体大多发生了不同程度的松动所致。目前,已开始应用孔底承压板法来测定岩体变形模量,如图 3-32 所示,其计算公式与表面承压板法相同。

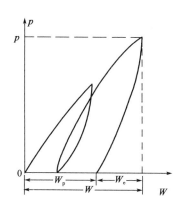

图 3-31　岩体的压力 – 位移(p-W)曲线

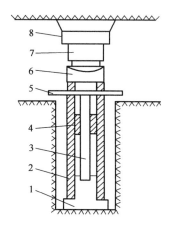

图 3-32　孔底承压板法装置示意图
1-刚性承压板;2-刚性传力柱;3-变
形传递杆;4-定位块;5-变形测量杆;
6-球面座;7-液压千斤顶;8-反力架

（2）钻孔变形法

如图 3-33 所示，首先钻地质孔到预定测试的深度，并安装钻孔封闭器、注水管和径向位移计、压力表等设备；然后利用水泵注水，通过钻孔对测试段钻孔施加均匀的径向荷载，同时测记各级压力 p（MPa）作用下的孔壁径向变形 u。

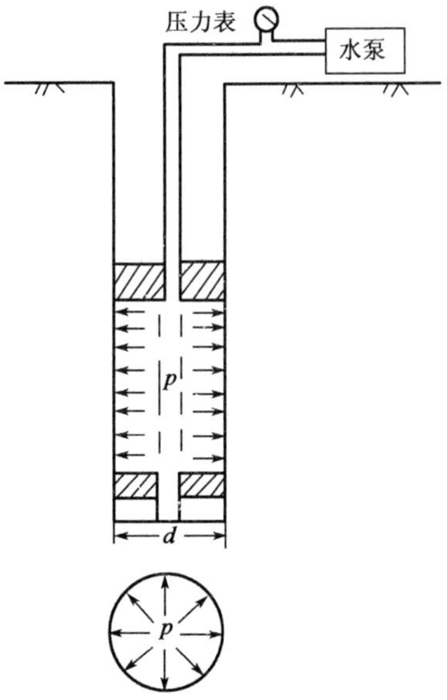

根据弹性理论中受压圆筒的压力—位移关系，可推出岩体变形模量计算公式为：

$$E_{\mathrm{m}} = \frac{pd(1 + \mu_0)}{u} \tag{3-29}$$

式中：p——计算压力，MPa；

$\qquad d$——钻孔直径，cm；

$\qquad u$——对应压力 p 时的钻孔壁径向变形，cm。

钻孔变形法相对于承压板法有如下优点：

（1）对岩体扰动小。

（2）可在地下水位以下及较深岩体部位进行。

（3）试验方向基本上不受限制，试验压力可以达到很大值。

（4）一次试验可以同时测量几个方向的变形，便于研究岩体的各向异性。但钻孔变形法试验涉及的岩体范围小，存在代表性误差。

图 3-33　钻孔变形法示意图

2. 室内岩体试验

原位切割试体的工程浩大，费用高昂，且受地下工程具体条件的限制，测试精度不高。1981 年，德国某工程用大型钻机钻取 $\phi 0.5\mathrm{m} \times 1.15\mathrm{m}$ 的大型圆柱状试体，运回室内用大型三轴仪进行试验，测定岩体在三向应力状态下的强度与变形特性，这是今后的发展方向之一。

三、岩体的变形特征

岩体由岩块和结构面组成，因此，岩体的变形特征则由两者的变形特征控制。岩块的变形主要由体积变形和形状改变（畸变）组成，而结构面的变形则为结构面的张开或闭合，充填物压密以及结构体滑移与转动等变形，且结构面的变形通常起着控制作用。所以岩体的变形特征与岩块有较大的差别，表现为非连续性、非均质性、各向异性和突变性。

岩块虽然在微观上同样具有各向异性、不均质性与不连续性，但从宏观上看，当研究问题的范围扩大到岩体规模时，则可以相对地把岩块看成是连续的、均质的、各向同性的材料。但岩体则不同，由于结构面的存在，使其变为极为复杂的变形体。

由此可见，在实验室对岩块测定的变形特性与在岩体中测定的变形特性将有很大的不同。例如，一般实验室方法测定的变形模量与直接在岩体中测定的变形模量之比为 2.8~4.0。在变形模量上这种明显的差别，基本上是与岩体中有大裂隙有关，而这种大裂隙在岩石试件中是不存在的。

岩体的变形性质主要通过原位岩体变形试验进行研究。与结构面的变形类似，岩体的变形主要包括压缩变形和剪切变形。

1. 岩体压缩变形

从宏观上研究岩体的变形特性,同样可以通过对试体进行试验的方法,以获得岩体的全应力—应变曲线。岩体典型的全应力—应变曲线,如图3-34所示。可以分为如下几个阶段:

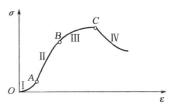

图3-34　岩体的全应力—应变曲线
A-转化点;B-屈服点;C-强度极限(峰值强度)

(1)压密阶段(Ⅰ):结构面受压闭合,充填物被压密实,形成非线性凹状压密变形曲线,斜率较小,压密变形大小决定于结构面的性态。

(2)弹性阶段(Ⅱ):经过压密过程,岩体由不连续状态进入连续状态,出现线弹性变形。变形是由结构面和岩块共同产生的,曲线近似为一条直线。

(3)塑性阶段(Ⅲ):应力超过屈服点进入塑性阶段,岩块变形同时伴随结构面的剪切滑移变形。但起控制作用的是沿结构面的剪切滑移,岩体内的"空化"现象越来越明显(即发生剪胀),因而曲线越来越平缓。

(4)破裂与破坏阶段(Ⅳ):当应力达到极限强度时,岩体进入破裂与破坏阶段,即应力释放过程阶段。岩体在破坏时应力并不是突然下降,说明破裂面上仍具有一定摩擦力,即岩体仍具有承载能力,直到最终达到残余强度。

虽然岩体与岩块的变形特性显著不同,但从图3-34可以看出,岩体的全应力—应变曲线与岩块是相似的,即宏观表现是相似的。但弹性模量、峰值强度和残余强度有所降低,泊松比则有所提高。另外,岩体与岩块的另一最大不同点,是由于结构面的存在而引起岩体变形和强度上的各向异性。

2. 岩体剪切变形

岩体的剪切变形是许多岩体工程,特别是边坡工程中最常见的一种变形模式,如边坡滑坡、坝基底部滑移等。

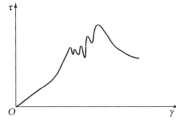

图3-35　岩体原位抗剪试验曲线

图3-35为岩体剪切变形曲线,未达到屈服点时,剪切变形曲线与压缩变形曲线相似。屈服点以后,岩体内某个结构面或结构体可能首先被剪坏,随之出现应力降。在剪应力未达到峰值强度之前,甚至会有多次应力降,这是发生切齿效应的必然结果。当剪应力达到峰值强度时,未剪坏部位瞬间全部剪切破坏,并伴有大的应力降,随后岩体可能产生稳定滑移。

3. 影响岩体变形性质的因素

影响岩体变形性质的因素很多,如岩块(岩石材料)性质、岩体中结构面发育程度、岩体试验加载速率、温度、岩体侧向压力、岩体赋存条件等。岩块性质与结构面的发育程度对岩体变形的影响显而易见,并在前面有所阐述,下面简单介绍加载速率、温度等影响因素。

1)加载速率

岩体变形试验时,如果加载速率过快,会导致岩体变形不充分,结构面不能及时发生压碎或

发生爬坡现象,试验得出的变形模量值偏大,也就是试验测得的岩体变形模量随加载速率的增大而提高。因此,岩体变形试验应该按实际岩体承受的加载速率进行加载,直到既定的荷载等级。

2)承压板面积

试验结果表明,岩体变形模量与承压板大小有关。随着承压板面积的增大,试验测得的岩体变形模量减小。因此,岩体变形试验应该规定统一标准。

3)侧向压力

侧向压力(围压)对岩体变形性质存在显著影响,由于侧向压力的存在减少了最大主应力方向的变形,岩体的弹性模量会增大。因此,室内大型岩试验有必要模拟现场岩体的实际受力状态。

4)各向异性

各向异性的存在,对岩体变形性质具有很大的影响。由于变形机制不同,垂直于结构面加载测得的变形模量一般小于平行结构面加载所测得的值。这是因为垂直结构面加载时的变形量主要是由岩块和结构面压密变形汇集而成,而平行结构面加载时的变形量主要是岩块和少量结构面微小错动构成。目前,岩体各向异性的研究还很不充分,仅限于对弹性范围内的各向异性有一定的了解与研究成果。因此,在大多数情况下,为使研究问题简单化,将岩体看成是各向同性的变形体。

5)温度

一般来说,随着温度的增高,岩体的延性加大,屈服点随之降低。根据地热随地层深度变化情形来看,深度每增加100m,温度约升高3℃。对于深部岩体工程,需要适当考虑温度对岩体力学性质的影响。

四、岩体的强度

1.岩体的强度特征

岩块与岩体在强度方面的区别主要在于它们之间的结构不同。前者受微小的裂隙控制,而后者是受宏观的结构面控制,因而岩块与岩体强度有显著差别。前者可视为均质各向同性连续体,而后者是各向异性的不连续体;前者强度高,后者强度低。

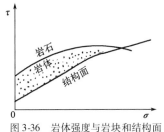

图3-36 岩体强度与岩块和结构面强度的关系

从岩体结构观点来看,岩体强度决定于结构面和岩块的强度。岩体的强度曲线必然介于结构面强度曲线和岩石强度曲线之间,如图3-36所示。

根据岩体强度的实测资料,可以将岩体强度特征归纳为以下几点:

(1)岩体强度明显表现出尺寸效应。随岩体尺寸的增大,岩体的强度逐渐降低。

(2)岩体强度明显与所受的应力状态有关。随着侧向应力的增大,结构面对岩体强度的影响减弱。即在低围压下岩体强度明显地表现出结构效应,而在高围压下,结构面的影响不甚明显,其力学特征近似完整岩石。在这种情况下,块状结构或层状结构将表现出整体结构的力学性质,即岩体力学性质发生了转化。因此,对于岩体而言,应

力比 $n = \sigma_1/\sigma_3$ 要比单个应力的数值更为重要。n 越小,岩体受结构面的影响也越小。

（3）岩体强度明显表现出各向异性。这是由于在漫长的地质年代中的成岩作用,以及岩体中存在结构面的必然结果。

（4）岩体的强度明显与地下水有关。一般随含水率的增加而降低,特别是对于软岩或含有泥质充填结构面的岩体。

2. 岩体强度的确定方法

1）岩体试验方法

前已叙及,可以通过现场或室内试验方法确定岩体的抗压强度、抗剪强度和变形模量等。大型岩体试验,虽然能真实地反映岩体的强度与变形特性,但由于成本昂贵、费时费力,通常只有在重要工程中采用。而对于普通的岩土工程或地下工程,期望有一种简便的确定岩体强度的方法。

2）岩体强度的经验评定

一般可根据岩块的强度或其他性能参数来间接确定岩体的强度。例如,通过确定岩体质量系数来估计岩体的强度,即:

$$R_M = \alpha_k R_b \tag{3-30}$$

式中: α_k ——岩体质量系数;

R_b ——岩块的强度,MPa;

R_M ——岩体的强度,MPa。

岩体质量系数可通过多种方法确定。一般根据取芯钻进结果,按下式进行计算,即:

$$\alpha_k = \frac{\sum\limits_{i=1}^{n} l_i}{L} \tag{3-31}$$

式中: L ——取芯钻孔总长度,cm;

n ——单节长度大于或等于 10cm 的岩心块数;

l_i ——单节长度大于或等于 10cm 的岩心的长度,cm。

岩体质量系数用 α_k 以百分数来表示,称为岩体质量指标,记为 RQD（Rock Quality Designation）,即:

$$RQD = \alpha_k \times 100\% = \frac{\sum\limits_{i=1}^{n} l_i}{L} \times 100\% \tag{3-32}$$

目前,最为常用的方法是弹性波法。因弹性波通过岩体时,遇到裂隙将发生折射、绕射或被吸收,其传播速度将大大降低。穿过的裂隙越多,弹性波速度降低越大。而尺寸小的试件含裂隙少甚至不含裂隙,则弹性波传播速度大。据此,可用弹性波在岩体及岩石试件中传播速度的对应关系来表示岩体裂隙的发育程度,即:

$$K_v = \left(\frac{V_{mP}}{V_{rP}} \right)^2 \tag{3-33}$$

式中: K_v ——岩体完整性系数（或称龟裂系数）;

V_{mP}——岩体中弹性波(纵波)传播速度,km/s;

V_{rP}——岩石试件中弹性波(纵波)传播速度,km/s。

于是,岩体的强度可按下式估算,即:

$$R_M = K_v R_b \tag{3-34}$$

在钻取岩心的过程中,亦有人建议用岩心质量系数 C_g 来评价岩体的强度,即:

$$R_M = C_g R_b \tag{3-35}$$

式中:C_g——岩心质量系数。

岩心质量系数可按下式确定,即:

$$C_g = \frac{1}{2L}\left(pD + \frac{K}{n}\right) \tag{3-36}$$

式中:L——取芯钻孔总长度,m;

p——在取得的岩心中可锯成长度等于岩心直径的岩块数;

D——岩心直径,m;

K——钻取的岩心块段(其长度需大于岩心直径)的全部长度,m;

n——所钻取的长度大于岩心直径的岩块数。

上述间接确定岩体强度的方法,只能认为是近似的。由于它结合了地质的构造因素并与地质勘探技术相适应,故得到了较多的应用。

岩体强度的研究还存在许多问题,最主要的是:岩体强度受许多因素的影响,从宏观的构造到微观的结构,很难制定一个公认的标准;其次是关于岩体强度的试验方法在技术上也存在相当大的困难,大型的现场试验或小型的室内试验都不能具有充分的代表性和客观性;最后就是岩土工程或地下工程周围的应力—应变场很复杂,而处在这个应力场中的岩体强度并不是一个常量,这也给确定岩体强度带来很大的困难。因此,对于一般的工程,采用经验估计的方法可能是目前较为现实的;而对于重要的工程项目,应结合工程的实际情况采用现场原位试验的方法。

3.岩体的破坏特征与强度准则

1)岩体的破坏特征

如同岩石破坏一样,岩体破坏主要是拉断破坏和剪切破坏。拉断破坏是由拉应力引起的,绝大部分肉眼可见的拉断破坏都伴随着岩体滑动,或以张裂缝形式出现在特定条件下的围岩边壁上。

岩体的剪切破坏常常有三种形式:一是重剪切破坏,它是沿着岩体先前存在的结构面发生的剪切破坏;二是剪断破坏,它是横过先前存在的结构面的剪切破坏;三是复合剪切破坏,它是部分沿着结构面,部分横过结构面的剪切破坏。后两者破坏主要出现在比较软弱的岩体中。

不论是哪种破坏形式,都是一个渐进破坏过程。这就是说,岩体中的某些点的局部破坏一旦开始,便会进入一个大范围岩体的渐进破坏过程。当岩体中局部可能破坏面上其特定点的应力达到或超过峰值强度时,该点的强度下降,应力发生转移,使周围另一些点的应力增高,达到峰值后又使其强度下降,岩体因强度不断下降而破坏。这种渐进破坏,在极限情况下能使整个滑动面上的强度下降到残余强度值。随着渐进破坏的发展,岩体内的微变形,例如岩体的开裂、位移等将逐渐积累并最终转变为岩体位移和开裂。如果滑移岩体的移动受到另一部分岩体的有效限制或阻止,则渐进破坏过程即行停止,移动着的岩体也将停止移动。相反,如果位移岩体的前方没有任何限制或阻力较小,这种渐进破坏和微变形的过程,可以克服这种阻力并继续发展,待渐进破坏发展到一定程度,微变形速度急剧加快并导致岩体全面破坏。因此,可以将岩体的破坏分为如下三个阶段。

(1)初裂前阶段:加载(受荷)初期,岩体中应力水平较低,岩体仅发生微小的弹塑性变形,其变形量常在毫米级以内。如果这时卸载,在岩体中会留下不可恢复的塑性变形,但岩体不会发生破坏。

(2)渐进破坏阶段:随着应力的增加,岩体进入渐进破坏阶段。该阶段从岩体中某些点的破坏开始,微变形逐渐积累,直至岩体出现不同程度的位移和开裂,但变形发展较缓慢。

(3)加速破坏阶段:渐进破坏的持续发展,如未能及时采取工程措施时,势必造成岩体进入加速破坏阶段。该阶段的主要特点是,宏观变形加速发展,并最终导致岩体发生全面破坏。该阶段的持续时间通常较渐进破坏阶段小得多。

2)岩体的强度准则

前述的岩石强度准则,原则上对岩体同样适用,只是准则方程中的参数应根据岩体试验来确定。一般情况下,在受拉区易采用无拉力准则,因为岩体含有各种结构面,其抗拉强度很小,或根本不抗拉。当岩体中一旦出现拉应力时,将沿结构面发生拉断破坏;在受压区,可采用较为简单的库仑准则。

第五节　岩体的工程分类

天然岩体作为地质介质,岩性差别很大。在岩体形成及漫长地质历史作用过程中,形成了种类繁多、结构复杂、性质千差万别的各类岩体,并且工程遇到的岩体其风化程度、水的影响、施工状况、区域特征和赋存环境等也各有区别。即使是同一类岩体,由于工程规模大小以及工程类型不同或者所处的区域不同,其力学属性和工程性质也会有所不同。因此,为了便于交流异地试验结果、施工经验和研究成果,合理地对岩体工程进行设计与施工,保障岩体工程的稳定与安全,促进先进技术的发展、提高及其推广应用,应当对岩体进行分类。工程岩体分类的直接用途,是为岩体工程建设的勘察、设计、施工和编制定额提供依据或基本参数。

在众多的岩体分类方法中,普氏分类是对我国影响较深远的一种。它是由俄国学者普罗托奇雅阔诺夫在1907年提出来的,简称普氏分级法。该法采用岩石坚固性系数来进行分类,其定义公式为:

$$f = \frac{S_c}{10} \tag{3-37}$$

式中:f——岩石坚固性系数(又称普氏系数);

S_c——岩石单轴抗压强度,MPa。

由于式(3-37)简单实用,在我国现行的部分设计手册和工程标准定额及概、预算中仍有沿用。但是,普氏分类方法,仅以岩块单向抗压强度为分类依据,显然不能作为客观评价岩体质量和当今工程岩体稳定性的依据,应用时要慎重。日本学者(池田和彦)在20世纪50年代提出的用弹性波进行围岩分类法,特别是用龟裂系数表示岩体中结构面的状况,引起了各国学者的重视。美国学者迪尔(Deere,1963年)提出以岩体质量指标RQD作为岩体分类标准,自20世纪60年代以来已在国际上广泛应用。以上提及的三种分类都是典型的单因素分类法。另外,斯体尼(Stini,1950年)提出的巷道围岩稳定性分类方法;毕昂斯基(Bieniawski,1974年)提出的岩体综合质量分类法——RMR法;巴顿(Barton,1974年)提出的隧道工程Q分类法等多因素分类法,在国际上也有着广泛的影响。

我国在20世纪70年代中期,与岩土工程有关的部门,如铁道、地质、煤炭、冶金、水电等部门都陆续提出了工程岩体分类方法。在总结国内外围岩分类方法的基础上,我国于1985年颁布了《锚杆喷射混凝土支护技术规范》(GBJ 86—85),适用于矿山、铁路、公路、水电、军工等部门地下工程锚杆喷射混凝土支护的设计与施工。现行的《岩土锚杆与喷射混凝土支护工程技术规范》(GB 50086—2015)提出的围岩分级方法,就是在此基础上修订并完善的。

工程岩体的分类,应考虑如下几个方面的因素:

(1)要明确分类与应用的目的,根据工程需要侧重哪些参数,划分多少等级。

(2)分类级数多少要恰当,以级别划分明确方便和工程应用的可行性与必要性为依据。

(3)分类有定量标准,最好是综合考虑各种相关因素,且能够合理确定各种因素的权重。

工程岩体分类,所依据的岩体力学参数与岩体结构参数主要有:岩石的强度、岩层的结构、岩体结构面的分布、岩石风化程度、地下水的作用、地应力大小和工程规模等因素。

目前,国外和国内各行业工程岩体的分类方法共有几十种。下面主要介绍我国现行《岩土锚杆与喷射混凝土支护工程技术规范》分类法和《工程岩体分级标准》分类法,这也是目前我国工程界使用最多的两种分类方法。

一、《岩土锚杆与喷射混凝土支护工程技术规范》分类法

在《岩土锚杆与喷射混凝土支护工程技术规范》(GB 50086—2015)中,将围岩分为五个级别,确定步骤如下。

1. 确定岩体完整性系数

岩体完整性系数 K_v 应采用弹性波法并按式(3-33)确定。当无条件进行声波测试时,也可用岩体体积节理数 J_v,按表3-8确定。

J_v 与 K_v 对照表 　　　　表3-8

J_v(条/m³)	<3	3~10	10~20	20~25	>25
K_v	>0.75	0.75~0.55	0.55~0.35	0.35~0.15	<0.15

2. 确定岩体强度应力比

当有地应力实测数据时,可按下式计算,即:

$$f_{\mathrm{m}} = \frac{K_{\mathrm{v}} S_{\mathrm{c}}}{\sigma_1} \qquad (3\text{-}38)$$

式中：f_{m}——岩体强度应力比；

$\quad\quad K_{\mathrm{v}}$——岩体完整性系数；

$\quad\quad S_{\mathrm{c}}$—— 岩石单轴饱和抗压强度，MPa；

$\quad\quad \sigma_1$——实测的垂直洞轴线的最大主应力，MPa。

当无地应力实测数据时，可按下式确定 σ_1 值，即

$$\sigma_1 = \gamma H \qquad (3\text{-}39)$$

式中：γ——岩体重度，kN/m^3；

$\quad\quad H$——隧洞顶覆盖层厚度，m。

3. 确定围岩级别

查表3-9，确定围岩级别。但应注意以下3点：

（1）极高地应力围岩或Ⅰ、Ⅱ级围岩强度应力比小于4，Ⅲ、Ⅳ级围岩强度应力比小于2宜适当降级。

（2）对Ⅱ、Ⅲ、Ⅳ级围岩，当地下水发育时，应根据地下水类型、水量大小、软弱结构面多少及其危害程度，适当降级。

（3）对Ⅱ、Ⅲ、Ⅳ级围岩，当洞轴线与主要断层或软弱夹层走向的夹角小于30°时，应降一级。

围 岩 分 级

表 3-9

围岩级别	主 要 工 程 地 质 特 征							洞稳定情况
	岩体结构	构造影响程度,结构面发育情况和组合状态	岩石强度指标		岩体声波指标		岩体强度应力比	
			单轴饱和抗压强度（MPa）	点荷载强度（MPa）	岩体纵波速度（km/s）	岩体完整性指标		
Ⅰ	整体状及层间结合良好的厚层状结构	构造影响轻微，偶有小断层。结构面不发育，仅有 2～3 组，平均间距大于 0.8m，以原生和构造节理为主，多数闭合，无泥质充填，不贯通。层间结合良好，一般不出现不稳定块体	>60	>2.5	>5	>0.75	>4	毛洞跨度 5～10m 时，长期稳定，无碎块掉落
	同Ⅰ级围岩结构	同Ⅰ级围岩特征	30～60	1.25～2.5	3.7～5.2	>0.75	>2	毛洞跨度 5～10m 时，围岩能较长时间（数月至数年）稳定，仅出现局部小块掉落
Ⅱ	块状结构和层间结合较好的中厚层或厚层状结构	构造影响较重，有少量断层。结构面发育，一般为 3 组，平均间距0.4～0.8m，以原生和构造节理为主，多数闭合，偶有泥质充填，贯通性较差，有少量软弱结构面。层间结合较好，偶有层间错动和层面张开现象	>60	>2.5	3.7～5.2	>0.5	>2	

围岩级别	岩体结构	构造影响程度,结构面发育情况和组合状态	主要工程地质特征						洞稳定情况
			岩石强度指标		岩体声波指标		岩体强度应力比		
			单轴饱和抗压强度（MPa）	点荷载强度（MPa）	岩体纵波速度（km/s）	岩体完整性指标			
Ⅲ	同Ⅰ级围岩结构	同Ⅰ级围岩特征	20～30	0.85～1.25	3.0～4.5	＞0.75	＞2		毛洞跨度5～10m时,围岩能维持一个月以上的稳定,主要出现局部掉块、塌落
	同Ⅱ级围岩块状结构和层间结合较好的中厚层或厚层状结构	同Ⅱ级围岩块状结构和层间结合较好的中厚层或厚层状结构特征	30～60	1.25～2.50	3.0～4.5	0.5～0.75	＞2		
	层间结合良好的薄层和软硬岩互层结构	构造影响较重。结构面发育,一般为3组,平均间距0.2～0.4m,以构造节理为主,节理面多数闭合,少有泥质充填。岩层为薄层或以硬岩为主的软硬岩互层,层间结合良好,少见软弱夹层、层间错动和层面张开现象	＞60（软岩,＞20）	＞2.50	3.0～4.5	0.3～0.5	＞2		
	碎裂镶嵌结构	构造影响较重。结构面发育,一般为3组以上,平均间距0.2～0.4m,以构造节理为主,节理面多数闭合,少数有泥质充填,块体间牢固咬合	＞60	＞2.5	3.0～4.5	0.3～0.5	＞2		
Ⅳ	同Ⅱ级围岩块状结构和层间结合较好的中厚层或厚层状结构	同Ⅱ级围岩块状结构和层间结合较好的中厚层或厚层状结构特征	10～30	0.42～1.25	2.0～3.5	0.5～0.75	＞1		毛洞跨度5m时,围岩能维持数日到一个月的稳定,主要失稳形式为冒落或片帮
	散块状结构	构造影响严重,一般为风化卸荷带。结构面发育,一般为3组,平均间距0.4～0.8m,以构造节理、卸荷、风化裂隙为主,贯通性好,多数张开,夹泥,夹泥厚度一般大于结构面的起伏高度,咬合力弱,构成较多的不稳定块体	＞30	＞1.25	＞2.0	＞0.15	＞1		
	层间结合不良的薄层、中厚层和软硬岩互层结构	构造影响严重。结构面发育,一般为3组以上,平均间距0.2～0.4m,以构造、风化节理为主,大部分微张（0.5～1.0mm）,部分张开（＞1.0mm）,有泥质充填,层间结合不良,多数夹泥,层间错动明显	＞30（软岩,＞10）	＞1.25	2.0～3.5	0.2～0.4	＞1		
	碎裂状结构	构造影响严重,多数为断层影响带或强风化带。结构面发育,一般为3组以上。平均间距0.2～0.4m,大部分微张（0.5～1.0mm）,部分张开（＞1.0mm）,有泥质充填,形成许多碎块体	＞30	＞1.25	2.0～3.5	0.2～0.4	＞1		

围岩级别	主要工程地质特征							洞稳定情况
	岩体结构	构造影响程度,结构面发育情况和组合状态	岩石强度指标		岩体声波指标		岩体强度应力比	
			单轴饱和抗压强度(MPa)	点荷载强度(MPa)	岩体纵波速度(km/s)	岩体完整性指标		
V	散体状结构	构造影响很严重,多数为破碎带、全强风化带、破碎带交汇部位。构造及风化节理密集,节理面及其组合杂乱,形成大量碎块体。块体间多数为泥质充填,甚至呈石夹土状或土夹石状	—	—	<2.0	—	—	毛洞跨度5m时,围岩稳定时间很短,约数小时至数日

注:①围岩按定性分级与定量指标分级有差别时,一般应以低者为准。

②本表声测指标以孔测法测试值为准。如果用其他方法测试时,可通过对比试验,进行换算。

③层状岩体按单层厚度可划分为:单层厚度大于 0.5m 为厚层;0.1~0.5m 为中厚层;小于 0.1m 为薄层。

④一般条件下,确定围岩级别时,应以岩石单轴饱和抗压强度为准;对于洞跨小于 5m,服务年限小于 10 年的工程,确定围岩级别时,可采用点荷载强度指标代替岩块单轴饱和抗压强度指标,可不做岩体声波指标测试。

⑤测定岩石强度,做单轴抗压强度测定后,可不做点荷载强度测定。

二、《工程岩体分级标准》分类法

2014 年,我国颁布了《工程岩体分级标准》(GB/T 50218—2014)。该标准提出工程岩体分级应采用定性与定量相结合的方法,并分两步进行,先确定岩体基本质量,再结合具体工程的特点确定工程岩体级别。

1.岩体基本质量分级

1)岩体基本质量的分级因素

岩体基本质量应由岩石坚硬程度和岩体完整程度两个因素确定。

(1)岩石坚硬程度

岩石坚硬程度应采用定性划分和定量指标两种方法确定。

①岩石坚硬程度的定性划分,见表 3-10。

岩石坚硬程度的定性划分   表 3-10

名 称		定性鉴定	代表性岩石
硬质岩	坚硬岩	锤击声清脆,有回弹,震手,难击碎;浸水后,大多无吸水反应	未风化~微风化的:花岗岩、正长岩、闪长岩、辉绿岩、玄武岩、安山岩、片麻岩、硅质板岩、石英岩、硅质胶结的砾岩、石英砂岩、硅质石灰岩等
	较坚硬岩	锤击声较清脆,有轻微回弹,稍震手,较难击碎;浸水后,有轻微吸水反应	(1)中等(弱)风化的坚硬岩;(2)未风化~微风化的:熔结凝灰岩、大理岩、板岩、白云岩、石灰岩、钙质砂岩、粗晶大理岩等

续上表

名　　称		定 性 鉴 定	代 表 性 岩 石
软质岩	较软岩	锤击声不清脆，无回弹，较易击碎； 浸水后，指甲可刻出印痕	(1)强风化的坚硬岩； (2)中等(弱)风化的较坚硬岩； (3)未风化～微风化的：凝灰岩、千枚岩、砂质泥岩、泥灰岩、泥质砂岩、粉砂岩、砂质页岩等
	软岩	锤击声哑，无回弹，有凹痕，易击碎； 浸水后，手可掰开	(1)强风化的坚硬岩； (2)中等(弱)风化～强风化的较坚硬岩； (3)中等(弱)风化的较软岩； (4)未风化的泥岩、泥质页岩、绿泥石片岩、绢云母片岩等
	极软岩	锤击声哑，无回弹，有较深凹痕，手可捏碎； 浸水后，可捏成团	(1)全风化的各种岩石； (2)强风化的软岩； (3)各种半成岩

岩石坚硬程度定性划分时，其风化程度应按表3-11确定。

岩石风化程度的划分 表 3-11

名　　称	风 化 特 征
未风化	岩石结构构造未变，岩质新鲜
微风化	岩石结构构造、矿物成分和色泽基本未变，部分裂隙面有铁锰质渲染或略有变色
中等(弱)风化	岩石结构构造部分破坏，矿物成分和色泽较明显变化，裂隙面风化较剧烈
强风化	岩石结构构造大部分破坏，矿物成分和色泽明显变化，长石、云母和铁镁矿物已风化蚀变
全风化	岩石结构构造完全破坏，已崩解和分解成松散土状或砂状，矿物全部变色，光泽消失，除石英颗粒外的矿物大部分风化蚀变为次生矿物

②岩石坚硬程度的定量指标，应采用实测的岩石单轴饱和抗压强度 S_c。当无条件取得实测值时，也可采用实测的岩石点荷载强度指数 $I_{s(50)}$ 的换算值，并按下式换算，即：

$$S_c = 22.82 I_{s(50)}^{0.75}$$ (3-40)

式中：S_c——岩石单轴饱和抗压强度，MPa；

$I_{s(50)}$——岩石点荷载强度指数，MPa。

岩石单轴饱和抗压强度 S_c 与定性划分的岩石坚硬程度的对应关系，见表3-12。

S_c 与定性划分的岩石坚硬程度的对应关系 表 3-12

S_c(MPa)	>60	60～30	30～15	15～5	≤5
坚硬程度	硬质岩		软质岩		
	坚硬岩	较坚硬岩	较软岩	软岩	极软岩

(2)岩体完整程度

岩体完整程度应采用定性划分和定量指标两种方法确定。

①岩体完整程度的定性划分，见表3-13。

岩体完整程度的定性划分　　　　　　　　表 3-13

名称	结构面发育程度		主要结构面的结合程度	主要结构面类型	相应结构类型
	组数	平均间距（m）			
完整	1～2	>1.0	结合好或结合一般	节理、裂隙、层面	整体状或巨厚层状结构
较完整	1～2	>1.0	结合差	节理、裂隙、层面	块状或厚层状结构
	2～3	1.0～0.4	结合好或结合一般		块状结构
较破碎	2～3	1.0～0.4	结合差	节理、裂隙、劈理、层面、小断层	裂隙块状或中厚层状结构
	≥3	0.4～0.2	结合好		镶嵌碎裂结构
			结合一般		薄层状结构
破碎	≥3	0.4～0.2	结合差	各种类型结构面	裂隙块状结构
		≤0.2	结合一般或结合差		碎裂结构
极破碎	无序		结合很差		散体状结构

注：平均间距指主要结构面间距的平均值。

　　结构面的结合程度，应根据结构面特征，按表 3-14 确定。

结构面结合程度的划分　　　　　　　　表 3-14

名　称	结　构　面　特　征
结合好	张开度小于1mm，为硅质、铁质或钙质胶结，或结构面粗糙，无充填物； 张开度1～3mm，为硅质或铁质胶结； 张开度大于3mm，结构面粗糙，为硅质胶结
结合一般	张开度小于1mm，结构面平直，钙泥质胶结或无充填物； 张开度1～3mm，为钙质胶结； 张开度大于3mm，结构面粗糙，为铁质或钙质胶结
结合差	张开度1～3mm；结构面平直，为泥质胶结或钙泥质胶结； 张开度大于3mm，多为泥质或岩屑充填
结合很差	泥质充填或泥夹岩屑充填，充填物厚度大于起伏差

　　②岩体完整程度的定量指标，应采用实测的岩体完整性系数 K_v。当无条件取得实测值时，也可用岩体体积节理数 J_v，按表 3-15 确定对应的 K_v 值。

J_v 与 K_v 对 照 表　　　　　　　　表 3-15

J_v（条/m³）	<3	3～10	10～20	20～35	>35
K_v	>0.75	0.75～0.55	0.55～0.35	0.35～0.15	<0.15

　　岩体完整性系数 K_v 与定性划分的岩体完整程度的对应关系，见表 3-16。

K_v 与定性划分的岩体完整程度的对应关系　　　　　　　　表 3-16

K_v	>0.75	0.75～0.55	0.55～0.35	0.35～0.15	<0.15
完整程度	完整	较完整	较破碎	破碎	极破碎

　　2）基本质量级别的确定

　　先介绍岩体基本质量指标 BQ 的计算公式。该标准采用多参数法，以两个分级因素的定

量指标 S_c 和 K_v 为参数,计算求得岩体基本质量指标 BQ 的值,作为划分级别的定量依据。标准中以很多典型工程为样本,通过逐次回归法建立的 BQ 计算公式为:

$$BQ = 100 + 3S_c + 250K_v \tag{3-41}$$

式中:S_c——岩石单轴饱和抗压强度,MPa。当 $S_c > 90K_v + 30$ 时,取 $S_c = 90K_v + 30$ 和 K_v 进行计算;

K_v——岩体完整性系数。当 $K_v > 0.04S_c + 0.4$ 时,取 $K_v = 0.04S_c + 0.4$ 和 S_c 进行计算。

岩体基本质量的级别,应根据岩体基本质量的定性特征或岩体基本质量指标 BQ 的数值,按表 3-17 确定。当根据基本质量定性特征和基本质量指标 BQ 确定的级别不一致时,应通过对定性划分和定量指标的综合分析,确定岩体基本质量级别。当两者的级别划分相差达 1 级及以上时,应进一步补充测试。

岩体基本质量分级 表 3-17

基本质量级别	岩体基本质量的定性特征	岩体基本质量指标(BQ)
I	坚硬岩,岩体完整	>550
II	坚硬岩,岩体较完整; 较坚硬岩,岩体完整	550～451
III	坚硬岩,岩体较破碎; 较坚硬岩,岩体较完整; 较软岩,岩体完整	450～351
IV	坚硬岩,岩体破碎; 较坚硬岩,岩体较破碎～破碎; 较软岩,岩体较完整～较破碎; 软岩,岩体完整～较完整	350～251
V	较软岩,岩体破碎; 软岩,岩体较破碎～破碎; 全部极软岩及全部极破碎岩	≤250

2. 地下工程岩体级别的确定

对工程岩体进行详细定级时,应在岩体基本质量分级的基础上,结合不同类型工程的特点,考虑地下水状态、初始应力状态、工程轴线或走向线的方位与主要结构面产状的组合关系等必要的修正因素,确定各类工程岩体基本质量指标修正值[BQ],然后查表 3-17 确定工程岩体级别。

地下工程岩体基本质量指标修正值[BQ]按下式计算,即:

$$[BQ] = BQ - 100(K_1 + K_2 + K_3) \tag{3-42}$$

式中:[BQ]——岩体基本质量指标修正值;

BQ——岩体基本质量指标;

K_1——地下水影响修正系数,见表 3-18;

K_2——地下工程主要结构面产状影响修正系数,见表 3-19;

K_3——初始应力状态影响修正系数,见表 3-20。

地下水影响修正系数 K_1 表 3-18

BQ / K / 地下水出水状态	>550	550~451	450~351	350~251	≤250
潮湿或点滴状出水 水压 $p \le 0.1$ MPa;出水量 $Q \le 25$(L/min·10m)	0	0	0~0.1	0.2~0.3	0.4~0.6
淋雨状或线流状出水 0.1 MPa$<p \le 0.5$ MPa;25(L/min·10m)$<Q \le 125$(L/min·10m)	0~0.1	0.1~0.2	0.2~0.3	0.4~0.6	0.7~0.9
涌流状出水 $p>0.5$ MPa;$Q>125$(L/min·10m)	0.1~0.2	0.2~0.3	0.4~0.6	0.7~0.9	1.0

注:1. p 为地下工程围岩裂隙水压(MPa)。

    2. Q 为每10m洞长每分钟出水量(L/min·10m)

地下工程主要结构面产状影响修正系数 K_2   表 3-19

结构面产状及其与洞轴线的组合关系	结构面走向与洞轴线夹角<30°,结构面倾角30°~75°	结构面走向与洞轴线夹角>60°,结构面倾角>75°	其他组合
K_2	0.4~0.6	0~0.2	0.2~0.4

初始应力状态影响修正系数 K_3   表 3-20

BQ / K_3 / 围岩强度应力比(S_c/σ_{max})	>550	550~451	450~351	350~251	≤250
<4	1.0	1.0	1.0~1.5	1.0~1.5	1.0
4~7	0.5	0.5	0.5	0.5~1.0	0.5~1.0

注:S_c 为岩石单轴饱和抗压强度;σ_{max} 为垂直洞轴线方向的最大初始应力。

根据工程岩体基本质量指标修正值[BQ],查表3-17确定工程岩体级别。

思考与练习题

一、思考题

1. 岩体结构的基本类型有哪些?

2. 结构面的几何特征主要包括哪些方面?结构面的连续性主要用哪些参数表示?

3. 按地质成因,结构面分哪几类?按岩体结构面的破坏属性、分布密度、充填材料性质和

充填程度,结构面分哪些类?

4. 结构面一般分哪几个级别?

5. 结构面的试验方法有哪些?怎样确定结构面的力学参数?

6. 结构面的压缩变形曲线和剪切变形曲线各有何特点?

7. 结构面的抗剪强度准则有哪些?

8. 影响结构面力学性质的因素有哪些?

9. 岩体与岩块(岩石)的区别主要表现在哪些方面?

10. 岩体的试验方法主要包括哪些?怎样确定岩体的力学参数?

11. 岩体的全应力—应变曲线和剪切变形曲线各有何特点?

12. 影响岩体变形性质的因素有哪些?

13. 岩体强度有哪些特征?如何确定岩体的强度?

14. 简述岩体的破坏特征。

15. 简述国内外岩体分类方法。

二、练习题

1. 有一结构面,其起伏角 $i = 10°$,结构面内摩擦角 $\varphi = 25°$,两壁岩石的黏结力 $c_0 = 10\text{MPa}$,内摩擦角 $\varphi_0 = 28°$,作此结构面的强度线($\tau\text{-}\sigma$ 曲线)。(提示:齿尖的剪断强度近似为岩石的剪断强度)

2. 岩体中有一结构面,其 $c_i = 0$,$\varphi_i = 30°$,而岩石的内聚力 $c_0 = 20\text{MPa}$,内摩擦角 $\varphi_0 = 48°$,岩体受围压 $\sigma_2 = \sigma_3 = 10\text{MPa}$,最大主应力 $\sigma_1 = 45\text{MPa}$。当结构面法线与 σ_1 方向的夹角为 45°时,岩体是否会沿结构面破坏?

3. 某砂岩,其强度符合库仑准则,试验测得 $c = 5\text{MPa}$,$\varphi = 30°$。如果三轴应力状态下,最小主应力 $\sigma_3 = 10\text{MPa}$ 保持不变,求岩石达到极限状态时的最大主应力 σ_1。若此时 σ_1 和 σ_3 作用方向分别为铅直和水平,而岩体内仅包有一条节理。该节理的 $c_i = 0$,$\varphi_i = 30°$。节理与水平面的倾角或30°,或为45°,或为60°,或为75°,或为90°。问:

(1)在何种节理情况下,节理不破坏,仅岩块破坏?

(2)在何种节理情况下,仅节理破坏,或岩块和节理都破坏且岩块破裂面与节理重合?

(3)在何种节理情况下,节理和岩块都破坏,但岩块破裂面并不与节理面重合?

4. 现场岩体抗剪强度试验采用的试体尺寸为 $(2.0 \times 2.0 \times 2.0)\text{m}^3$,共就地切割成 3 个试体。施加的竖向荷载分别为20MN、30MN和40MN,剪切破坏时测得的倾斜力分别为37.1MN、48.3MK和59.9MN。试确定岩体的黏结力和内摩擦角,并绘出岩体的强度曲线。

5. 在地下工程底板钻孔,其直径为100mm。安装钻孔封闭器、注水管和径向位移计、压力表等设备,并利用水泵注水,当压力达到 20MPa 时,其径向变形为 3.5mm,已知岩体的泊松比为 0.36,试确定岩体的变形模量。

6. 某隧洞顶覆盖层厚度 $H = 130\text{m}$,岩体的平均重度 $\gamma = 25\text{kN/m}^3$,单轴饱和抗压强度强度 $S_c = 42.5\text{MPa}$;岩体属于层状结构,声测法测得岩石的弹性纵波速度 $V_{rP} = 4500\text{m/s}$、岩体的弹性纵波速度 $V_{mp} = 3500\text{m/s}$。工作面潮湿,有的地方出现点滴出水或渗水。有一组大断层,洞轴线与断层的夹角为25°。试按《岩土锚杆与喷射混凝土支护工程技术规范》判别该岩体级别。

7.某地下工程在施工中通过现场取样测得岩石饱和单轴抗压强度为 25.6MPa,岩体中节理裂隙呈现随机分布。声测法测得岩石的弹性纵波速度 $V_{rP}=4100m/s$、岩体的弹性纵波速度 $V_{mP}=3300m/s$。工作面出水呈涌流状,水压为 0.7MPa,出水量为 15.6L/min·m。有一软弱夹层,其倾角为 45.5°,其走向与洞轴线夹角为 21°。实测垂直洞轴线方向的最大初始应力为 7.8MPa。试按《工程岩体分级标准》确定该岩体的级别。

第四章 地 应 力

第一节 概 述

地应力是指岩体在天然状态下所存在的内在应力,亦称初始应力或原岩应力。地应力是引起地下工程围岩应力重分布、变形和破坏的力的根源,其地位相当于地面建筑的外荷载。

地应力最基本的组成因素是岩体自重,由于上部岩体对下部岩体的重力作用,在岩体中必然产生自重应力,从而在天然岩体中产生自重应力场。除此之外,在地质构造运动至今仍在活动或残存其影响的地区,地质构造应力也是地应力的重要组成部分。例如:喜马拉雅山在2千万~3千万年前还是一个与现今的地中海相连的内陆海,而今已成为世界最高峰,据观测目前仍在继续上升。这说明在地壳中还长期存在着一种促使构造运动发生和发展的内在力量,这种力量就是以水平应力为主的地质构造应力。另外,在个别条件下,地温、熔岩活动、地下水和瓦斯等,也对地应力有不同程度的影响。

任何时间和地点,岩体的自重应力是永存的,所以自重应力亦称为常驻应力,而其他因素都不一定是并存的。但在某些条件下,非自重的因素可能变为最主要的因素,如地质构造运动活跃的地区,以水平应力为主的构造应力可能远大于水平自重应力;地下水静止时存在静水压力,渗流时存在动水力等。

但总的来说,影响地应力的主要因素是岩体自重和地质构造运动,其他的因素则是次要的,一般都具有局部性而作为特殊情况加以考虑,则:

$$\sigma = \sigma_\gamma + \sigma_T \tag{4-1}$$

式中: σ ——地应力分量,MPa;

σ_γ ——自重应力分量,MPa;

σ_T ——构造应力分量,MPa。

地应力场是指在没有任何地面荷载和开挖地下工程之前在岩体中各个位置及各个方向所存在的应力空间分布状态,是不取决于人类开挖活动而客观存在于岩体中的自然应力场,这种自然应力场是在地壳形成的亿万年历史长河中逐渐形成的。因此,地应力场是一个随时间而变化的非稳定应力场。但有时为了研究问题的方便,将地应力场简化为稳定的应力场。

第二节 自重应力场

地心对岩体的引力,使岩体处于受压状态,由此在岩体中引起的应力称为自重应力。对于自重应力场,可通过计算确定。

一、海姆公式（Haim,1878）

海姆假设地表面为水平面,并认为自重应力的垂直应力分量由上覆岩体自重引起,且在漫长地质年代中由于地下岩体蠕变的结果使岩体处于各向等压状态,即静水压力状态(图 4-1)。

$$\sigma_x = \sigma_y = \sigma_z = \gamma H \qquad (4\text{-}2)$$

式中:σ_z——竖向自重应力,kPa;

$\sigma_x = \sigma_y$——水平自重应力,kPa;

γ——岩体平均重度,一般取 25kN/m³;

H——岩体中某点的深度,m。

在静水压力状态下,无剪应力,任意方向都是主方向,则:

$$\sigma_1 = \sigma_2 = \sigma_3 = \gamma H \qquad (4\text{-}3)$$

二、金尼克公式（A. H. Динник,1925）

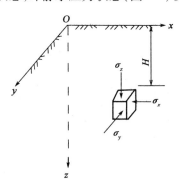

图 4-1 原岩自重应力计算

1. 均质岩体自重应力场的计算

金尼克假设地表面为水平面,岩(土)体为均质的、连续的、各向同性的半无限空间线弹性体,其竖向自重应力仍由上覆岩体自重引起,即:

$$\sigma_z = \gamma H \qquad (4\text{-}4)$$

在假设岩体为线弹性体的条件下,应满足广义胡克定律,即:

$$\varepsilon_x = \frac{1}{E}[\sigma_x - \mu(\sigma_y + \sigma_z)] \qquad (4\text{-}5)$$

$$\varepsilon_y = \frac{1}{E}[\sigma_y - \mu(\sigma_x + \sigma_z)] \qquad (4\text{-}6)$$

在自重应力作用下,地下岩体在水平方向上都受到其相邻岩体的约束作用,不可能发生横向变形,即:

$$\varepsilon_x = \varepsilon_y = 0 \qquad (4\text{-}7)$$

由上述公式可得水平自重应力为:

$$\sigma_x = \sigma_y = \frac{\mu}{1-\mu}\sigma_z = \lambda\sigma_z = \lambda\gamma H \qquad (4\text{-}8)$$

式中:$\lambda = \dfrac{\mu}{1-\mu}$——水平应力系数或侧应力系数;

μ——泊松比。

在自重作用下,剪应力 $\tau_{xy} = \tau_{xz} = \tau_{yz} = 0$,按上述公式计算的应力为主应力。

显然,当竖向自重应力已知时,水平自重应力的大小取决于岩体的泊松比 μ。大多数岩体的泊松比 $\mu = 0.15 \sim 0.35$,则 $\lambda = 0.18 \sim 0.54$,即水平自重应力通常小于竖向自重应力。

深度对原岩应力状态有着重大的影响,随着深度的增加,竖向自重应力 σ_z 和水平自重应

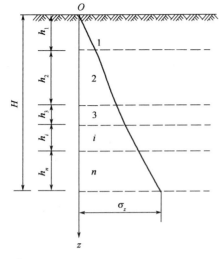

图 4-2　层状岩体原岩应力的计算

力 $\sigma_x = \sigma_y$ 都在增大。当深度增加到一定值(即应力达到一定水平)时,岩体由弹性状态进入塑性状态,称为潜(隐)塑性状态。在这种状态下,岩体的变形参数(弹性模量 E 和泊松比 μ)是随深度而变化的。当深度增加到更大数值后,泊松比 $\mu \to 0.5$,则水平应力系数 $\lambda = 1.0$,地应力各向等压,即为海姆公式。

2. 层状岩体自重应力场的计算

当岩体由多层不同岩层组成(图 4-2),各岩层的厚度为 $h_i(i = 1,2,\cdots,n)$、重度为 $\gamma_i(i = 1,2,\cdots,n)$、泊松比 $\mu_i(i = 1,2,\cdots,n)$,则第 n 层底面岩体的自重应力可按下式计算,即:

$$\begin{cases} \sigma_z = \sum_{i=1}^n \gamma_i h_i \\ \sigma_x = \sigma_y = \lambda_n \sigma_z = \dfrac{\mu_n}{1-\mu_n} \sum_{i=1}^n \gamma_i h_i \end{cases} \tag{4-9}$$

第三节　构造应力场

由于地质构造运动而产生的应力称为地质构造应力,地质构造应力在空间上的分布规律称为地质构造应力场。

一、构造应力的分类

一般情况下,构造应力可分为古构造应力、新构造应力和封闭应力三种。

1. 古构造应力

古构造应力是地质史上由于构造运动残留于岩体内部的应力,亦称为构造残余应力。关于这个应力,目前还存在着极大分歧,因为有人根据应力松弛的观点,认为它已全部松弛不存在了。但是,应力松弛有完全松弛和不完全松弛之分。对于不完全松弛,仍残留一部分构造应力,即为古构造应力。

2. 新构造应力

某些地层正在经受新地质构造运动的作用,在新地质构造运动中,引起地层升降、褶曲和断裂等的应力,称为新构造应力。一般来说,新构造应力是引起当今构造地震应力的应力源。

地震本身是新构造运动的一种表现,地球上绝大多数地震是由新构造断裂运动引起的。地震应力的特点是变化大,具有明显的时间性和突发性。在地震应力场中,常常具有较大的水平应力。

3. 封闭应力

封闭应力是在各种地质因素长期作用下残存于岩体结构内部的应力。但是对它的存在与解释还不一致。陈宗基教授认为:岩体中的各种颗粒,其刚度和温度系数各不相同,它们通过边界层接触,在历次构造运动中和温度应力场作用下,不断遭到复杂的加载和卸载过程。因此,岩体中存在极不均匀的应力场。在卸载过程中,由于各颗粒的力学特性不同,其卸载特性各异,即使外力全部卸除,内部仍然出现非均匀的应力场,原来的强应变区仍然会继续变形。岩浆岩的冷却过程,也会引起大的温度梯度,产生不均匀的内应力场。此外,在各种温度下,岩浆的物理化学变化过程也可能引起内部应力。由此可见,即使外力全部卸除后,从局部结构来看,岩体结构里仍然存在着内能。这个能量在介质里是连续被封闭的,称为被封闭的能量。被封闭的能量对周围岩体产生的应力,即为封闭应力,它是可以自我平衡的。

上述古构造应力、新构造应力及封闭应力,在实际当中很难区分。岩体生成以后,在各个不同的地质年代里,都有不同的地质构造运动发生。一般来说,地质构造运动需要很长的时间才能稳定。在同一地区,一个构造运动结束后,或者就在这个运动发生的过程中,又有新的构造运动发生。产生的新构造应力场,与古构造应力场和封闭应力相互叠加而形成现今十分复杂的构造应力场。

二、地质力学的基本原理

研究地质构造应力的形成及其发展规律,离不开地质力学。地质力学是以力学的观点和方法研究全球、区域或局部地质构造的一门科学。地质力学着重抓住地质构造史上遗留下来的"构造形迹",如褶皱、断层及各类节理来反演过去地质构造的受力性状,并在总结规律的基础上,推断或预测更大范围的地质构造情况。

地质力学认为,地球在自西向东的永恒运动中,自转的角速度每隔若干年发生一次变化,从而引起转动惯量的变化,造成东西向的巨大水平挤压力。该挤压力造成造山运动或地质构造运动的发生,往往形成由一系列褶皱和断层组成的南北向山脉或经向构造体系(图4-3)。同时,地质力学还认为,地球为一南北较短的扁椭球,椭球的离心率每隔若干年也发生变化,从而引起南北向的巨大水平挤压力,这是造成东西向山脉或称为纬向构造体系的主要原因。

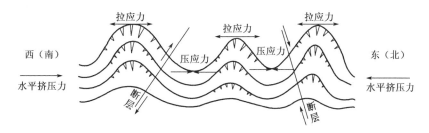

图4-3 南北向山脉或经向构造体系

显然,在地质构造运动活跃期间内,岩体的水平应力必然增大,可能超过水平自重应力的许多倍。在构造运动结束后,由于岩体应力松弛的结果,其构造应力将逐渐减少,甚至完全消失。

按照地质力学的基本观点,通过对较小范围地质力学因素的调查分析,对判断当地原岩应力的情况,尤其是原岩水平主应力的作用方向,是很有帮助的。

假设局部有一水平岩层,当所受到的水平挤压力由小到大逐渐增加时,就会变形隆起,形

成褶皱(背斜或向斜)(图4-4a)。一旦应力超过岩体的强度,便可能出现与最大主应力斜交的因压剪破坏造成的"X型节理";还可能出现与最大主应力方向一致的因横向拉伸破坏造成的"纵张节理";以及出现在弯曲岩层受拉翼缘中与最大主应力方向垂直的"横张节理"。受力继续增加,则沿"X型节理"可能造成平推断层(图4-4b),相邻"横张节理"之间可能形成正断层(图4-4c)或逆断层(图4-4d)。

根据上述构造形成发展过程,显然易见(图4-5):

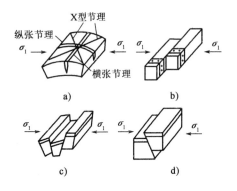

图4-4 局部水平岩层在水平挤压力作用下的破裂情况
a)纵张节理、横张节理与X型节理;b)平推断层;c)正断层;d)逆断层

图4-5 构造形迹与最大主应力方向的关系
1-横张节理;2-纵张节理;3-正(或逆)断层走向线;4-X型节理

(1)最大主应力方向与"X型节理"斜交,且按照库仑准则可得,最大主应力与每条斜节理交角皆为$45° - \varphi/2$,故"X型节理"的锐角平分线即为最大主应力方向。

(2)最大主应力与"纵张节理"走向一致,与"横张节理"走向垂直,与正(或逆)断层走向垂直。

特别指出,由于地质构造运动的历史十分复杂,每次构造运动都要在原岩体内产生构造应力,相互叠加,相互影响,使得现今构造应力场十分复杂。而现实的原岩应力场又是由构造应力场和自重应力场等多种因素叠加而成,所以迄今地质力学还未能找到一种确定原岩应力场的定量方法。若确定岩体中某点的原岩应力,只能通过现场实测。

第四节 地应力实测及地壳浅部地应力变化规律

一、地应力实测方法

测量岩体应力的目的是为了确定岩体中某点应力的大小,从而为分析岩体工程的受力状态以及为支护结构设计和岩体加固提供依据。同时,也可以用来预报岩体失稳破坏和岩爆。测量岩体应力可以分为岩体初始地应力测量和地下工程围岩应力分布测量,前者是为了测定岩体初始地应力,后者是为了测量地下工程开挖后围岩应力重新分布的情况。从岩体应力现场测量技术来讲,这两者并无原则性区别。

近半个世纪以来,随着地应力测量工作的不断开展,各种测量方法和测量仪器也不断发展。目前,主要测量方法有十种之多,而测量仪器则有数百种之多。下面主要介绍应用较多的水压致裂法、应力解除法和应力恢复法。

1. 水压致裂法

水压致裂法是20世纪70年代初期从石油钻探采用的新技术中借鉴而来的,用以测定深部岩体应力的一种方法。它借助于两个可膨胀的橡胶塞(封隔器),在需要测定地应力的深度上封闭隔离一段钻孔(图4-6),并用水压方法对被隔离段孔壁施加压力,直至孔壁岩石受拉破裂,最后根据破裂压力、关闭压力以及橡胶塞套上压痕的方位,确定岩体天然主应力的大小和方位。这种方法最早是由美国学者Hubber等提出的,Haimson教授也是该方法理论与实践的有力倡导者。

1)基本原理

根据弹性力学理论,当一个位于无限体中的垂直钻孔受到二维水平地应力(σ_1, σ_3)作用时(图4-7),离开钻孔端部一定距离的部位处于平面应变状态。在这些部位,钻孔周边的应力为:

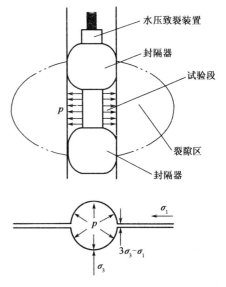

$$\begin{cases} \sigma_\theta = \sigma_1 + \sigma_3 - 2(\sigma_1 - \sigma_3)\cos2\theta \\ \sigma_r = 0 \end{cases} \quad (4\text{-}10)$$

图4-6 水压致裂系统示意图

式中:σ_θ——钻孔周边的切向应力,MPa;

σ_r——钻孔周边的径向应力,MPa;

θ——周边某点与σ_1轴的夹角,(°)。

当$\theta = 0°$时,σ_θ取得极小值,即:

$$\sigma_\theta = 3\sigma_3 - \sigma_1 \quad (4\text{-}11)$$

水压致裂法,是将水用高压泵注入已封隔起来的钻孔试验段中。当水压逐渐升高时,钻孔孔壁的环向压应力逐渐降低,随后在某些点出现拉应力。随着泵入的水压力逐渐升高,钻孔孔壁的拉应力也逐渐增大,当孔壁拉应力达到孔壁岩石抗拉强度时,便在孔壁形成拉裂隙,此时钻孔内的水压力记为p_i,称为初始开裂压力(图4-8)。拉裂隙一经形成后,孔内水压力迅速降低,然后达到某一稳定的压力p_s,称为关闭压力。这时,如人为降低水压,孔壁已张开的拉裂隙将闭合。若再继续泵入高压水,则拉裂隙将再次张开,这时孔内的压力记为p_r,称为裂隙重张压力。

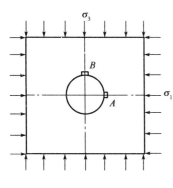

图4-7 钻孔周边应力

由式(4-11),当水压达到$3\sigma_3 - \sigma_1$与岩石抗拉强度S_t之和后,在$\theta = 0°$方向,也即σ_1所在方位将发生孔壁开裂,且存在如下关系,即:

$$\begin{cases} 3\sigma_3 - \sigma_1 + S_t = p_i \\ \sigma_3 = p_s \end{cases} \tag{4-12}$$

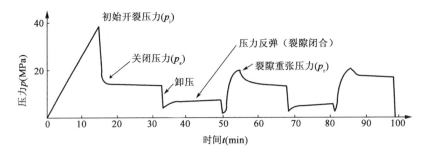

图 4-8　压力—时间曲线

若已知岩石抗拉强度 S_t，通过现场实测的初始开裂压力 p_i 和关闭压力 p_s，可按下式确定水平地应力 σ_1 和 σ_3，即：

$$\begin{cases} \sigma_1 = 3p_s + S_t - p_i \\ \sigma_3 = p_s \end{cases} \tag{4-13}$$

式中：σ_1，σ_3——水平地应力的两个主应力分量，MPa；

　　　p_i——初始开裂压力，MPa；

　　　p_s——关闭压力，MPa；

　　　S_t——岩石抗拉强度，MPa。

如钻孔试验段位于含水裂隙岩层，并假定裂隙水压力为 P_0，则式(4-12)应改为：

$$\begin{cases} 3\sigma_3 - \sigma_1 + S_t = p_i + p_0 \\ \sigma_3 = p_s + p_0 \end{cases} \tag{4-14}$$

则有：

$$\begin{cases} \sigma_1 = 3p_s + S_t - p_i + 2p_0 \\ \sigma_3 = p_s + p_0 \end{cases} \tag{4-15}$$

多数情况下，试验段岩石抗拉强度很难确定。因此，在进行水压裂试验时，当初始裂隙产生后，卸除水压以使裂隙闭合，再重新对试验段加压，测定裂隙再张开时的裂隙重张压力 p_r，则式(4-14)应改为：

$$\begin{cases} 3\sigma_3 - \sigma_1 = p_r + p_0 \\ \sigma_3 = p_s + p_0 \end{cases} \tag{4-16}$$

则有：

$$\begin{cases} \sigma_1 = 3p_s - p_r + 2p_0 \\ \sigma_3 = p_s + p_0 \end{cases} \tag{4-17}$$

按式(4-17)确定水平地应力 σ_1 和 σ_3，无需已知待测地点岩石的强度指标，按式(4-15)可反算岩体的抗拉强度。在水压致裂试验过程中，可重复泄压—加压 2～3 次，测定每次的关闭

压力 p_s 和裂隙重张压力 p_r，取其平均值进行计算，以提高测试数据的准确性。

最后，测量水压致裂裂隙的位置和方向，以确定地应力的两个水平主应力分量的方向。测量时，可以采用井下摄影机、井下电视、井下光学望远镜或印模器。印模器结构和形状与封隔器相似，加压膨胀后使钻孔壁上的所有节理裂隙均在印模器上印模。通常，水压致裂裂隙为一对径向相对的纵向裂隙，较易辨认，即为 σ_1 所在方位。

水压致裂法利用垂直钻孔，可测得地应力的两个水平主应力及方向。对于竖向地应力，一般按自重应力进行计算，见式(4-9)。

2）水压致裂法的优缺点及适用条件

（1）水压致裂法的优点

①测量深度大。能测量深部岩体应力，可用来测量深部地壳的构造应力场。

②设备简单。用普通钻探方法钻孔、封隔器密封、高压水泵提供高压注入水即可，无需复杂的电磁测量设备。

③操作方便。通过高压水泵往钻孔内密封段注入高压水以压裂岩体，并观测压裂过程中压力与流量即可。

④测量结果直观。根据压裂时相应的压力值确定地应力值，无需复杂的换算与辅助测试，还可反算岩体的抗拉强度。

⑤测量结果具有代表性。实测的地应力值与岩体抗拉强度体现了较大范围内的平均值，具有较好的代表性。

⑥适应性强。该方法无需电磁测量元件，并可在干孔与湿孔中进行试验，无需防水防潮、抗电磁干扰、抗振等。

（2）水压致裂法的缺点

①采用水压致裂法，只有假定钻孔方向与一个主应力方向重合，且该主应力的值也已知，才能根据在一个钻孔测得的结果确定三维地应力状态。通常假定竖向自重应力是一个主应力，因而将钻孔打在垂直方向。但在多数情况下，如地表面不是水平面或岩层为倾斜岩层时，垂直应力并不一定是主应力方向，而且垂直应力也不等于自重应力。此时，需要打交汇于测点的互不平行的 3 个钻孔，才能确定三维地应力。

②水压致裂法认为初始开裂在垂直于最小主应力的方向发生，可是如果岩体本来就有层理、节理等弱面存在，那么初始裂隙就有可能沿着弱面发生。为解决这一问题，需采用套管致裂法，其高压水不是直接作用在钻孔壁上，而是通过一个软薄膜套管施加到孔壁上，可避免孔壁上实际岩体存在的微裂隙影响测量结果。

（3）水压致裂法适用条件

水压致裂法比较适用于完整的脆性岩体，且在深部地应力测量时具有优越性。

2. 应力解除法

地下岩体在初始应力作用下已产生变形。假设地下岩体内有一边长为 x、y 和 z 的单元体，若将它与原岩体分离，相当于解除单元体上的外力，则单元体的尺寸分别增大到 $x + \Delta x$、$y + \Delta y$ 和 $z + \Delta z$，或者说恢复到受初始应力前的尺寸，则恢复的应变分别为：$\varepsilon_x = \dfrac{\Delta x}{x}$，$\varepsilon_y = \dfrac{\Delta y}{y}$

和 $\varepsilon_z = \dfrac{\Delta z}{z}$。如果通过测试得到 ε_x、ε_y 和 ε_z 的值，又已知岩体的弹性模量 E 和泊松比 μ，根据胡克定律可算出解除前的初始应力。应力解除法需要假设岩体是均质、连续、各向同性的线弹性体。

应力解除法的具体形式有许多种，按测试变形或应变的方法不同，可分为孔底应力解除法、孔壁应变法和孔径应变法。

1）孔底应力解除法

把应力解除法用到钻孔孔底就称为孔底应力解除法。这种方法是先在围岩中钻孔，在孔底平面上粘贴应变传感器，然后用套钻使孔底岩芯与母岩分开，进行卸载，观测卸载前后的应变，间接求出岩体中的应力。

孔底应变传感器主体是一个橡胶质的圆柱体，其端部粘贴着三只电阻应变片，相互间隔 45°，组成一个直角应变花。橡胶圆柱外面有一个硬塑料外壳，应变片的导线通过插头连接到应变测量仪器上，其结构如图 4-9 所示。

具体步骤如下（图 4-10）：

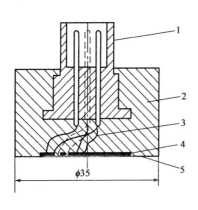

图 4-9　孔底应变传感器

1-连接插头；2-橡胶膜；3-导线；4-电阻应变片；5-环氧树脂垫片

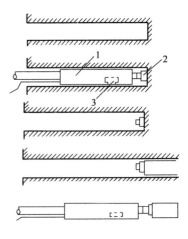

图 4-10　孔底应力解除法示意图

1-安装器；2-探头；3-温度补偿器

（1）用 $\phi 76\text{mm}$ 金刚石空心钻头钻孔至预定深度，取出岩芯。

（2）钻杆上改装磨平钻头将孔底磨平、打光，冲洗钻孔并用热风吹干，再用丙酮擦洗孔底。

（3）将环氧树脂粘接剂涂到孔底和应变传感器探头上，用安装器将传感器粘贴在孔底。经过 20h 待粘接剂固化后，测取初始应变读数，拆除安装工具。

（4）用空心金刚石套孔钻头钻进，深度为岩芯直径的 2 倍，并取出岩芯。

（5）测量解除后的应变值，并利用取出的岩芯通过室内试验测定岩石的弹性模量。

（6）根据实测的应变值和岩石的弹性模量，按胡克定律计算出孔底平面应力。

单一钻孔孔底应力解除法，只有在钻孔轴线与岩体的一个主应力平行的情况下，才能测得另外两个主应力的大小和方向。若要测量三维状态下岩体中任意一点的应力状态，需要打交汇于测点的互不平行的 3 个钻孔，分别进行孔底应力解除测量，才能按弹性力学公式计算三维地应力。

孔底应力解除法是一种比较可靠的应力测量方法。由于钻取岩芯较短,其适应性强,可用于完整岩体及较破碎岩体。

2)孔壁应变法

孔壁应变法是在钻孔壁上粘贴三向应变计,通过测量应力解除前后的应变,来推算岩体初始应力,利用单一钻孔可获得一点的空间应力分量。

三向应变计由 $\phi36mm$ 橡胶栓、电阻应变花、电镀插针、楔子等组成,如图 4-11 所示。楔子在橡胶栓内移动可使三个悬臂张开,将应变花贴到孔壁上。

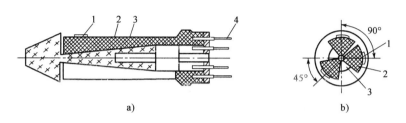

图 4-11 三向应变计

1-电阻应变片;2-橡胶栓;3-楔子;4-电镀插针

具体测试步骤如下(图 4-12):

(1)用 $\phi90mm$ 金刚石空心钻头钻一个大孔,钻至预定深度,再用磨平钻头将孔底磨平。

(2)用 $\phi36mm$ 金刚石钻头在大孔中心钻一个长 500mm 长的小孔;清洗孔壁并吹干,在小孔中部涂上适量的粘接剂。

(3)将三向应变计装到安装器上,送到小孔中,用推楔杆推动楔子使应变计的三个悬臂张开,将应变花贴到孔壁上;待粘接剂固化后,测取初读数,取出安装器,用封孔栓堵塞小孔。

(4)用 $\phi90mm$ 空心套钻继续钻进,进行应力解除。

(5)取出岩芯,拔出封孔栓,测量应力解除后的应变值。

(6)根据实测的应变值和岩石的弹性模量,按弹性力学公式计算出岩体初始应力。

采用孔壁应变法时,只需打一个钻孔就可以测出一点的应力状态,测试工作量小,精度高。经研究得知,为避免应力集中的影响,解除深度不应小于450mm。因此,这种方法适用于整体性好的岩体中,但应变计的防潮要求比较严格,目前尚不适用于有地下水的场合。

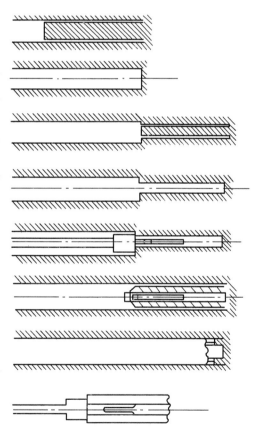

图 4-12 孔壁应变法示意图

3）孔径变形法

孔径变形法是指通过在岩体小钻孔中埋入变形计测量应力解除前后的孔径变化量,来确定岩体初始应力的方法。

目前,孔径变形法所采用的变形计有多种类型。图4-13为常用的 $\phi36 - II$ 型钢环式孔径变形计,钢环装在钢环架上,每个环与一个触头接触,各触头互呈 $45°$,其间距为1cm,全部零件组装成一体,当钻孔孔径发生变形时,孔壁压迫触头,触头挤压钢环,使粘贴在其表面的应变片读值发生变化,通过应变仪可测量出应变的变化值。变形计使用前需进行标定,以便获得该变形计的标定曲线。只要测出应变变化值,并根据变形计标定曲线换算成孔壁变形大小,就可以按弹性力学公式转求岩体初始应力。

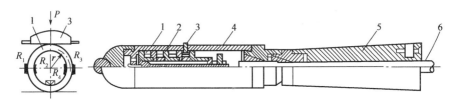

图 4-13　钢环式孔径变形计
1-弹性钢环;2-钢环架;3-触头;4-外壳;5-定位器;6-电缆

测试步骤基本与孔壁应变法相同。先钻 $\phi127mm$ 的大孔,后钻 $\phi36mm$ 的同心小孔。用安装杆将变形计送入孔中,适当调整触头的压缩量(钢环上有初始应变),然后接上应变片电缆并与应变仪连接,再用 $\phi127mm$ 钻头套钻。边解除应力,边读取应变值,直到应力全部解除完毕。

孔径变形法的测试元件具有零点稳定性、直线性、重复性和防水性好,适用性强,操作简便等优点,能测量应力解除的全过程。但此法采取的应力解除岩芯较长,一般不能小于280mm,不宜在较破碎的岩层中应用。在岩石弹性模量较低、钻孔围岩出现塑性变形的情况下,采用孔径变形法要比孔底应力解除法和孔壁应变法效果好。

3. 应力恢复法

应力恢复法是用来直接测量岩体应力大小的一种测试方法。目前,此法仅适用于岩体表层,主要测量地下工程开挖后围岩应力重新分布的情况。当已知某岩体中的主应力方向时,采用本方法较为方便。

如图4-14所示,当地下工程某侧墙表层围岩应力的主应力 σ_1、σ_2 的方向分别为垂直方向与水平方向时,就可以用应力恢复法测得 σ_1 的大小。在侧墙上沿测点 O 在水平方向(垂直所测的应力方向)开一个解除槽,则在槽上下附近的围岩应力得到部分解除,应力状态重新分布。槽的中垂线 OA 上的应力状态,根据 H. N·穆斯海里什维理论,可以把槽看作一条缝,则有:

$$\sigma_{1x} = 2\sigma_1 \frac{\rho^4 - 4\rho^2 - 1}{(\rho^2 + 1)^3} + \sigma_2 \tag{4-18}$$

$$\sigma_{1y} = \sigma_1 \frac{\rho^6 - 3\rho^4 + 3\rho^2 - 1}{(\rho^2 + 1)^3} \tag{4-19}$$

式中：σ_{1x}，σ_{1y} ——OA 线上某点 M 的应力分量；

ρ ——M 点离槽中心 O 的距离的倒数。

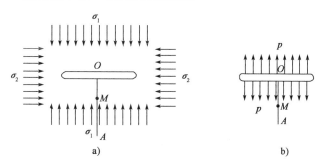

图 4-14 洞室围岩应力分布图

当槽中埋设压力枕，并由压力枕对槽加压，若施加压力为 p，则在 OA 线上 M 点产生的应力分量为：

$$\sigma_{2x} = -2p\frac{\rho^4 - 4\rho^2 - 1}{(\rho^2 + 1)^3} \tag{4-20}$$

$$\sigma_{2y} = 2p\frac{3\rho^4 + 1}{(\rho^2 + 1)^3} \tag{4-21}$$

当压力枕施加的力 $p = \sigma_1$ 时，这时 M 点的总应力分量为：

$$\sigma_x = \sigma_{1x} + \sigma_{2x} = \sigma_2 \tag{4-22}$$

$$\sigma_y = \sigma_{1y} + \sigma_{2y} = \sigma_1 \tag{4-23}$$

可见，当压力枕施加的力 p 等于 σ_1 时，岩体中的应力状态已完全恢复，所求的应力 σ_1 可由 p 值得知。

具体测试步骤如下（图 4-15）：

（1）在选定的试验点上，沿解除槽的中垂线上安装好测量元件，测量元件可以是千分表、钢弦应变计或电阻应变片等，常用钢弦应变计。若开槽长度为 B，则应变计中心一般距槽 $B/3$，槽的方向与预定需要测定的应力方向垂直。槽的尺寸根据所使用的压力枕大小而定。槽的深度要求大于 $B/2$。

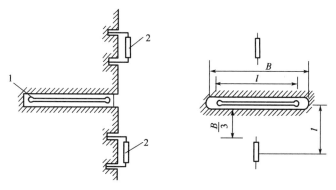

图 4-15 应力恢复法布置示意图
1-压力枕；2-应变计

（2）记录应变计的初始读数。

（3）开凿解除槽时，岩体产生变形并记录应变计上的读数。

（4）在开挖好的解除槽中埋设压力枕，并用水泥浆充填空隙。

（5）待充填水泥浆达到一定强度以后，即将压力枕连接油泵，通过压力枕对岩体施压。随着压力枕所施加力 p 的增加，岩体变形逐步恢复。逐点记录压力 p 与恢复变形（应变）之间的关系。

（6）当假设岩体为理想弹性体，应变计恢复到初始读数时，压力枕对岩体所施加的压力 p 即为待测的围岩主应力 σ_1 值。

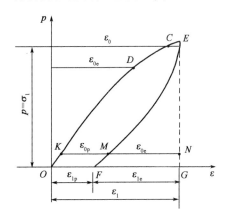

图 4-16　应力—应变曲线求岩体应力

若岩体为弹塑性体，则可由试验中得到的"应力—应变"曲线确定岩体应力。如图 4-16 所示，ODE 为压力枕加载曲线，图中 D 点对应的 ε_{0e} 为可恢复的弹性应变；继续加压到 E 点，可得全应变 ε_1；由压力枕逐步卸载，得卸载曲线 EF，并得知 $\varepsilon_1 = GF + FO = \varepsilon_{1e} + \varepsilon_{1p}$。这样，就可以求得产生全应变 ε_1 与残余塑性应变 ε_{1p} 的值。为了求得产生 ε_{0e} 相应的全应变量，可以作一条水平线 KN 与压力枕的 OE 和 EF 相交，并使 $MN = \varepsilon_{0e}$，则此时 KM 就为残余塑性应变 ε_{0p}，相应的全应变量 $\varepsilon_0 = \varepsilon_{0e} + \varepsilon_{0p} = KM + MN$。由 ε_0 值就可在 OE 线上求得 C 点，并求得与 C 点相对应的 p 值，即为所求的 σ_1 值。

二、地壳浅部地应力变化规律

地应力受许多因素的影响，使得我们在概括地应力状态及其变化规律时，遇到很大困难。不过，从目前现有实测数据来看，3000m 以内地壳浅部地应力的变化规律大致可归纳为以下几点。

1. 地应力场是一个非稳定应力场

地应力绝大部分是以水平应力为主的三向不等压的空间应力场，三个主应力的大小和方向是随着时间和空间而变化的，它是一个非稳定的应力场。

地应力的大小和方向在时间上的变化，相对人类工程活动所延续的时间而言是缓慢的，可以不予考虑。所以，针对工程建设一般均假设地应力场为不随时间而改变的稳定应力场。但是在地震活动区，它的变化还是相当大的。以 1976 年 7 月 28 日唐山地区 7.8 级地震为例，顺义吴雄寺测点经历了一个应力积累到释放的过程。在震前的 1971 年 6 月到 1973 年 1 月期间，最大剪应力 τ_{max} 由 0.65MPa 积累到 1.1MPa；在震后的 1976 年 9 月到 1977 年 7 月期间，最大剪应力 τ_{max} 由 0.95MPa 释放到 0.3MPa，主应力方向也相应发生了变化，见表 4-1。

2. 实测垂直应力基本上等于上覆岩体自重应力

布朗和霍克（E. T. Brown&E. Hoek，1978 年）将世界上一些国家的地应力实测结果汇成总图，如图 4-17 所示，其平均曲线为线性关系，通过回归分析得到：

唐山地震期间应力变化表　　　　　　　　　　表 4-1

地　　点	测量时间	最大主应力方向		水平应力		最大剪应力
		地震前	地震后	σ_1（MPa）	σ_2（MPa）	$\tau_{max}=(\sigma_1-\sigma_2)/2$
唐山凤凰山	1976.10	近东西向	N47°W	2.5	1.7	0.4
三河弧山	1976.10		N69°W	2.1	0.5	0.8
怀柔坟头村	1976.11		N83°W	4.1	1.1	1.5
顺义吴雄寺	1971.6	N75°W		3.1	1.8	0.65
	1973.1			2.6	0.4	1.1
	1976.9	N73°W	83°W	3.6	1.7	0.95
	1977.7		N75°W	2.7	2.1	0.3
滦县一号孔	1976.8		N84°W	5.8	3.0	1.4
滦县二号孔	1976.9		N89°W	6.6	3.2	1.7

$$\sigma_v = 0.027H \tag{4-24}$$

式中：H——计算点到地表的垂直距离，m；

$\quad\sigma_v$——垂直地应力，MPa。

式（4-24）说明，地应力的垂直分量主要受重力控制，其他因素的影响是次要的，也可理解为垂直应力大致相当于岩层平均重度为 27kN/m³ 时的重力。但在某些地区也存在偏差，例如我国 200m 以内实测数据显示，$\sigma_v/\gamma H = 0.8 \sim 1.2$ 的仅有 5% 左右，$\sigma_v/\gamma H < 0.8$ 的占 16%，而 $\sigma_v/\gamma H > 1.2$ 的占 79%。究其原因，除部分可能归结于测量误差外，板块移动、岩浆侵入、岩体扩容与不均匀膨胀等，都可能引起垂直应力异常。因此，我国今后应进一步加强对地应力的实测工作。

必须指出的是，多数地区并不存在真正的垂直主应力。但实测结果表明，其与垂直方向的偏差一般不大于 20°，主要是因为地表面不是水平面、岩层也不是水平岩层造成的。

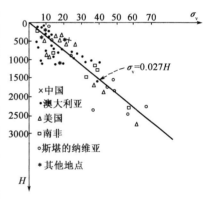

图 4-17　σ_v 与 H 的关系

3. 水平应力普遍大于垂直应力

实测资料表明，在绝大多数地区均有两个主应力位于水平或接近水平的平面内，其与水平面的夹角一般不大于 30°。最大水平应力 $\sigma_{h,max}$ 普遍大于垂直应力 σ_v，见表 4-2。

目前，常用两个水平应力的平均值 $\sigma_{h,av}=(\sigma_{h,max}+\sigma_{h,min})/2$ 与垂直应力 σ_v 的比值来表示侧压力系数，即：

$$\lambda = \frac{\sigma_{h,av}}{\sigma_V} = \frac{\sigma_{h,max}+\sigma_{h,min}}{2\sigma_V} \tag{4-25}$$

式中：$\sigma_{h,max}$——最大水平应力，MPa；

$\quad\sigma_{h,min}$——最小水平应力，MPa；

$\quad\sigma_{h,av}$——水平应力的平均值，MPa；

$\quad\sigma_v$——垂直地应力，MPa。

世界各国的实测资料表明,侧压力系数一般为0.5~5.0,大多数为0.8~1.5。我国实测资料表明,该值一般为0.8~3.0,而大部分为0.8~1.2(表4-2)。这些资料说明:水平方向的构造运动如板块漂移、碰撞对水平地应力的形成起控制作用。

部分国家与地区侧压力系数λ的统计百分率(%)
及最大水平应力与垂直应力的比值 表4-2

国 家 名 称	$\lambda = \sigma_{h,av}/\sigma_v$			$\sigma_{h,max}/\sigma_v$
	<0.8	0.8~1.2	>1.2	
中国	32	40	28	2.09
澳大利亚	0	22	78	2.95
加拿大	0	0	100	2.56
美国	18	41	41	3.29
挪威	17	17	66	5.56
瑞典	0	0	100	4.99
南非	41	24	35	2.50
苏联	51	29	20	4.30
其他地区	37.5	37.5	25	1.96

4. 侧压力系数与深度的关系

大量的实测结果表明,侧压力系数λ与深度的关系不固定,不同的地区有所差异。布朗和霍克(E. T. Brown & E. Hoek,1978年)对实测资料的统计分析表明,侧压力系数的变化范围为(图4-18):

$$\frac{100}{H} + 0.3 \leqslant \lambda \leqslant \frac{1500}{H} + 0.5 \tag{4-26}$$

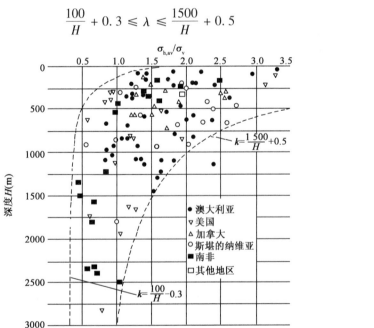

图4-18 侧压力系数与深度的关系

例如,当 $H = 500\text{m}$ 时, $\lambda = 0.5 \sim 3.5$;当 $H = 2000\text{m}$ 时, $\lambda = 0.35 \sim 1.25$ 。在深度不大的情况下, λ 值很分散;随着深度的增加, λ 值的分散度变小,并且向趋于1的附近集中,这就是前述地下深处的海姆静水应力状态。

5.两个水平应力($\sigma_{h,\min}$ 与 $\sigma_{h,\max}$)的关系

一般 $\sigma_{h,\min} / \sigma_{h,\max} = 0.2 \sim 0.8$,而大多数为 $0.4 \sim 0.7$ 。据不完全统计,部分国家和地区的 $\sigma_{h,\min} / \sigma_{h,\max}$ 比值的统计百分率已列入表4-3中。

当然,两个水平应力也有相等的情况,这主要出现在构造简单、层理平缓的地区。

两个水平应力分量比值的统计百分率 表4-3

实测地点	统计数目	$\sigma_{h,\min} / \sigma_{h,\max}$ 的比值(%)				
		1.0 ~ 0.75	0.75 ~ 0.50	0.50 ~ 0.25	0.25 ~ 0	合计
斯堪的纳维亚等地	51	14	67	13	6	100
北美	222	22	46	23	9	100
中国	25	12	56	24	8	100
中国华北地区	18	6	61	22	11	100

6.地应力分布规律的影响因素

地应力的上述分布规律还会受到地形地貌、地表剥蚀、风化、岩体结构特征、岩体力学性质、温度、地下水等因素的影响,特别是地形地貌和断层的扰动影响最大。

地形对原始地应力的影响十分复杂。一般来说,谷底是应力集中的部位,越靠近谷底应力集中越明显。

在断层和结构面附近,地应力分布状态将会受到明显的扰动。断层端部、拐角处及交汇处将出现应力集中现象。

思考与练习题

一、思考题

1.什么是地应力? 地应力是如何形成的?

2.构造应力分为哪几类?

3.常见的地应力测量方法有哪些?

4.简述水压致裂法的基本原理、优缺点及适用条件。

5.简述孔底应力解除法的步骤。

6.简述孔壁应变法的步骤。

7.简述应力恢复法的步骤。

8.简述地壳浅部地应力变化规律。

二、练习题

1. 设某花岗岩深埋 1.5km，其上覆盖地层的平均重度为 $\gamma = 25kN/m^3$，花岗岩处于弹性状态，泊松比 $\mu = 0.25$。求该花岗岩在自重作用下的初始垂直应力和水平应力。

2. 从水平地表面打垂直钻孔，对垂深 402m 处的不含水花岗岩层用封隔器封闭后进行水力压裂，实测得到初始开裂压力为 32.6MPa，关闭压力为 15.4MPa，裂隙重张压力为 23.3MPa，试确定水平地应力两个分量的值。

第五章 地下工程围岩稳定性分析

第一节 概　述

深入地面以下为开发利用地下空间所建造的具有不同断面形态和尺度特征的岩体空间结构为地下工程,如地铁、公路与铁路隧道、水工隧洞、矿山巷道、地下储油库或储气库、地下军事工程及人防工程等。这些地下结构基本都属于永久性结构工程,为确保其正常使用,各类工程必须有良好的稳定性。

地下工程的施工对象是处在地应力场中的岩体,这是区别于地面结构工程的关键之处。正是由于地应力的存在,给地下工程的力学、变形问题带来了许多特殊性。

岩体在未受扰动时(未开挖前)是处于自然平衡状态的。由于地下开挖改变了原有的平衡状态,从而造成开挖空间周围的应力重新分布。开挖空间周围应力状态发生改变的那部分岩体称为围岩。由于开挖而重新分布的应力称为二次应力或诱发应力。

如果围岩二次应力超过了岩体强度,则围岩会破坏,产生冒顶、片帮甚至底板隆起等现象。在软岩或高地应力中的地下工程可能产生较大的塑性变形,此时若不及时对围岩进行支护或加固,已开挖出来的地下空间就会因为围岩的过量变形或破坏而无法使用。因此,必须进行合理的支护确保围岩稳定。

围岩的稳定性取决于围岩二次应力状态和围岩的力学性质。当围岩二次应力较低,达不到围岩的弹性极限时,围岩处于弹性状态,无需支护就可以保持稳定;反之,当围岩二次应力较高,强度较低时,就会产生塑性变形和剪切破坏。因此,在进行地下工程设计和施工之前,需要对开挖后围岩二次应力进行分析,进而对围岩稳定性进行评价,以便采取合理的开挖方式和支护形式。

地下工程的稳定性分析包括两个方面:由于二次应力造成的围岩变形破坏和由不连续结构面切割形成的块体失稳。

实测和理论分析表明,围岩二次应力不仅与地下工程形状、岩体中的初始应力状态有关,而且与地下工程的埋深有关。对于浅埋地下工程,影响范围可达到地表,因而在力学处理上要考虑地表界面的影响,目前只能在地下工程断面形式比较简单的情况下获得围岩二次应力的解析表达式。对于深埋地下工程(埋深大于地下工程半径或其宽、高之半的20倍以上),可处理为无限体问题(即在远离地下工程的无穷远处仍为原岩体),一般都可导出围岩应力计算公式。因此,本章仅着重讨论深埋地下工程围岩二次应力的计算。对于浅埋地下工程围岩压力的计算,将在第六章详细讨论。

对于深埋问题,其力学特点为:

(1)可视为无限体中的孔洞问题。

（2）地下工程影响范围[$(3\sim5)R_0$]以内的岩体自重可以忽略不计（图5-1），原岩水平应力可以认为均匀分布，这样可使问题简单化。

（3）深埋地下工程的长度较长时，可作为平面应变问题来处理，否则，应作为空间问题处理。

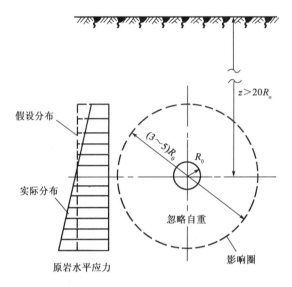

图5-1　深埋问题的力学特点

本章本着由浅入深的原则，将首先根据弹性力学理论分析深埋圆形、非圆形（椭圆形、矩形）地下工程围岩应力的弹性解，然后再研究其弹塑性解。

本章内容都是在无支护的情况下展开的，主要研究地下工程开挖后围岩的自身稳定性。若不稳定时必须及时支护，此时围岩与支护共同作用而形成一个共同的承载体。围岩作用在支护体上的压力称为地压，其分类与计算也将在第六章详细讨论。

第二节　地下工程围岩的弹性应力状态

地下工程开挖后围岩的力学状态，视二次应力状态与围岩屈服条件之间的关系可分为两种情况：一种是开挖的围岩仍处在弹性状态，此时围岩除产生稍许松弛（由于爆破造成）外，是稳定的（自稳），且变形属于弹性变形；另一种是开挖后的二次应力超过围岩的屈服极限，此时围岩处于塑性甚至破坏状态，围岩将产生较大的塑性变形或破坏。本节主要讨论第一种情况。

一、轴对称圆形地下工程围岩的弹性应力状态

1. 基本假设

（1）围岩为均质的、连续的、各向同性的线弹性体，且属于小变形问题。

（2）原岩应力各向等压，如图5-2所示。

（3）地下工程断面为圆形，其半径为R_0。

（4）地下工程无限长,可作为平面应变问题来处理。

（5）深埋($z > 20R_0$)问题,影响圈内岩体自重可忽略。

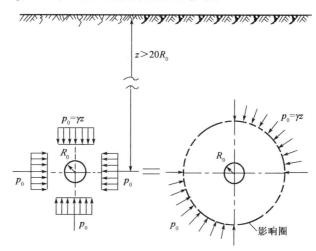

图 5-2　深埋轴对称圆形地下工程的力学模型

研究表明,对于埋深问题,若忽略洞室影响范围(3 ~ 5 倍的 R_0)内的岩石自重,其计算误差一般不超过 10% ,于是,水平原岩应力可以简化为均匀分布。

基于上述假设,实际工程问题变成了轴对称平面应变圆孔问题。尽管在实际中地下工程很少做成圆形,但对圆形地下工程所得到的一些结果在定性上不会失去其一般性,而且,运用线弹性理论所得到的一些基本关系是今后进行其他分析的基础。

2. **基本方程**

对于轴对称平面问题,由弹性力学可知,其基本方程如下。

平衡方程:

$$\frac{\mathrm{d}\sigma_r}{\mathrm{d}r} + \frac{\sigma_r - \sigma_\theta}{r} = 0 \tag{5-1}$$

几何方程:

$$\varepsilon_r = \frac{\mathrm{d}u}{\mathrm{d}r} \tag{5-2}$$

$$\varepsilon_\theta = \frac{u}{r} \tag{5-3}$$

本构方程(平面应变问题):

$$\varepsilon_r = \frac{1 - \mu^2}{E}\left(\sigma_r - \frac{\mu}{1 - \mu}\sigma_\theta\right) \tag{5-4}$$

$$\varepsilon_\theta = \frac{1 - \mu^2}{E}\left(\sigma_\theta - \frac{\mu}{1 - \mu}\sigma_r\right) \tag{5-5}$$

在上述方程中,有五个未知数(即 σ_r、σ_θ、ε_r、ε_θ、u),又有五个方程,故可解。由于是积分方程,故应根据边界条件来确定积分常数。

3. **边界条件**

当 $r = R_0$ 时,$\sigma_r = 0$(不支护)。 $\tag{5-6}$

当 $r \to \infty$ 时，$\sigma_r = p_0 = \gamma z$（原岩应力）。 (5-7)

4. 解题

由弹性力学可知，双调和方程为：

$$\nabla^4 \varphi = 0 \tag{5-8}$$

式中，$\varphi = \varphi(r)$ 为应力函数。

对于轴对称平面问题，式(5-8)可变为：

$$\left(\frac{\mathrm{d}^2}{\mathrm{d}r^2} + \frac{1}{r} \frac{\mathrm{d}}{\mathrm{d}r} \right) \left(\frac{\mathrm{d}^2 \varphi}{\mathrm{d}r^2} + \frac{1}{r} \frac{\mathrm{d}\varphi}{\mathrm{d}r} \right) = 0 \tag{5-9}$$

展开得：

$$\frac{\mathrm{d}^4 \varphi}{\mathrm{d}r^4} + \frac{2}{r} \frac{\mathrm{d}^3 \varphi}{\mathrm{d}r^3} + \frac{1}{r^2} \frac{\mathrm{d}^2 \varphi}{\mathrm{d}r^2} - \frac{1}{r^3} \frac{\mathrm{d}\varphi}{\mathrm{d}r} = 0 \tag{5-10}$$

上式的通解为：

$$\varphi = A\ln r + Br^2 \ln r + Cr^2 + D \tag{5-11}$$

根据弹性力学中应力分量与应力函数间的关系，有：

$$\sigma_r = \frac{1}{r} \frac{\mathrm{d}\varphi}{\mathrm{d}r} = \frac{A}{r^2} + B(1 + 2\ln r) + 2C \tag{5-12}$$

$$\sigma_\theta = \frac{\mathrm{d}^2 \varphi}{\mathrm{d}r^2} = -\frac{A}{r^2} + B(3 + 2\ln r) + 2C \tag{5-13}$$

将式(5-12)、式(5-13)代入式(5-4)和式(5-5)，并令 $E_1 = E/(1 - \mu^2)$，$\mu_1 = \mu/(1 - \mu)$，可得：

$$\varepsilon_r = \frac{1}{E_1}(\sigma_r - \mu_1 \sigma_\theta)$$
$$= \frac{1}{E_1} \left[(1 + \mu_1) \frac{A}{r^2} + (1 - 3\mu_1)B + 2(1 - \mu_1)B\ln r + 2(1 - \mu_1)C \right] \tag{5-14}$$

$$\varepsilon_\theta = \frac{1}{E_1}(\sigma_\theta - \mu_1 \sigma_r)$$
$$= \frac{1}{E_1} \left[-(1 + \mu_1) \frac{A}{r^2} + (3 - \mu_1)B + 2(1 - \mu_1)B\ln r + 2(1 - \mu_1)C \right] \tag{5-15}$$

将式(5-2)和式(5-14)联立，并积分，可得径向位移为：

$$u = \frac{1}{E_1} \left[-(1 + \mu_1) \frac{A}{r} + (1 - 3\mu_1)Br + 2(1 - \mu_1)Br(\ln r - 1) + 2(1 - \mu_1)Cr \right] + f(\theta) \tag{5-16}$$

将式(5-3)和式(5-15)联立，同样可得径向位移为：

$$u = \frac{1}{E_1} \left[-(1 + \mu_1) \frac{A}{r} + (3 - \mu_1)Br + 2(1 - \mu_1)Br\ln r + 2(1 - \mu_1)Cr \right] \tag{5-17}$$

由位移的单值性，式(5-16)和式(5-17)应完全相同，两式相减，可得：

$$-4Br + f(\theta) = 0 \tag{5-18}$$

上式两项分别为 r 和 θ 的函数，为满足上式，必须 $B = 0$，$f(\theta) = 0$。分别代入式(5-12)、式(5-13)和式(5-17)，可得：

$$\begin{cases} \sigma_r = \dfrac{A}{r^2} + 2C \\[2mm] \sigma_\theta = -\dfrac{A}{r^2} + 2C \\[2mm] u = \dfrac{1+\mu}{E}\left[-\dfrac{A}{r} + 2(1-2\mu)Cr \right] \end{cases} \tag{5-19}$$

上式为轴对称平面应变问题应力与位移的一般形式,其中 A、C 为待定的积分常数,需要根据具体的边界条件来确定。

对于内侧无支护的地下工程,将式(5-19)代入边界条件式(5-6)和式(5-7),可求得积分常数为:$A = -p_0 R_0^2$,$C = p_0/2$。

则轴对称圆形地下工程围岩的弹性应力与位移解为:

$$\begin{cases} \sigma_r = \left(1 - \dfrac{R_0^2}{r^2}\right)p_0 \\[2mm] \sigma_\theta = \left(1 + \dfrac{R_0^2}{r^2}\right)p_0 \\[2mm] u = \dfrac{1+\mu}{E}\left[\dfrac{R_0^2}{r} + (1-2\mu)r \right]p_0 \end{cases} \tag{5-20}$$

式中:σ_r——径向应力,MPa;

$\quad \sigma_\theta$——切向应力,MPa;

$\quad p_0$——原岩应力,MPa;

$\quad r$——径向坐标,m;

$\quad R_0$——洞室半径,m。

5. 讨论

(1)开挖后位移应力重新分布,新应力场称为次生应力场(二次应力场),其分布状况如图5-3所示。

(2)σ_r、σ_θ 与 θ 无关,皆为主应力,径向和切向平面为主平面。

(3)应力大小与弹性常数 E、μ 无关,而位移与弹性常数有关。

(4)在周边上($r = R_0$ 时),$\sigma_r = 0$,$\sigma_\theta = 2p_0$。由此可见,周边上切向应力为最大应力,且与地下工程半径无关。因此,当 $2p_0$ 超过围岩的屈服极限时,围岩将进入塑性状态。若围岩是弹脆性体,则当 $2p_0$ 达到围岩的单轴抗压强度时,围岩将发生破坏。

(5)围岩中切向应力大于原岩应力,这种现象称为应力集中。应力集中程度用应力集中系数 K 来衡量,即:

$$K = \frac{\text{开挖后切向应力}}{\text{开挖前应力(原岩应力)}} = \frac{\sigma_\theta}{p_0} \tag{5-21}$$

在周边上,$K = \sigma_\theta/p_0 = 2p_0/p_0 = 2$,为次生应力场中最大应力集中系数。

(6)若定义 $\sigma_\theta = 1.05p_0$(或 $\sigma_r = 0.95p_0$)为影响圈的边界,由(5-20)可得:

$$\left(1 + \frac{R_0^2}{r^2}\right)p_0 = 1.05p_0$$

即：

$$r = \sqrt{\frac{R_0^2}{0.05}} = 4.47R_0 \approx 5R_0$$

若定义 $\sigma_\theta = 1.1p_0$（或 $\sigma_r = 0.9p_0$）为影响圈的边界，同理可得 $r \approx 3R_0$。这就是地下工程开挖影响圈范围一般为 $(3 \sim 5)R_0$ 的由来。影响圈的物理意义是十分明确的，即在影响圈范围以内，应力重新分布，为次生应力场或二次应力场的区域；在影响圈之外，应力为原岩应力（或近似为原岩应力），围岩处于原岩应力区。进行应力解除实测围岩应力时，可以 $3R_0$ 作为影响圈边界。有限元等数值计算时，常取 $5R_0$ 的范围作为计算域。

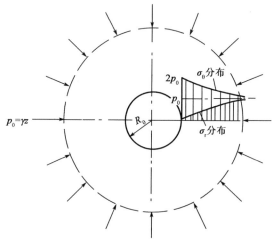

图 5-3 轴对称圆形地下工程二次应力场的弹性应力分布

二、一般圆形地下工程围岩的弹性应力状态

上节研究的是深埋圆形地下工程在轴对称围岩压力下的弹性应力状态，也即是静水压力状态（$\lambda = 1$）下的弹性应力分布。本节研究圆形地下工程在一般围岩应力状态下，也即双向不等压状态（$\lambda \neq 1$）下的弹性应力解答。

1. 基本假设

（1）围岩为均质的、连续的、各向同性的线弹性体，且属于小变形问题。

（2）原岩应力：竖向为 p_0，横向为 λp_0（且 $\lambda < 1$），如图 5-4 所示。

（3）地下工程断面为圆形，其半径为 R_0。

（4）地下工程无限长，可作为平面应变问题来处理。

（5）深埋（$z \geq 20R_0$）问题，影响圈内岩体自重可忽略。

2. 解题途径

由于假设围岩为线弹性体，就可采用叠加原理，将原岩应力分解为两种应力状态的叠加（图 5-4），即：

$$\begin{cases} p + p' = p_0 \\ p - p' = \lambda p_0 \end{cases} \tag{5-22}$$

则

$$\begin{cases} p = \dfrac{1}{2}(1+\lambda)p_0 \\ p' = \dfrac{1}{2}(1-\lambda)p_0 \end{cases} \tag{5-23}$$

根据弹性力学理论中的叠加原理,总应力解 = 情况 I(轴对称)的解 + 情况 II 的解。

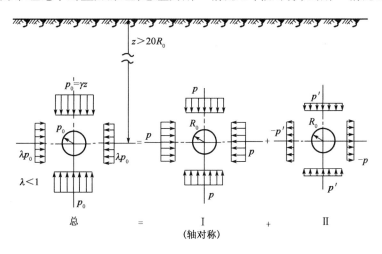

图 5-4　一般圆形地下工程的力学模型与解题途径

3. 情况 I 的解

属于轴对称问题,由式(5-20)可得其解为:

$$\begin{cases} \sigma_r = p\left(1 - \dfrac{R_0^2}{r^2}\right) = \dfrac{1}{2}(1+\lambda)p_0\left(1 - \dfrac{R_0^2}{r^2}\right) \\ \sigma_\theta = p\left(1 + \dfrac{R_0^2}{r^2}\right) = \dfrac{1}{2}(1+\lambda)p_0\left(1 + \dfrac{R_0^2}{r^2}\right) \\ \tau_{r\theta} = 0 \end{cases} \tag{5-24}$$

4. 情况 II 的应力求解

情况 II 的边界条件,如图 5-5 所示。

在内边界上:

$$\begin{cases} r = R_0 \\ \sigma_r = \tau_{r\theta} = 0 \text{(无支护)} \end{cases} \tag{5-25}$$

在外边界上,由莫尔圆原理关系可得:

$$\begin{cases} \sigma_r = \dfrac{\sigma_1 + \sigma_3}{2} + \dfrac{\sigma_1 - \sigma_3}{2}\cos2\theta = -p'\cos2\theta \\ \tau_{r\theta} = \dfrac{\sigma_1 - \sigma_3}{2}\sin2\theta = p'\sin2\theta \end{cases} \tag{5-26}$$

采用半逆解法,即先假定出应力函数的一部分形式,再用双调和方程求出另一部分形式,最后由边界条件确定其中的积分常数。如果得到的解在所有边界上都能满足边界条件,则可认为已获得了该问题的精确解。

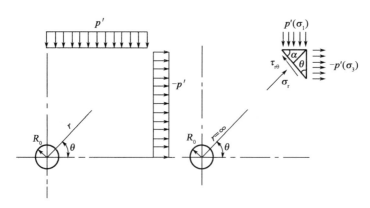

图5-5　情况 II 的边界条件

首先初选应力函数。由边界条件可知,情况 II 的应力解明显与 r、2θ 有关,则可取应力函数为:

$$\varphi(r,\theta) = f(r)\cos2\theta \tag{5-27}$$

初选的应力函数应满足双调和方程,对于一般极坐标问题,式(5-8)变为:

$$\left(\frac{\partial^2}{\partial r^2} + \frac{1}{r}\frac{\partial}{\partial r} + \frac{1}{r^2}\frac{\partial^2}{\partial\theta^2}\right)\left(\frac{\partial^2\varphi}{\partial r^2} + \frac{1}{r}\frac{\partial\varphi}{\partial r} + \frac{1}{r^2}\frac{\partial^2\varphi}{\partial\theta^2}\right) = 0 \tag{5-28}$$

将式(5-27)代入式(5-28),可得:

$$\left(\frac{\mathrm{d}^2}{\mathrm{d}r^2} + \frac{1}{r}\frac{\mathrm{d}}{\mathrm{d}r} - \frac{4}{r^2}\right)\left(\frac{\mathrm{d}^2f}{\mathrm{d}r^2} + \frac{1}{r}\frac{\mathrm{d}f}{\mathrm{d}r} - \frac{4}{r^2}f\right)\cos2\theta = 0 \tag{5-29}$$

消去 $\cos2\theta$,并展开可得:

$$\frac{\mathrm{d}^4f}{\mathrm{d}r^4} + \frac{2}{r}\frac{\mathrm{d}^3f}{\mathrm{d}r^3} - \frac{9}{r^2}\frac{\mathrm{d}^2f}{\mathrm{d}r^2} + \frac{9}{r^3}\frac{\mathrm{d}f}{\mathrm{d}r} = 0 \tag{5-30}$$

上式为四阶变系数常微分方程,即为欧拉方程形式,其通解为:

$$f(r) = Ar^4 + Br^2 + C + Dr^{-2} \tag{5-31}$$

将式(5-31)代入式(5-27),可得应力函数为:

$$\varphi(r,\theta) = (Ar^4 + Br^2 + C + Dr^{-2})\cos2\theta \tag{5-32}$$

根据弹性力学中应力函数与应力分量之间的关系,可得:

$$\begin{cases} \sigma_r = \dfrac{1}{r}\dfrac{\partial\varphi}{\partial r} + \dfrac{1}{r^2}\dfrac{\partial^2\varphi}{\partial\theta^2} = -\left(2B + \dfrac{4C}{r^2} + \dfrac{6D}{r^4}\right)\cos2\theta \\[3mm] \sigma_\theta = \dfrac{\partial^2\varphi}{\partial r^2} = \left(12Ar^2 + 2B + \dfrac{6D}{r^4}\right)\cos2\theta \\[3mm] \tau_{r\theta} = \dfrac{1}{r^2}\dfrac{\partial\varphi}{\partial\theta} - \dfrac{1}{r}\dfrac{\partial^2\varphi}{\partial r\partial\theta} = \left(6Ar^2 + 2B - \dfrac{2C}{r^2} - \dfrac{6D}{r^4}\right)\sin2\theta \end{cases} \tag{5-33}$$

将式(5-33)代入边界条件,即式(5-25)和式(5-26)中,可得积分常数为:$A = 0$,$B = p'/2$,

$C = -p'R_0^2, D = p'R_0^4/2$。再代回式(5-33)中,可得情况 II 的应力解为:

$$
\begin{cases}
\sigma_r = -p'\left(1 - 4\dfrac{R_0^2}{r^2} + 3\dfrac{R_0^4}{r^4}\right)\cos2\theta \\[2mm]
\quad\quad = -\dfrac{1}{2}(1-\lambda)p_0\left(1 - 4\dfrac{R_0^2}{r^2} + 3\dfrac{R_0^4}{r^4}\right)\cos2\theta \\[2mm]
\sigma_\theta = p'\left(1 + 3\dfrac{R_0^4}{r^4}\right)\cos2\theta = \dfrac{1}{2}(1-\lambda)p_0\left(1 + 3\dfrac{R_0^4}{r^4}\right)\cos2\theta \\[2mm]
\tau_{r\theta} = p'\left(1 + 2\dfrac{R_0^2}{r^2} - 3\dfrac{R_0^4}{r^4}\right)\sin2\theta \\[2mm]
\quad\quad = \dfrac{1}{2}(1-\lambda)p_0\left(1 + 2\dfrac{R_0^2}{r^2} - 3\dfrac{R_0^4}{r^4}\right)\sin2\theta
\end{cases}
\tag{5-34}
$$

5. 总应力解

将上述情况 I 和情况 II 的应力解进行叠加,便可得到总应力解,即:

$$
\begin{cases}
\sigma_r = \dfrac{1}{2}(1+\lambda)p_0\left(1 - \dfrac{R_0^2}{r^2}\right) - \dfrac{1}{2}(1-\lambda)p_0\left(1 - 4\dfrac{R_0^2}{r^2} + 3\dfrac{R_0^4}{r^4}\right)\cos2\theta \\[2mm]
\sigma_\theta = \dfrac{1}{2}(1+\lambda)p_0\left(1 + \dfrac{R_0^2}{r^2}\right) + \dfrac{1}{2}(1-\lambda)p_0\left(1 + 3\dfrac{R_0^4}{r^4}\right)\cos2\theta \\[2mm]
\tau_{r\theta} = \dfrac{1}{2}(1-\lambda)p_0\left(1 + 2\dfrac{R_0^2}{r^2} - 3\dfrac{R_0^4}{r^4}\right)\sin2\theta
\end{cases}
\tag{5-35}
$$

6. 讨论

1) $\lambda = 1$ 时的情况

式(5-35)可化简为:

$$
\left.\begin{array}{r}\sigma_\theta \\ \sigma_r\end{array}\right\} = p_0\left(1 \pm \dfrac{R_0^2}{r^2}\right)
$$

其应力解与式(5-20)完全相同,可见轴对称情况为本题的特例。

2) 周边应力分布情况

当 $r = R_0$ 时,式(5-35)变为:

$$
\begin{cases}
\sigma_r = \tau_{r\theta} = 0 \\
\sigma_\theta = (1+\lambda)p_0 + 2(1-\lambda)p_0\cos2\theta
\end{cases}
\tag{5-36}
$$

即沿围岩内边界只存在切向应力,径向应力和剪应力为零。这说明地下工程的开挖使其周边的围岩从二向(或三向)应力状态变成单向(或二向)应力状态。沿围岩内边界的切向应力值及其分布主要取决于水平应力系数 λ。

下面分别以不同的 λ 值($\lambda = 0$、$1/3$、$1/2$ 和 1)代入式(5-36),则得周边上切向应力的结果如表5-1所示。

水平应力系数 λ	计 算 公 式	周边上各点的切向应力值			备　　注
		$\theta = 0°$（横轴）	$\theta = 45°$	$\theta = 90°$（竖轴）	
0	$\sigma_\theta = (1 + 2\cos2\theta)p_0$	$3p_0$	p_0	$-p_0$	其分布如图 5-6a）所示
1/3	$\sigma_\theta = 4(1 + \cos2\theta)p_0/3$	$8p_0/3$	$4p_0/3$	0	其分布如图 5-6b）所示
1/2	$\sigma_\theta = (3/2 + \cos2\theta)p_0$	$5p_0/2$	$3p_0/2$	$p_0/2$	其分布如图 5-6c）所示
1	$\sigma_\theta = 2p_0$	$2p_0$	$2p_0$	$2p_0$	其分布如图 5-6d）所示

现将计算结果说明如下：

（1）$\lambda = 0$（即只有初始垂直应力）时，拱顶出现最大切向拉应力（$\sigma_\theta = -p_0$），并分布在拱顶一定范围内（与垂直轴呈 30°角的范围），这对隧洞的稳定是极为不利的。

（2）随着 λ 的增加，拱顶切向拉应力值及其范围逐渐缩小。当 $\lambda = 1/3$ 时，拱顶切向拉应力等于0（图 5-6b）。$\lambda > 1/3$ 后，整个地下工程围岩内边界上的切向应力为压应力。这说明，λ 为 0～1/3 时，圆形地下工程拱顶或拱底范围是受拉的。由于岩体的抗拉强度较低，当切向拉应力超过其抗拉强度时，拱顶可能发生局部掉块，但不会造成整个地下工程围岩的破坏。当 $\lambda > 1/3$ 后，圆形地下工程围岩则逐渐变得稳定。

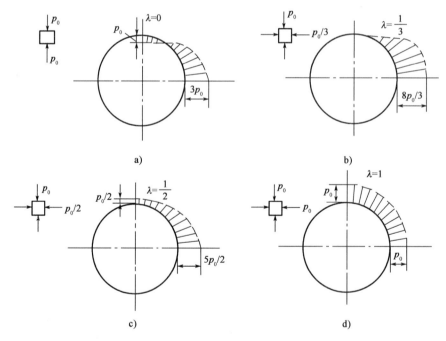

图 5-6　圆形地下工程围岩内边界上切向应力的分布
a）水平应力系数 $\lambda = 0$ 时；b）水平应力系数 $\lambda = 1/3$ 时；c）水平应力系数 $\lambda = 1/2$ 时；d）水平应力系数 $\lambda = 1$ 时

（3）在侧壁范围内，λ 值变化为 0～1 时，周边切向应力总是压应力，而且总比拱顶范围的应力值大。这说明，侧壁处在较大的压应力状态。例如，当 $\lambda = 0$ 时，侧壁中点（$\theta = 0°$）的最大压应力 $\sigma_\theta = 3p_0$。随着 λ 值的增大，侧壁中点的压应力逐渐减小，当 $\lambda = 1$ 时，其值变成 $\sigma_\theta = 2p_0$。侧壁处在较大的压应力作用下是造成侧壁剪切破坏或岩爆的主要原因之一，同时也是造成整个地下工程丧失稳定的主要原因,应给予足够的重视。

(4)从图5-6d)可知,当 $\lambda = 1$ 时,地下工程围岩的应力状态是轴对称的,各点的应力均相同,出现等压力环,即围岩内边界切向应力为一常数值($\sigma_\theta = 2p_0$)。这种状态对圆形隧洞的稳定是最有利的,也就是当地应力为各向等压时,地下工程最佳断面为圆形。

设周边切向应力集中系数为 k,则 $k = \sigma_\theta / p_0 = (1 + \lambda) + 2(1 - \lambda)\cos2\theta$,绘出 k 和 θ 的关系,如图5-7所示。

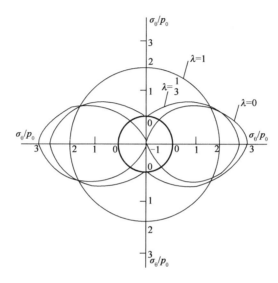

图5-7　周边切向应力集中系数 k 与 θ、λ 的关系

显然,在 $\lambda < 1$ 的情况,洞室横轴位置($\theta = 0°$)有最大压应力,而在竖轴位置($\theta = 90°$)有最小应力。使竖轴($\theta = 90°$)处恰好不出现拉应力的条件为 $\sigma_\theta > 0$,即由式(5-36)可得 $\lambda > 1/3$。也就是 $\lambda > 1/3$,周边不出现拉应力;$\lambda < 1/3$,将出现拉应力;$\lambda = 1/3$,恰好不出现拉应力。$\lambda = 0$,$\theta = 90°$处,拉应力最大,为最不利情况;$\lambda = 1$ 为均匀受压的最有利于稳定情况。

3)横轴与竖轴的应力分布情况

在横轴上($\theta = 0°$时),由式(5-35)可得:

$$\begin{cases} \sigma_r = \dfrac{1}{2}\Big[2\lambda + (3 - 5\lambda)\dfrac{R_0^2}{r^2} - 3(1 - \lambda)\dfrac{R_0^4}{r^4}\Big]p_0 \\[2mm] \sigma_\theta = \dfrac{1}{2}\Big[2 + (1 + \lambda)\dfrac{R_0^2}{r^2} + 3(1 - \lambda)\dfrac{R_0^4}{r^4}\Big]p_0 \\[2mm] \tau_{r\theta} = 0 \end{cases} \quad (5\text{-}37)$$

在竖轴上($\theta = 90°$时),由式(5-35)可得:

$$\begin{cases} \sigma_r = \dfrac{1}{2}\Big[2 - (5 - 3\lambda)\dfrac{R_0^2}{r^2} + 3(1 - \lambda)\dfrac{R_0^4}{r^4}\Big]p_0 \\[2mm] \sigma_\theta = \dfrac{1}{2}\Big[2\lambda + (1 + \lambda)\dfrac{R_0^2}{r^2} - 3(1 - \lambda)\dfrac{R_0^4}{r^4}\Big]p_0 \\[2mm] \tau_{r\theta} = 0 \end{cases} \quad (5\text{-}38)$$

由式(5-37)和式(5-38)可分别绘出横轴和竖轴上应力的分布状况,如图5-8所示(图中只绘出 $\lambda = 0$、$\lambda = 1$ 的两种情况,其他情况在两者之间变化)。

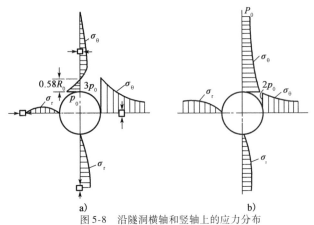

图 5-8　沿隧洞横轴和竖轴上的应力分布

a)水平应力系数 $\lambda = 0$ 时;b)水平应力系数 $\lambda = 1$ 时

从图5-8可以看出:

(1)侧壁中点($\theta = 0°$),在 $\lambda = 0 \sim 1.0$ 时围岩内边界的切向应力 σ_θ 都为正值(压应力),其最大值为 $3p_0(\lambda = 0)$,最小值为 $2p_0(\lambda = 1)$,且随着 r 的增加,即离围岩内边界越远,切向应力 σ_θ 越小,并趋于原岩应力状态的 p_0 值。径向应力 σ_r 在围岩内边界等于0,当 $\lambda = 0$ 时,随着 r 的增加先增大、后减小,最后趋于零;当 $\lambda = 1$ 时,σ_r 随着 r 的增加逐渐增大,最后趋于原岩应力状态的 p_0 值。

(2)拱顶处($\theta = 90°$),在周边上 σ_θ 值由 $-p_0(\lambda = 0)$ 变到 $2p_0(\lambda = 1)$,且当 $\lambda = 1/3$ 时,$\sigma_\theta = 0$。随着 r 的增加,当 $\lambda = 0$ 时,σ_θ 逐渐接近于0;当 $\lambda = 1$ 时,σ_θ 逐渐接近于 p_0,即都接近于初始的原岩应力状态。对于拱顶的径向应力,在 $\lambda = 0 \sim 1$ 时变化大致相同,即由零逐渐增加到 p_0 值。

从上述分析可以看出,地下工程开挖后的二次应力分布范围是很有限的,对于一般圆形地下工程,其范围大致为 $(5 \sim 7)R_0$。在此范围之外,围岩处于初始的原岩应力状态。这说明,地下工程开挖对围岩的影响(扰动)是有限的。

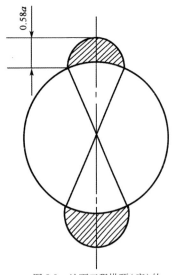

图 5-9　地下工程拱顶(底)的拉应力区

(3)在拱顶处的拉应力深入围岩内部的范围约为 $0.58R_0$($\lambda = 0$),而后转变为压应力。这说明,地下工程围岩内的拉应力区域也是有限的(图5-9),而且只在 $\lambda < 1/3$ 的情况下才出现。前已指出,拉应力区的存在对造成围岩的局部破坏(掉块、落石)是有影响的,尤其是在大跨度洞室的情况下。

上述的应力状态是针对围岩属于弹性的、各向同性的、均质的、连续介质而言的,且地下工程是圆形的,其表面应是平整的。实际围岩状态会有很多不同,因而其二次应力状态也会有所不同。例如,由于施工造成的超欠挖使围岩表面变得极不平整,于凸凹处形成局部应力的高度集中,有时高达初始应力值的十几倍,常常造成围岩的局部破坏。因此,如何消除这种应力集中现象是地下工程施工技术研究的重要内容之一,这就促使了光面爆破和喷射混凝土支护等技术的快速发展。

还应该指出,围岩的二次应力状态即使是弹性的,但由于爆破开挖的影响,也会使围岩松动、破碎,使其强度减弱,此时,应进行局部支护或采用轻型支护。另外,围岩长期暴露在空气、水气等各种外界条件下会逐渐风化、剥蚀,从而降低围岩的强度。因此,即使在弹性应力状态下地下工程围岩是自稳的,进行一定的饰面防护也是必要的。

7. 水平应力系数 $\lambda > 1$ 的情况

将 θ 角改由竖轴算起,其解题途径如图5-10所示。则

$$\begin{cases} p + p' = \lambda p_0 \\ p - p' = p_0 \end{cases} \tag{5-39}$$

即:

$$\begin{cases} p = \dfrac{1}{2}(1 + \lambda)p_0 \\ p' = \dfrac{1}{2}(\lambda - 1)p_0 \end{cases} \tag{5-40}$$

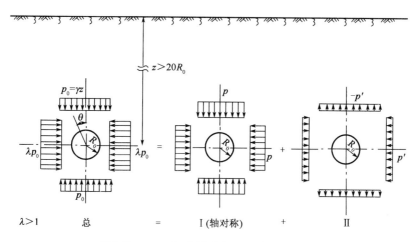

图5-10　$\lambda > 1$ 时一般圆形地下工程的解题途径

将式(5-34)中的 p' 换成式(5-40)所确定的值,即得情况 Ⅱ 的解。情况 Ⅰ 的解仍为式(5-24),二者叠加便可得到 $\lambda > 1$ 情况的解。此处不再详述。

8. 一般圆形地下工程应力解的另一种表达形式

将 $p_x = \lambda p_0$、$p_y = p_0(\lambda = p_x/p_y$ 的定义不变),代入式(5-35),可得:

$$\begin{cases} \sigma_r = \dfrac{p_x + p_y}{2}\left(1 - \dfrac{R_0^2}{r^2}\right) + \dfrac{p_x - p_y}{2}\left(1 - 4\dfrac{R_0^2}{r^2} + 3\dfrac{R_0^4}{r^4}\right)\cos 2\theta \\ \sigma_\theta = \dfrac{p_x + p_y}{2}\left(1 + \dfrac{R_0^2}{r^2}\right) - \dfrac{p_x - p_y}{2}\left(1 + 3\dfrac{R_0^4}{r^4}\right)\cos 2\theta \\ \tau_{r\theta} = -\dfrac{p_x - p_y}{2}\left(1 + 2\dfrac{R_0^2}{r^2} - 3\dfrac{R_0^4}{r^4}\right)\sin 2\theta \end{cases} \tag{5-41}$$

9. 原岩应力为倾斜时的围岩弹性应力状态

1）解题途径（图 5-11）

$$总应力解 = 情况（Ⅰ + Ⅱ）的解 + 情况Ⅲ的解$$

情况Ⅰ + Ⅱ   情况Ⅲ

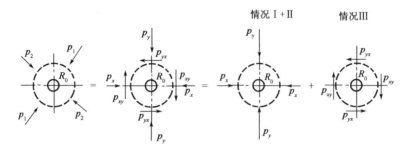

图 5-11　原岩应力倾斜时的解题途径

2）情况Ⅲ的边界条件（图 5-12）

在内边界上：

$$r = R_0, \sigma_r = \tau_{r\theta} = 0（无支护）\tag{5-42}$$

在外边界上，由 σ_r 方向静力平衡条件可得：

$$a\sigma_r - p_{xy} \cdot a\sin\theta\cos\theta - p_{xy} \cdot a\cos\theta\sin\theta = 0$$

整理得：

$$\sigma_r = p_{xy}\sin2\theta\tag{5-43}$$

同理由 $\tau_{r\theta}$ 方向的静力平衡条件，可得：

$$\tau_{r\theta} = p_{xy}\cos2\theta\tag{5-44}$$

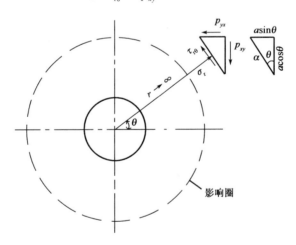

图 5-12　情况Ⅲ的边界条件

3）情况Ⅲ的应力函数和应力解

取应力函数为：

$$\varphi(r,\theta) = f(r)\cos2\theta\tag{5-45}$$

根据上述类似的推导过程，可得情况Ⅲ的应力解为：

$$\begin{cases} \sigma_r = p_{xy}\left(1 - 4\dfrac{R_0^2}{r^2} + 3\dfrac{R_0^4}{r^4}\right)\sin2\theta \\[3mm] \sigma_\theta = -p_{xy}\left(1 + 3\dfrac{R_0^4}{r^4}\right)\sin2\theta \\[3mm] \tau_{r\theta} = p_{xy}\left(1 + 2\dfrac{R_0^2}{r^2} - 3\dfrac{R_0^4}{r^4}\right)\cos2\theta \end{cases} \tag{5-46}$$

4）总应力解

将情况（Ⅰ+Ⅱ）的解与情况Ⅲ的解进行叠加，便可得到总应力解，即：

$$\begin{cases} \sigma_r = \dfrac{p_x + p_y}{2}\left(1 - \dfrac{R_0^2}{r^2}\right) + \left(\dfrac{p_x - p_y}{2}\cos2\theta + p_{xy}\sin2\theta\right)\left(1 - 4\dfrac{R_0^2}{r^2} + 3\dfrac{R_0^4}{r^4}\right) \\[3mm] \sigma_\theta = \dfrac{p_x + p_y}{2}\left(1 + \dfrac{R_0^2}{r^2}\right) - \left(\dfrac{p_x - p_y}{2}\cos2\theta + p_{xy}\sin2\theta\right)\left(1 + 3\dfrac{R_0^4}{r^4}\right) \\[3mm] \tau_{r\theta} = -\left(\dfrac{p_x - p_y}{2}\sin2\theta - p_{xy}\cos2\theta\right)\left(1 + 2\dfrac{R_0^2}{r^2} - 3\dfrac{R_0^4}{r^4}\right) \end{cases} \tag{5-47}$$

三、空间圆形地下工程围岩的弹性应力状态

圆形地下工程在长度有限（图5-13）的情况下，作为平面应变问题处理已不合适，应作为空间问题来处理。建立如下柱坐标系，即以圆形地下工程的圆心为坐标原点，沿径向为 r 轴，环向为 θ 轴，圆形地下工程轴向为 z 轴，其围岩的弹性应力解为（推导过程从略）：

$$\begin{cases} \sigma_r = \dfrac{p_x + p_y}{2}\left(1 - \dfrac{R_0^2}{r^2}\right) + \left(\dfrac{p_x - p_y}{2}\cos2\theta + p_{xy}\sin2\theta\right)\left(1 - 4\dfrac{R_0^2}{r^2} + 3\dfrac{R_0^4}{r^4}\right) \\[3mm] \sigma_\theta = \dfrac{p_x + p_y}{2}\left(1 + \dfrac{R_0^2}{r^2}\right) - \left(\dfrac{p_x - p_y}{2}\cos2\theta + p_{xy}\sin2\theta\right)\left(1 + 3\dfrac{R_0^4}{r^4}\right) \\[3mm] \sigma_z = p_z - 4\mu\left(\dfrac{p_x - p_y}{2}\cos2\theta + p_{xy}\sin2\theta\right)\dfrac{R_0^2}{r^2} \\[3mm] \tau_{r\theta} = -\left(\dfrac{p_x - p_y}{2}\sin2\theta - p_{xy}\cos2\theta\right)\left(1 + 2\dfrac{R_0^2}{r^2} - 3\dfrac{R_0^4}{r^4}\right) \\[3mm] \tau_{\theta z} = (p_{yz}\cos\theta - p_{xz}\sin\theta)\left(1 + \dfrac{R_0^2}{r^2}\right) \\[3mm] \tau_{rz} = (p_{xz}\cos\theta + p_{yz}\sin\theta)\left(1 - \dfrac{R_0^2}{r^2}\right) \end{cases} \tag{5-48}$$

四、非圆形地下工程围岩的弹性应力状态

地下工程的断面形状可以分为折线形和曲线形。折线形主要包括梯形、矩形、正方形、不规则形等；曲线形主要包括圆形、椭圆形、半圆拱形、三心拱形、马蹄形等。

前面主要介绍了圆形地下工程围岩的弹性应力状态，对于其他非圆形地下工程围岩的弹性应力分布，可用弹性力学复变函数方法或数值计算方法求解。下面只介绍一些非圆形地下

工程无支护时(或支护前)围岩内边界上弹性应力的计算公式和计算结果,因弹性应力最大值发生在围岩内边界上,且围岩破坏总是在内边界的最大最危险应力点上首先破坏。

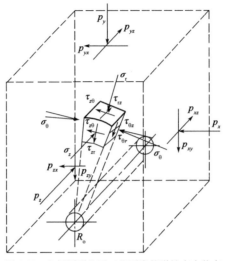

图 5-13　空间圆形地下工程围岩的弹性应力状态

1. 椭圆形地下工程围岩内边界弹性应力

地下工程采用椭圆形断面的并不多,但分析椭圆形地下工程围岩内边界弹性应力,对如何保持围岩的稳定性,在定性上很有启发意义。

在一般原岩应力状态$(p_0$、λp_0,$\lambda < 1$ 或 $\lambda > 1)$下,深埋椭圆形地下工程(图5-14)在无支护条件下围岩内边界切向应力计算公式为:

$$\sigma_\theta = p_0 \frac{m^2\cos^2\theta + 2m\cos^2\theta - \sin^2\theta}{\sin^2\theta + m^2\cos^2\theta} + \lambda p_0 \frac{\sin^2\theta + 2m\sin^2\theta - m^2\cos^2\theta}{\sin^2\theta + m^2\cos^2\theta} \tag{5-49}$$

式中:σ_θ——椭圆隧洞周边上的切向应力,MPa;

m——椭圆的轴比,$m = b/a$,无因次;

a——椭圆沿 x 轴方向的半轴长度,m;

b——椭圆沿 y 轴方向的半轴长度,m;

θ——与横轴(x 轴)方向的夹角,(°)。

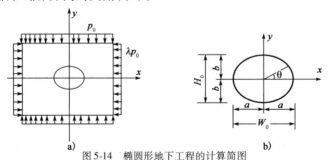

图 5-14　椭圆形地下工程的计算简图

a)椭圆形地下工程围岩的力学模型;b)椭圆形地下工程的断面参数

下面根据式(5-49),讨论几个比较重要的概念。

1)等应力轴比(最佳轴比)

当 $m = 1/\lambda$ 时,代入式(5-49),可得:

$$\sigma_\theta = p_0(1 + \lambda) = \text{const} \tag{5-50}$$

即周边上的切向应力处处相等,故 $m = 1/\lambda$ 称为等应力轴比。也就是说,对于椭圆形断面的地下工程,当长轴方向与原岩最大主应力方向一致,且满足 $m = 1/\lambda$(或 $a = \lambda b$)时,其围岩内边界上切向应力 σ_θ 处处相等,即出现环向等压环,如图5-15所示。

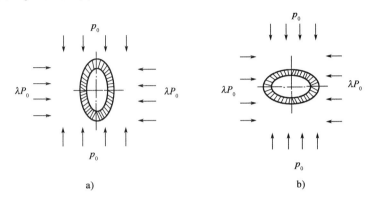

图5-15　轴比 $m = 1/\lambda$ 时椭圆形地下工程围岩内边界的应力分布
a)水平应力系数 $\lambda < 1$ 时;b)水平应力系数 $\lambda > 1$ 时

显然,等应力轴比对地下工程的稳定是最有利的,是工程设计所追求的最佳状态,故又可称之为最佳轴比。等应力轴比与原岩应力的绝对值无关,只与水平应力系数 λ 值有关。由 λ 值,即可确定最佳轴比和最佳断面,即:

①当 $\lambda = 1$ 时,最佳轴比 $m = 1$,即 $a = b$,最佳断面为圆形。

②当 $\lambda < 1$ 时,最佳轴比 $m = 1/\lambda > 1$,最佳断面为 $a = \lambda b$ 的竖椭圆。

③当 $\lambda > 1$ 时,最佳轴比 $m = 1/\lambda < 1$,最佳断面为 $a = \lambda b$ 的卧椭圆。

总之,只要椭圆形断面满足等应力轴比的要求,就能保持地下工程围岩均匀受压,且周边上的应力集中系数最小,对地下工程的稳定最为有利。因此,在设计与生产实践中,如果条件许可,应满足或尽量靠近该轴比。但由于各方面的原因,经常难以满足该轴比,甚至偏离较远,那就需要靠加强支护或其他方法来保证地下工程的稳定。

2)无拉力轴比与零应力轴比

在周边上的某点不出现拉应力的轴比称为该点的无拉力轴比;当某点的切向应力为零时的轴比称为该点的零应力轴比。

当不能满足最佳轴比时,可以退而求其次。岩体抗拉强度最弱,若能找出满足不出现拉应力的轴比,即零应力(无拉力)轴比,对工程设计也具有指导意义。

对于周边上不同的点,其无拉力轴比和零应力轴比是不一样的,下面只分析顶点和两帮中点这两处关键点的无拉力轴比和零应力轴比。当地下工程不能满足最佳轴比时,应控制其轴比满足无拉力的要求。

(1)对顶点 $A(\theta = 90°)$,由式(5-49)可得:

$$\sigma_\theta = (\lambda - 1)p_0 + 2m\lambda p_0 \tag{5-51}$$

当 $\lambda \geqslant 1$ 时,$\sigma_\theta > 0$,故不会出现拉应力和零应力。

当 $\lambda < 1$ 时,无拉力条件为 $\sigma_\theta \geqslant 0$,由式(5-51)可得无拉力轴比为:

$$m \geqslant \frac{1-\lambda}{2\lambda} \qquad (当 \lambda < 1 时) \tag{5-52}$$

上式取等号,即为顶点的零应力轴比,即:

$$m = \frac{1-\lambda}{2\lambda} \qquad (当 \lambda < 1 时) \tag{5-53}$$

(2)对两帮中点 $B(\theta = 0°)$,由式(5-49)可得:

$$\sigma_\theta = \left(1 - \lambda + \frac{2}{m}\right)p_0 \tag{5-54}$$

当 $\lambda \leqslant 1$ 时,$\sigma_\theta > 0$,故不会出现拉应力和零应力。

当 $\lambda > 1$ 时,无拉力条件为 $\sigma_\theta \geqslant 0$,由式(5-51)可得无拉力轴比为:

$$m \leqslant \frac{2}{\lambda - 1} \qquad (当 \lambda > 1 时) \tag{5-55}$$

上式取等号,即为两帮的零应力轴比,即:

$$m = \frac{2}{\lambda - 1} \qquad (当 \lambda > 1 时) \tag{5-56}$$

可见,A、B 两点互不矛盾。当 $\lambda < 1$ 时,应照顾顶点,使其不出现拉应力;当 $\lambda > 1$ 时,应照顾两帮中点,也应使其不出现拉应力为好。

2. 矩形地下工程围岩内边界弹性应力

尽管圆形和椭圆形地下工程由于具有光滑的内边界而应力分布均匀、不易破坏,但是由于施工困难、断面利用率不高等原因在应用上受到限制。在岩石工程中,除用全断面掘进机(TBM)开挖的地下工程为圆形外,大多数钻爆法施工的洞室都是直墙拱形、三心拱形断面,也有矩形、梯形以及不规则的异形断面。

矩形地下工程围岩应力的求解一般很复杂,通常需要弹性理论中的复变函数解法,用圆角近似代替矩形洞室的角点,通过映射变换可以得到地下工程围岩应力的近似弹性解。

对于矩形、正方形地下工程,其围岩内边界上某些特征点的切向应力,可查表 5-2 计算。

矩形(包括正方形)地下工程内边界切向应力计算结果　　　　表 5-2

θ	$a:b=5$		$a:b=3.2$		$a:b=1.8$		$a:b=1$(正方形)		附　　图
	λp_0	p_0	λp_0	p_0	λp_0	p_0	λp_0	p_0	
0°	1.192	−0.940	1.342	−0.980	1.200	−0.801	1.472	−0.808	
45°			3.352	0.821			3.000	3.000	
50°	1.158	−0.644	2.392	−0.193	2.763	2.724	0.980	3.860	
65°	2.692	7.030		6.201	−0.599	5.260			
90°	−0.768	2.420	−0.770	2.152	−0.334	2.030	−0.808	1.472	

注:1. $\lambda < 1$ 时,表中的 θ 角自竖轴起算(表 5-2 中附图);当 $\lambda > 1$ 时,θ 角自横轴起算,表中数据不变。

2. λp_0 栏为水平应力单独作用引起的应力集中系数,p_0 栏为垂直应力单独作用引起的应力集中系数。

3. 表中粗线框内两个系数之和最大。

下面举例说明表 5-2 的用法。例如,某地下工程采用矩形断面,其跨度为 6.4m,高度为 2m,试确定顶点的切向应力。

因 $a/b = 6.4/2 = 3.2, \theta = 0°$,查表 5-2 可得顶点切向应力计算公式为:

$$\sigma_\theta = 1.342\lambda p_0 - 0.98 p_0$$

由表 5-2 可以得到如下结论:

(1) $\lambda = 0$ 时,各种边长比的顶中都出现拉应力,为最不利情况。

(2) $\lambda = 1$ 时,各种边长比的顶中都是压应力,为最有利情况。此时,角部应力集中系数最大,一般 $k = 6 \sim 10$。

(3) 各种边长比,顶中恰不出现拉应力的 λ 值见表 5-3。

矩形(包括正方形)断面顶中不出现拉应力的 λ 值　　　　　　表 5-3

$a:b$	5.0	3.2	1.8	1.0
λ	$0.94/1.192 = 0.79$	$0.98/1.342 = 0.73$	$0.801/1.2 = 0.67$	$0.808/1.472 = 0.55$

图 5-16 给出了宽高比 a/b 和侧压系数 λ 与矩形地下工程周边切向应力之间的关系,其中 $k = \sigma_\theta/p_0$ 为切向应力集中系数。图 5-17 为矩形地下工程的宽高比和角点应力集中系数的关系曲线。

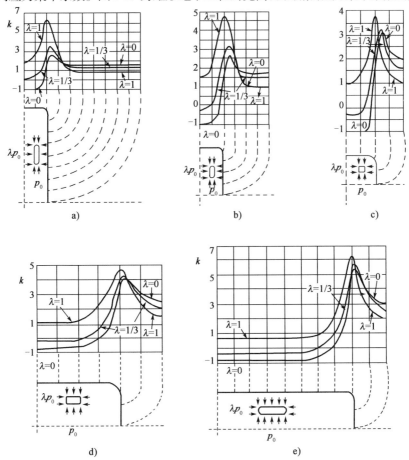

图 5-16　矩形宽高比与对周边切向应力集中系数的影响

a) $a/b = 0.25$; b) $a/b = 0.5$; c) $a/b = 1.0$; d) $a/b = 2.0$; e) $a/b = 4.0$

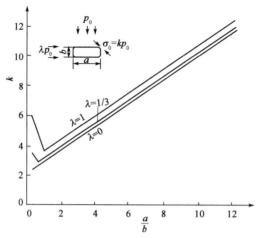

图 5-17 角点应力集中系数与矩形地下工程宽高比的关系

正方形和矩形地下工程在不同水平应力系数条件下,其围岩内边界切向应力分布如图 5-18a)、b)所示。

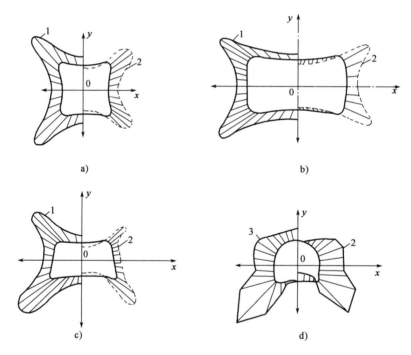

a)   b)

c)   d)

图 5-18 几种典型断面围岩内边界切向应力分布

a)正方形断面;b)矩形断面;c)梯形断面;d)半圆拱断面

1-水平应力系数 $\lambda = 1$ 时;2-$\lambda = \mu/(1-\mu)$ 时(μ 为岩石的泊松比);3-$\lambda = 0.7$ 时

3. 半圆直墙拱地下工程围岩内边界弹性应力

对于其他断面形状比较复杂的地下工程,可根据复变函数方法、光弹模型试验或数值计算方法来确定围岩的弹性应力,图 5-18 为几种常用断面围岩内边界切向应力分布图。

由图 5-18 可以看出：

（1）在各向等压（$\lambda = 1$）或顶、侧压比较接近的情况下，不论哪一种断面形状的地下工程，其围岩内边界切向应力都是压应力。而在顶压（或侧压）为主的条件下，具有平直周边的围岩非常容易出现拉应力。

（2）在拐角处应力集中程度很高。理论计算和试验结果均表明，曲率半径越小，则应力集中越明显；拐角钝化，可使应力的集中程度大大降低。

（3）半圆直墙拱是地下工程常用断面形式，其周边切向应力分布如图 5-18d）所示，在隧洞的角点处周边切向应力最大，当水平应力系数较小时，有可能在顶部或底板出现拉应力。

为方便起见，下面给出半圆直墙拱周边某些点（图 5-19）的切向应力 σ_θ 的计算公式，即：

$$\sigma_\theta = \gamma(\alpha + \beta\lambda)(H' + kr_0) \qquad (5\text{-}57)$$

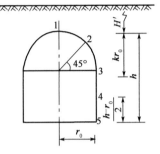

式中：γ——围岩重度，kN/m^3；

　　　λ——水平应力系数，无因次；

　　　H'——地下工程以上覆盖层厚度，m；

　　　r_0——地下工程跨度之半，m；

α、β、k——计算系数，见表 5-4，无因次。

图 5-19　半圆直墙拱形地下工程

半圆直墙拱地下工程围岩内边界切向应力计算系数　　　　　　表 5-4

点　号		宽　　高　　比　　$f = 2r_0/h$							
		2.00	1.40	1.20	1.00	0.90	0.80	0.70	0.60
1	α	−0.9280	−0.9714	−0.9762	−0.9758	−0.9736	−0.9687	−0.9622	−0.9540
	β	2.5400	2.9163	3.0536	3.2138	3.3255	3.4274	3.5595	3.7312
2	α	1.7524	1.4335	1.1530	0.8131	0.6212	0.4458	0.2674	0.0755
	β	−0.0770	0.5339	0.8783	1.2639	1.4994	1.7531	2.0586	2.4482
3	α	5.4252	2.7482	2.3131	2.1908	2.2502	2.3569	2.4112	2.1890
	β	−0.2106	−0.8982	−0.8975	−0.9001	−0.8898	−0.8224	−0.5884	−0.0169
4	α	5.4252	3.1439	2.5824	2.1704	1.9628	1.8105	1.6639	1.5173
	β	−0.2106	−0.6553	−0.7284	−0.7654	−0.7835	−0.7932	−0.8027	−0.8114
5	α	5.4252	3.6359	3.5037	3.4704	3.5827	2.4990	1.2286	0.2020
	β	−0.2106	0.3412	0.7096	1.8451	1.3652	4.0506	4.7732	4.6026
k		0.6161	0.8284	0.9509	1.1145	1.2327	1.3676	1.5443	1.7921

五、围岩应力分布的一般规律

综合以上理论分析结果，可得到以下围岩应力分布的若干规律。

（1）对围岩应力分布规律有显著影响的因素是：原岩应力 p_0 值、水平应力系数 λ、断面形状与尺寸等。

（2）地下工程的断面形状对围岩应力分布的影响往往比其断面大小更为明显，而实际工程中对这一特点往往不够注意。

（3）在各种断面形状中，圆形与椭圆形地下工程围岩的应力集中程度最低；平直周边上容易出现拉应力，拐角处容易产生高度应力集中。因此，应尽量采用曲线形断面来提高地下工程的稳定性。

（4）地下工程的宽高比对围岩的应力分布有重要的影响，断面的最大尺寸方向应尽量与最大来压方向一致。

最后应当指出，以上的二次应力解是在假设岩体为线弹性体的条件下得出的，而自然状态的岩石往往在应力只达到破坏应力的 10% ~ 20% 时就出现了非线性关系。岩体的非线性弹性将使隧洞的应力分布有所调整，使之较线性条件更为均匀。因此，这种弹性解答可看成真实岩体中可能发生应力的上限，用来判断围岩的稳定性是偏于安全的。

第三节　地下工程围岩的弹塑性应力状态

一、一般概念

如前所述，地下工程开挖后围岩应力重分布，产生二次应力，并出现应力集中，在围岩中可能出现两个截然不同的区域，即拉应力区和压应力区。在拉应力区内，若其拉应力达到了岩体的抗拉强度，此区域的岩体将在拉应力作用下发生拉裂破坏。通常情况下，在地下工程顶部和两帮围岩中出现拉应力对地下工程稳定十分不利，所以设计人员常常通过改变地下工程形状或宽高比来消除围岩中的拉应力。在压应力区内，如果围岩压应力处处小于岩体的屈服极限，这时岩体物性状态不变，围岩仍处于弹性状态；反之，压应力超过岩体的屈服极限时，则围岩物性状态改变，围岩进入塑性或破坏状态，在围岩中出现塑性区或破坏区。

下面以最简单的圆形地下工程进行分析，当原岩应力各向等压时，在围岩中通常划分 4 个不同的区域，如图 5-20 所示。地下工程开挖后围岩应力将出现两个显著的变化：一是围岩周边径向应力下降为零，围岩强度明显降低；二是围岩中出现应力集中现象，一般情况下应力集中系数 $k \geqslant 2$。若显著增大的二次应力超过已降低的围岩强度时，围岩将发生压剪破坏，从而在围岩中形成破裂带，即为围岩松动圈。在松动圈之外为塑性区，其特点是该区域的二次应力未超过岩体强度，但超过了岩体的屈服极限，处于塑性变形阶段。在塑性区之外为弹性区，其特点是该区域的岩体仍处于弹性状态。在弹性区之外为原岩应力区，塔罗勃（J. Talober）、卡斯特奈（H. Kastner）等给出了轴对称弹塑性围岩中的应力分布曲线（图 5-20）。

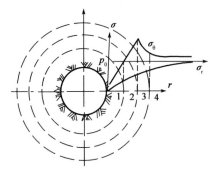

图 5-20　弹塑性围岩应力分布与围岩分区
1-松动圈；2-塑性区；3-弹性区；4-原岩应力区

在围岩不同区域中，由于各点的应力和变形状态不同，岩体的 c、φ 值也相应不同。特别是 c 值，在围岩内边界处最低，随 r 逐渐增大，最后趋于原岩体的数值。与此同时，围岩的变形模量 E 和横向变形系数（泊松比）μ 也随 r 而变化。因此，在围岩应力与变形的计算中应考虑围岩力学参数 c、φ、E、μ 值的变化。即使为简化计算，而视力学参数为常数，那么也应选取一个合适的平均值作为计算参数。

应特别指出的是,当二次应力未超过围岩强度时,一般认为松动圈不存在,此时围岩可划分为塑性区、弹性区和原岩应力区。同时,在弹塑性力学中广泛使用理想弹塑性模型,该模型屈服意味着破裂,其岩体的屈服条件和强度条件完全相同,此时围岩松动圈和塑性区统一为一个塑性区(也叫极限平衡区)。

二、轴对称圆形地下工程围岩的弹塑性分析

首先讨论水平应力系数 $\lambda = 1$ 时无限长圆形地下工程围岩应力的弹塑性解,这是最简单的情况。由于荷载及断面形状均是轴对称的,因此无论是弹性区还是塑性区,应力及变形均仅是 r 的函数,而与 θ 无关,且塑性区是一等厚圆。由于塑性区应力状态是非均匀的,因此作为应力状态函数的塑性区岩体强度 c、φ 值也应是变数。这里为了分析方便,首先给出视 c、φ 值为常数时的解,然后再考虑假定 c、φ 值沿塑性区厚度 r 呈线性变化时的情况。

1. 假定塑性区 c、φ 值为常数

1)基本假设

(1)深埋圆形地下工程,无限长,可作为平面应变问题来处理。

(2)原岩应力各向等压(即 $\lambda = 1$),则构成轴对称平面应变问题。

(3)将围岩分成塑性区(极限平衡区)、弹性区和原岩应力区,如图 5-21 所示。

(4)在塑性区内,岩体符合库仑强度准则,且 c、φ 值为常数。

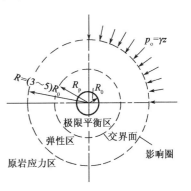

图 5-21　围岩的弹塑性力学模型

2)基本方程

(1)在弹性区内,由弹性力学可知,其弹性应力解为:

$$\left.\begin{array}{c}\sigma_r^e \\ \sigma_\theta^e\end{array}\right\} = A \pm \frac{B}{r^2} \tag{5-58}$$

式中:A、B——待定的积分常数;

　上角标 e——弹性区的量。

(2)在塑性区内,其平衡方程和库仑强度准则分别为:

$$\frac{d\sigma_r^p}{dr} + \frac{\sigma_r^p - \sigma_\theta^p}{r} = 0 \tag{5-59}$$

$$\sigma_\theta^p = \frac{1 + \sin\varphi}{1 - \sin\varphi}\sigma_r^p + \frac{2c\cos\varphi}{1 - \sin\varphi} \tag{5-60}$$

式中:上角标 p——塑性区的量。

3)边界条件

当 $r \to \infty$ 时,$\sigma_r^e = \sigma_\theta^e = p_0$(为原岩应力) $\hspace{3cm}$ (5-61)

当 $r = R_p$(塑性区半径)时,即为弹性区与塑性区的交界处,有:

$$\sigma_r^p = \sigma_r^e, \sigma_\theta^p = \sigma_\theta^e \hspace{3cm} (5\text{-}62)$$

当 $r = R_0$ 时(内边界),有:

$$\sigma_r^p = 0 \quad (无支护时) \hspace{3cm} (5\text{-}63)$$

$$\sigma_r^p = p \quad (有支护时,p 为支护反力) \hspace{2cm} (5\text{-}64)$$

4)解题

将式(5-60)代入式(5-59),可得:

$$\frac{\mathrm{d}\sigma_r^p}{\sigma_r^p + c\cot\varphi} = \frac{2\sin\varphi}{1 - \sin\varphi} \cdot \frac{\mathrm{d}r}{r} \hspace{2cm} (5\text{-}65)$$

积分可得:

$$\ln(\sigma_r^p + c\cot\varphi) = \frac{2\sin\varphi}{1 - \sin\varphi}\ln r + A \hspace{2cm} (5\text{-}66)$$

根据边界条件,即式(5-63)可得无支护条件下的积分常数 A 为:

$$A = \ln(c\cot\varphi) - \frac{2\sin\varphi}{1 - \sin\varphi}\ln R_0 \hspace{2cm} (5\text{-}67)$$

将式(5-67)代入式(5-66)中,可得塑性区的径向应力为:

$$\sigma_r^p = c\cot\varphi\Big[\Big(\frac{r}{R_0}\Big)^{\frac{2\sin\varphi}{1-\sin\varphi}} - 1\Big] \hspace{2cm} (5\text{-}68)$$

将式(5-68)代入式(5-60)中,可得塑性区的切向应力为:

$$\sigma_\theta^p = c\cot\varphi\Big[\frac{1 + \sin\varphi}{1 - \sin\varphi}\Big(\frac{r}{R_0}\Big)^{\frac{2\sin\varphi}{1-\sin\varphi}} - 1\Big] \hspace{1.5cm} (5\text{-}69)$$

上述为塑性区的应力解答,下面求弹性区的应力解答。在弹性区内,其应力解为式(5-58),A、B 为待定的积分常数。根据边界条件(式5-61)可得:$A = p_0$,则有:

$$\left.\begin{array}{l}\sigma_r^e \\ \sigma_\theta^e\end{array}\right\} = p_0 \pm \frac{B}{r^2} \hspace{3cm} (5\text{-}70)$$

根据边界条件(式5-62),以及式(5-68)~式(5-70),可得:

$$p_0 + \frac{B}{R_p^2} = c\cot\varphi\Big[\Big(\frac{R_p}{R_0}\Big)^{\frac{2\sin\varphi}{1-\sin\varphi}} - 1\Big] \hspace{1.5cm} (5\text{-}71)$$

$$p_0 - \frac{B}{R_p^2} = c\cot\varphi\Big[\frac{1 + \sin\varphi}{1 - \sin\varphi}\Big(\frac{R_p}{R_0}\Big)^{\frac{2\sin\varphi}{1-\sin\varphi}} - 1\Big] \hspace{1cm} (5\text{-}72)$$

将式(5-71)和式(5-72)相加,可得:

$$p_0(1 - \sin\varphi) - c\cos\varphi = c\cot\varphi\Big[\Big(\frac{R_p}{R_0}\Big)^{\frac{2\sin\varphi}{1-\sin\varphi}} - 1\Big] \hspace{1cm} (5\text{-}73)$$

将式(5-71)式(5-72)相减,可得积分常数 B 为:

$$B = -R_p^2(p_0\sin\varphi + c\cos\varphi) \hspace{2cm} (5\text{-}74)$$

代入式(5-70),可得弹性区应力为:

$$\left.\begin{array}{l}\sigma_r^e\\[2mm]\sigma_\theta^e\end{array}\right\}=p_0\mp\frac{R_p^2}{r^2}(p_0\sin\varphi+c\cos\varphi)\qquad(5\text{-}75)$$

下面求塑性区半径 R_p，由式（5-73），可得：

$$R_p=R_0\left[\frac{(p_0+c\cot\varphi)(1-\sin\varphi)}{c\cot\varphi}\right]^{\frac{1-\sin\varphi}{2\sin\varphi}}\qquad(5\text{-}76)$$

5）结果

上述为无支护条件下轴对称圆形地下工程的弹塑性应力解，归纳如下。

塑性区应力为：

$$\begin{cases}\sigma_r^p=c\cot\varphi\left[\left(\dfrac{r}{R_0}\right)^{\xi-1}-1\right]\\[4mm]\sigma_\theta^p=c\cot\varphi\left[\xi\left(\dfrac{r}{R_0}\right)^{\xi-1}-1\right]\end{cases}\qquad(5\text{-}77)$$

式中：ξ——与内摩擦角 φ 有关的常数，$\xi=(1+\sin\varphi)/(1-\sin\varphi)$，无因次。

弹性区应力为：

$$\left.\begin{array}{l}\sigma_r^e\\[2mm]\sigma_\theta^e\end{array}\right\}=p_0\mp(p_0\sin\varphi+c\cos\varphi)\left[\frac{(p_0+c\cot\varphi)(1-\sin\varphi)}{c\cot\varphi}\right]^{\frac{2}{\xi-1}}\left(\frac{R_0}{r}\right)^2\qquad(5\text{-}78)$$

塑性区半径为：

$$R_p=R_0\left[\frac{(p_0+c\cot\varphi)(1-\sin\varphi)}{c\cot\varphi}\right]^{\frac{1}{\xi-1}}\qquad(5\text{-}79)$$

在有支护的条件下，根据边界条件（式 3-64），并仿照上述类似的推导过程，可得轴对称圆形地下工程的弹塑性应力解。

塑性区应力为：

$$\begin{cases}\sigma_r^p=(p+c\cos\varphi)\left[\left(\dfrac{r}{R}\right)^{\zeta-1}-1\right]+p\\[4mm]\sigma_\theta^p=(p+c\cos\varphi)\left[\zeta\left(\dfrac{r}{R_0}\right)^{\zeta-1}-1\right]+p\end{cases}\qquad(5\text{-}80)$$

弹性区应力为：

$$\left.\begin{array}{l}\sigma_r^e\\[2mm]\sigma_\theta^e\end{array}\right\}=p_0\mp(p_0\sin\varphi+c\cos\varphi)\left[\frac{(p_0+c\cot\varphi)(1-\sin\varphi)}{p+c\cot\varphi}\right]^{\frac{2}{\xi-1}}\left(\frac{R_0}{r}\right)^2\qquad(5\text{-}81)$$

塑性区半径为：

$$R_p=R_0\left[\frac{(p_0+c\cot\varphi)(1-\sin\varphi)}{p+c\cot\varphi}\right]^{\frac{1}{\xi-1}}\qquad(5\text{-}82)$$

或改写为：

$$p=(p_0+c\cot\varphi)(1-\sin\varphi)\left(\frac{R_0}{R_p}\right)^{\xi-1}-c\cot\varphi\qquad(5\text{-}83)$$

式（5-82）或式（5-83）即是著名的卡斯特奈（H. Kastner）方程，或称为修正的芬纳（Fenner）方程。它与芬纳（Fenner）导出的塑性区半径公式稍有差别，芬纳导出的结果是：

$$R_{\mathrm{p}} = R_0 \left[\frac{c\cot\varphi + p_0(1 - \sin\varphi)}{p + c\cot\varphi} \right]^{\frac{1}{\xi - 1}} \tag{5-84}$$

芬纳公式在推导过程中假设弹、塑性区边界处岩石黏结力 $c = 0$，因而获得的结果不够准确。

6）讨论

从式（5-77）和式（5-79）可以看出：

（1）塑性区的应力与原岩应力无关，这是极限平衡问题的特点之一。

（2）地下工程所处的原岩应力 p_0 越大，塑性区就越大。

（3）地下工程的尺寸，即 R_0 越大，塑性区越大。

（4）支护对围岩的支护反力 p 越大，塑性区半径 R_{p} 就越小。无支护时，其 $p = 0$，则求得的塑性区半径为最大值。

（5）反映岩体强度性质的两个指标 c 和 φ 越小，也就是岩体的强度越低，则塑性区就越大。

在生产实际中，随着围岩位移的增大，塑性区内岩体的 c、φ 值会逐渐降低，最终趋于残余黏结力 c_{r} 和残余内摩擦角 φ_{r}。因此，塑性区的应力会逐渐松弛，塑性区也会逐渐扩大，并最终趋于稳定，达到其最大值。

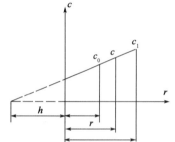

图 5-22 c-r 的关系曲线

2. 黏结力 c 沿半径方向线性变化时，塑性区的应力及其半径

设 $r = R_0$ 处，$c = c_0$（洞壁处围岩的黏结力数值）；$r = R_{\mathrm{p}}$ 处，$c = c_1$（原岩体的黏结力数值）。由图 5-22 可有如下关系：

$$\frac{c_1}{R_{\mathrm{p}} + h} = \frac{c_0}{R_0 + h} = \frac{c}{r + h} \tag{5-85}$$

由式（5-85）可得：

$$h = \frac{c_0 R_{\mathrm{p}} - c_1 R_0}{c_1 - c_0} \tag{5-86}$$

$$c = \frac{c_0 R_{\mathrm{p}} - c_1 R_0 + c_1 r - c_0 r}{R_{\mathrm{p}} - R_0} \tag{5-87}$$

或

$$c = c'(r + h) \tag{5-88}$$

且

$$c' = \frac{c_1}{R_{\mathrm{p}} + h} = \frac{c_1 - c_0}{R_{\mathrm{p}} - R_0} \tag{5-89}$$

当 $c_0 = 0$ 时，由式（5-87）可得：

$$c = \frac{c_1(r - R_0)}{R_{\mathrm{p}} - R_0} \tag{5-90}$$

从图 5-23 可以看出，此时塑性区中每一点库仑—莫尔圆都是不同的。莫尔包络线为一组平行的直线，具有相同的 φ 角而有不同的 c 值。由于每一点的应力圆都与其相应的莫尔包络线相切，因此仍满足塑性条件方程，式（5-60）可改写为：

$$\frac{\sigma_r^p + c c o t\varphi}{\sigma_\theta^p + c c o t\varphi} = \frac{\sigma_r^p + c'(r+h)\cot\varphi}{\sigma_\theta^p + c'(r+h)\cot\varphi} = \frac{1-\sin\varphi}{1+\sin\varphi} = \frac{1}{\xi} \tag{5-91}$$

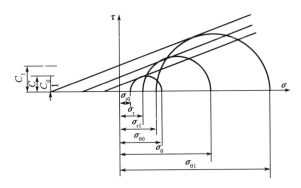

图 5-23　塑性区强度曲线族

平衡方程(5-59)仍能满足,由此得:

$$\frac{d\sigma_r^p}{dr} + \sigma_r^p \frac{1-\xi}{r} = c'(\xi-1)\cot\varphi + \frac{\xi'}{r} \tag{5-92}$$

其中:$\xi' = c'h\cot\varphi(\xi-1)$。

式(5-92)的通解为:

$$\sigma_r^p = h_1 R_0 + h_2 + A r^{\xi-1} \tag{5-93}$$

式中:A——待定的积分常数;

h_1、h_2——常数,其计算公式如下,无因次。

$$h_1 = \frac{c'(\xi-1)\cot\varphi}{2-\xi} = \frac{(c_1-c_0)(\xi-1)\cot\varphi}{(2-\xi)(R_p-R_0)} \tag{5-94}$$

$$h_2 = \frac{\xi'}{1-\xi} = -\frac{(c_0 R_p - c_1 R_0)\cot\varphi}{R_p - R_0} \tag{5-95}$$

按边界条件 $r=R_0$ 时,$\sigma_r^p = p$,由此得积分常数 A 为:

$$A = (p - h_1 R_0 - h_2)\left(\frac{1}{R_0}\right)^{\xi-1} \tag{5-96}$$

将式(5-96)代入式(5-93),可得塑性区的径向应力为:

$$\sigma_r^p = h_1 R_0 + h_2 + (p - h_1 R_0 - h_2)\left(\frac{r}{R_0}\right)^{\xi-1} \tag{5-97}$$

将式(5-97)代入式(5-91),可得塑性区的切向应力为:

$$\sigma_\theta^p = [h_1\xi + c'\cot\varphi(\xi-1)]r + [h_2\xi + c'h\cot\varphi(\xi-1)] +$$
$$(p + h_1 R_0 - h_2)\xi\left(\frac{r}{R_0}\right)^{\xi-1} \tag{5-98}$$

当 $c_0 = c_1 = c$ 时,式(5-97)和式(5-98)即为式(5-80)。

根据式(5-70),在弹性区及弹塑性区交界面($r=R_p$)上,有:

$$\sigma_r^p + \sigma_\theta^p = 2p_0 \tag{5-99}$$

将式(5-97)和式(5-98)代入式(5-99),可得支护反力与塑性区半径之间的关系式为:

$$p = \left\{ p_0 - \left[\frac{3(c_1 - c_0)(\xi - 1)}{2(R_p - R_0)(2 - \xi)} \cot\varphi \right] R_0 + \frac{c_0 R_p - c_1 R_0}{R_p - R_0} \cot\varphi \right\} \cdot (1 - \sin\varphi) \left(\frac{R_0}{R_p} \right)^{\xi - 1} +$$

$$\left[\frac{(c_1 - c_0)(\xi - 1)}{(R_p - R_0)(2 - \xi)} \cot\varphi \right] R_0 - \frac{c_0 R_p - c_1 R_0}{R_p - R_0} \cot\varphi \tag{5-100}$$

当无支护时，$p = 0$，按上式便可求得最大的塑性区半径。该方程可用计算机求解，当 $c_0 = c_1 = c$ 时，上式即为卡斯特奈公式（式5-83）。

塑性区半径的计算是相当重要的，据此可以确定锚杆的支护参数，以及作用在刚性支护上的松动地压。

三、一般圆形地下工程围岩的弹塑性分析——鲁宾涅特解

1. 计算原则（图5-24）

总塑性区半径 r_p = 轴对称塑性区半径 R_p + 与 θ 有关的塑性区半径 $R_p f(\theta)$。

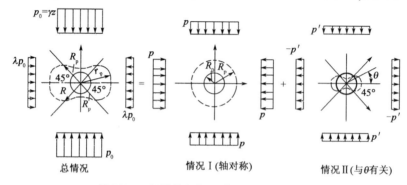

图5-24　一般圆形地下工程弹塑性分析解题途径

2. 塑性区半径计算结果

在塑性区内，仍然采用斜直线的库仑—莫尔准则，并假设 c、φ 为常数。鲁宾涅特（K. B. Руппенеит）于1954年得到了一般圆形隧洞塑性区半径计算公式，即：

$$r_p = R_p + R_p f(\theta)$$

$$= R_0 \left\{ \frac{[p_0(1 + \lambda) + 2c\cot\varphi](1 - \sin\varphi)}{2p + 2c\cot\varphi} \right\}^{\frac{1 - \sin\varphi}{2\sin\varphi}} \cdot \left\{ 1 + \frac{p_0(1 - \lambda)(1 - \sin\varphi)\cos 2\theta}{[p_0(1 + \lambda) + 2c\cot\varphi]\sin\varphi} \right\} \tag{5-101}$$

3. 讨论

（1）当 $\lambda = 1$ 时，$r_p = R_p$，与轴对称的卡氏公式相同。

（2）一般圆形地下工程的塑性区半径与 θ 有关。在 $\lambda < 1$ 条件下，$\theta = 0°$ 时的 r_p 最大，$r_p > R_p$；$\theta = 45°$ 时，$r_p = R_p$；$\theta = 90°$ 时，r_p 最小，$r_p < R_p$。塑性区的形态如图5-24所示。

四、非圆形地下工程围岩的弹塑性分析

在前面的各种分析中，都是以圆形地下工程为基础的。当地下工程断面形状不是圆形时，相应的公式已不再适用，难于找到理论上的解析解，此时可借助数值计算方法，如有限元法或

边界元法近似求解。

图 5-25 给出了半圆拱与正方形地下工程围岩中近似的塑性区轮廓线,同时该图显示了不同 λ 值与不同 c/p_0 值对塑性区形状与范围的影响。

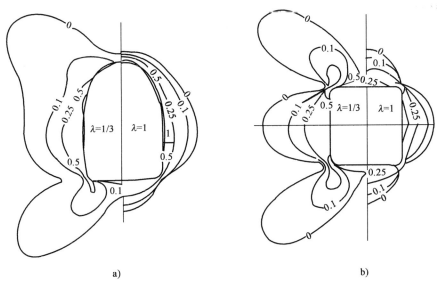

a)   b)

图 5-25　不同断面形状地下工程的近似塑性区边界线(数字表示 c/p_0 值)

a)半圆拱断面;b)正方形断面

综上所述,隧洞开挖后如果不加支护,地下工程围岩将会经过应力集中→形成塑性区→产生向地下空间内位移→塑性区进一步扩大→围岩松弛、崩塌、破坏等几个过程。这个过程视围岩的性质、地下工程断面形状与尺寸,有长有短,也并不是所有地下工程围岩破坏都要经过上述几个阶段。例如,在整体、坚硬的脆性岩体中可能形成围岩的自稳;在松散岩体中,地下工程围岩会迅速坍塌等。地下工程围岩这个力学过程基本上决定了围岩压力的性质以及围岩失稳破坏的不同方式。

第四节　地下工程围岩的位移

一、弹性位移

应力的变化必然引起围岩的变形。地下工程围岩的弹性位移是指整个围岩处于弹性状态时在应力作用下而产生的变形。

1.弹性位移的特点

周边径向位移最大,但量级小(以毫米计),完成速度快(以声速计),一般不危及断面使用与地下工程的稳定。

2.轴对称圆形地下工程围岩的弹性位移

在第二节中,已推导出轴对称圆形地下工程围岩的弹性位移(式 5-20),即:

$$u = \frac{1 + \mu}{E}\left[\frac{R_0^2}{r} + (1 - 2\mu)r\right]p_0 \tag{5-102}$$

式(5-102)计算的位移为围岩的绝对位移。在实际工程中,有意义的是开掘地下工程后围岩产生的相对位移,即应从绝对位移中减去地下工程开掘前在原岩应力状态下已产生的原始位移。

设原始位移为 u_0,相对位移为 u',故有:

$$u' = u - u_0 = u - u\big|_{R_0 = 0} = \frac{1 + \mu}{E}p_0\frac{R_0^2}{r} \tag{5-103}$$

在地下工程围岩内边上($r = R_0$),其相对位移为:

$$u' = \frac{1 + \mu}{E}p_0 R_0 \tag{5-104}$$

3. 一般圆形地下工程围岩的弹性位移

解题途径与求解弹性应力时相同,即情况 I 的位移解与情况 II 的位移解叠加,便得到该问题的解。情况 I 的径向位移为式(5-102),其切向位移 $v = 0$。下面求情况 II 的位移解。

1)基本方程

几何方程:

$$\begin{cases} \varepsilon_r = \dfrac{\partial u}{\partial r} \\ \varepsilon_\theta = \dfrac{1}{r}\left(u + \dfrac{\partial v}{\partial \theta}\right) \end{cases} \tag{5-105}$$

本构方程(平面应变问题):

$$\begin{cases} \varepsilon_r = \dfrac{1 - \mu^2}{E}\left(\sigma_r - \dfrac{\mu}{1 - \mu}\sigma_\theta\right) \\ \varepsilon_\theta = \dfrac{1 - \mu^2}{E}\left(\sigma_\theta - \dfrac{\mu}{1 - \mu}\sigma_r\right) \end{cases} \tag{5-106}$$

应力解为式(5-34),即:

$$\begin{cases} \sigma_r = -p'\left(1 - 4\dfrac{R_0^2}{r^2} + 3\dfrac{R_0^4}{r^4}\right)\cos 2\theta \\ \sigma_\theta = p'\left(1 + 3\dfrac{R_0^4}{r^4}\right)\cos 2\theta \end{cases} \tag{5-107}$$

2)解题

由式(5-105)~式(5-107)可得:

$$\begin{aligned} \frac{\partial u}{\partial r} = \varepsilon_r &= \frac{1 - \mu^2}{E}\left(\sigma_r - \frac{\mu}{1 - \mu}\sigma_\theta\right) \\ &= -\frac{1 - \mu^2}{E}\left[\left(1 - 4\frac{R_0^2}{r^2} + 3\frac{R_0^4}{r^4}\right) + \frac{\mu}{1 - \mu}\left(1 + 3\frac{R_0^4}{r^4}\right)\right]p'\cos 2\theta \end{aligned}$$

对 r 积分,可得:

$$u = -\frac{r(1 - \mu^2)}{E}\left[\left(1 + 4\frac{R_0^2}{r^2} - \frac{R_0^4}{r^4}\right) + \frac{\mu}{1 - \mu}\left(1 - \frac{R_0^4}{r^4}\right)\right]p'\cos 2\theta + f_1(\theta) \tag{5-108}$$

上式中的 $f_1(\theta)$ 只包含 θ 的函数,所反映的位移属于刚性位移,如果选择坐标原点(即地下工程的中心点)在相对静止的点上,则刚性位移为零,即 $f_1(\theta) = 0$。

同样根据式(5-105)~式(5-107),可有:

$$\frac{\partial v}{\partial \theta} = r\varepsilon_\theta - u = \frac{r(1-\mu^2)}{E}\left(\sigma_\theta - \frac{\mu}{1-\mu}\sigma_r\right) - u$$

$$= \frac{2r(1-\mu^2)}{E}\left[\left(1 + 2\frac{R_0^2}{r^2} + \frac{R_0^4}{r^4}\right) + \frac{\mu}{1-\mu}\left(1 - 2\frac{R_0^2}{r^4} + \frac{R_0^4}{r^4}\right)\right]p'\cos2\theta$$

对 θ 积分,可得:

$$v = \frac{r(1-\mu^2)}{E}\left[\left(1 + 2\frac{R_0^2}{r^2} + \frac{R_0^4}{r^4}\right) + \frac{\mu}{1-\mu}\left(1 - 2\frac{R_0^2}{r^4} + \frac{R_0^4}{r^4}\right)\right]p'\sin2\theta + f_2(r) \quad (5-109)$$

上式中的 $f_2(r)$ 只包含 r 的函数,所反映的位移也属于刚性位移,如果选择坐标原点(即地下工程的中心点)在相对静止的点上,其值为零,即 $f_2(r) = 0$。

将情况 Ⅰ 与情况 Ⅱ 的位移解叠加,则得总位移解为:

$$\begin{cases} u = \dfrac{r(1+\mu)p_0}{2E}\left\{\left(1 - 2\mu + \dfrac{R_0^2}{r^2}\right)(1+\lambda) - \left[1 + 4(1-\mu)\dfrac{R_0^2}{r^2} - \dfrac{R_0^4}{r^4}\right](1-\lambda)\cos2\theta\right\} \\[3mm] v = \dfrac{r(1+\mu)p_0}{2E}\left[1 + 2(1-2\mu)\dfrac{R_0^2}{r^2} + \dfrac{R_0^4}{r^4}\right](1-\lambda)\sin2\theta \end{cases}$$

$$(5-110)$$

上式所确定的位移为绝对位移,在实际工程中有意义的是相对位移,即应从绝对位移中扣除地下工程开挖前的原始位移。

原始位移可由式(5-110)令 $R_0 = 0$ 得到,即:

$$\begin{cases} u_0 = \dfrac{r(1+\mu)p_0}{2E}\left[(1-2\mu)(1+\lambda) - (1-\lambda)\cos2\theta\right] \\[3mm] v_0 = \dfrac{r(1+\mu)p_0}{2E}(1-\lambda)\sin2\theta \end{cases} \quad (5-111)$$

则,相对位移为:

$$\begin{cases} u' = u - u_0 = \dfrac{r(1+\mu)p_0}{2E}\left\{(1+\lambda)\dfrac{R_0^2}{r^2} - \left[4(1-\mu)\dfrac{R_0^2}{r^2} - \dfrac{R_0^4}{r^4}\right](1-\lambda)\cos2\theta\right\} \\[3mm] v = v - v_0 = \dfrac{r(1+\mu)p_0}{2E}\left[2(1-2\mu)\dfrac{R_0^2}{r^2} + \dfrac{R_0^4}{r^4}\right](1-\lambda)\sin2\theta \end{cases}$$

$$(5-112)$$

周边上的相对位移为:

$$\begin{cases} u' = \dfrac{R_0(1+\mu)p_0}{2E}\left[1 + \lambda - (3-4\mu)(1-\lambda)\cos2\theta\right] \\[3mm] v' = \dfrac{R_0(1+\mu)p_0}{2E}(3-4\mu)(1-\lambda)\sin2\theta \end{cases}$$

$$(5-113)$$

二、弹塑性位移

1. 弹塑性小变形理论

围岩进入弹塑性变形阶段后,其本构关系(即本构方程)将与弹性阶段有所不同。在线弹性变形阶段,围岩的本构关系为熟知的广义胡克定律,即:

$$\begin{cases} \varepsilon_r = \dfrac{1}{E}\left[\sigma_r - \mu(\sigma_\theta + \sigma_z)\right] \\[2mm] \varepsilon_\theta = \dfrac{1}{E}\left[\sigma_\theta - \mu(\sigma_r + \sigma_z)\right] \\[2mm] \varepsilon_z = \dfrac{1}{E}\left[\sigma_z - \mu(\sigma_r + \sigma_\theta)\right] \\[2mm] \gamma_{r\theta} = \dfrac{1}{G}\tau_{r\theta} \\[2mm] \gamma_{\theta z} = \dfrac{1}{G}\tau_{\theta z} \\[2mm] \gamma_{zr} = \dfrac{1}{G}\tau_{zr} \end{cases} \tag{5-114}$$

将式(5-114)中的前三式相加,可得:

$$\varepsilon_r + \varepsilon_\theta + \varepsilon_z = \frac{1-2\mu}{E}(\sigma_r + \sigma_\theta + \sigma_z)$$

令 $\sigma_m = (\sigma_r + \sigma_\theta + \sigma_z)/3$,称为平均应力;$\varepsilon_m = (\varepsilon_r + \varepsilon_\theta + \varepsilon_z)/3$,称为平均应变;$K = E/(1-2\mu)$,称为体积弹模,则

$$\varepsilon_m = \sigma_m/K \tag{5-115}$$

引入平均应力和平均应变的概念以后,广义胡克定律变为:

$$\begin{cases} \varepsilon_r - \varepsilon_m = \dfrac{1}{2G}(\sigma_r - \sigma_m) \\[2mm] \varepsilon_\theta - \varepsilon_m = \dfrac{1}{2G}(\sigma_\theta - \sigma_m) \\[2mm] \varepsilon_z - \varepsilon_m = \dfrac{1}{2G}(\sigma_z - \sigma_m) \\[2mm] \gamma_{r\theta} = \dfrac{1}{G}\tau_{r\theta} \\[2mm] \gamma_{\theta z} = \dfrac{1}{G}\tau_{\theta z} \\[2mm] \gamma_{zr} = \dfrac{1}{G}\tau_{zr} \end{cases} \tag{5-116}$$

式中:G——剪切模量,$G = E/2(1+\mu)$,MPa。

在塑性变形阶段,应力应变的关系是非线性的。类似于广义胡克定律,根卡提出应以

$G' = G/\psi$ 来代替式(5-116)中的 G,从而得到弹塑性本构方程为:

$$
\begin{cases}
\varepsilon_r - \varepsilon_m = \dfrac{\psi}{2G}(\sigma_r - \sigma_m) \\[2mm]
\varepsilon_\theta - \varepsilon_m = \dfrac{\psi}{2G}(\sigma_\theta - \sigma_m) \\[2mm]
\varepsilon_z - \varepsilon_m = \dfrac{\psi}{2G}(\sigma_z - \sigma_m) \\[2mm]
\gamma_{r\theta} = \dfrac{\psi}{G}\tau_{r\theta} \\[2mm]
\gamma_{\theta z} = \dfrac{\psi}{G}\tau_{\theta z} \\[2mm]
\gamma_{zr} = \dfrac{\psi}{G}\tau_{zr}
\end{cases}
\tag{5-117}
$$

式中:ψ——塑性参数,无因次。

当岩体处于弹性变形阶段时,$\psi = 1$,根卡方程即为广义胡克定律。在传统的塑性理论中,一般认为材料进入塑性阶段后,泊松比 $\mu = 0.5$,则 $K = E/(1 - 2\mu) \to \infty$,$\varepsilon_m = \sigma_m/K = 0$。即认为塑性变形时,物体的体积基本上保持不变,则根卡方程变为:

$$
\begin{cases}
\varepsilon_r = \dfrac{\psi}{2G}(\sigma_r - \sigma_m) \\[2mm]
\varepsilon_\theta = \dfrac{\psi}{2G}(\sigma_\theta - \sigma_m) \\[2mm]
\varepsilon_z = \dfrac{\psi}{2G}(\sigma_z - \sigma_m) \\[2mm]
\gamma_{r\theta} = \dfrac{\psi}{G}\tau_{r\theta} \\[2mm]
\gamma_{\theta z} = \dfrac{\psi}{G}\tau_{\theta z} \\[2mm]
\gamma_{zr} = \dfrac{\psi}{G}\tau_{zr}
\end{cases}
\tag{5-118}
$$

地下工程多简化为平面应变问题,此时 $\varepsilon_z = \gamma_{\theta z} = \gamma_{zr} = 0$,则有:

$$
\sigma_z = \sigma_m = \frac{1}{3}(\sigma_r + \sigma_\theta + \sigma_z) = \frac{1}{3}(\sigma_r + \sigma_\theta + \sigma_m)
$$

即:

$$
\sigma_m = \frac{1}{2}(\sigma_r + \sigma_\theta)
\tag{5-119}
$$

将式(5-119)代入式(5-118),可得平面应变问题的弹塑性本构方程为:

$$
\begin{cases}
\varepsilon_r = \dfrac{\psi}{4G}(\sigma_r - \sigma_\theta) \\[2mm]
\varepsilon_\theta = \dfrac{\psi}{4G}(\sigma_\theta - \sigma_r) \\[2mm]
\gamma_{r\theta} = \dfrac{\psi}{G}\tau_{r\theta}
\end{cases}
\tag{5-120}
$$

2. 轴对称圆形地下工程的弹塑性位移

1）基本方程

几何方程：

$$\begin{cases} \varepsilon_\theta = \dfrac{u}{r} \\[2mm] \varepsilon_r = \dfrac{\mathrm{d}u}{\mathrm{d}r} \end{cases} \tag{5-121}$$

本构方程：

$$\varepsilon_\theta = -\varepsilon_r = \frac{\psi}{4G}(\sigma_\theta - \sigma_r) \tag{5-122}$$

2）边界条件

在弹性区与塑性区的交界面上（$r = R_p$）时，有 $\psi = 1$。

3）解题

由几何方程，可得：

$$\frac{\mathrm{d}\varepsilon_\theta}{\mathrm{d}r} = \frac{1}{r}\left(\frac{\mathrm{d}u}{\mathrm{d}r} - \frac{u}{r}\right) = \frac{1}{r}(\varepsilon_r - \varepsilon_\theta) = -\frac{2\varepsilon_\theta}{r}$$

即：

$$\frac{\mathrm{d}\varepsilon_\theta}{\varepsilon_\theta} = -2\frac{\mathrm{d}r}{r}$$

积分得：

$$\varepsilon_\theta = Ar^{-2} \tag{5-123}$$

式中：A——积分常数，无因次。

对比式（5-122）和式（5-123），可知：

$$A = \frac{\psi r^2}{4G}(\sigma_\theta - \sigma_r) \tag{5-124}$$

下面根据边界条件确定积分常数。当 $r = R_p$ 时，$\psi = 1$，且由式（5-80），有：

$$\begin{cases} \sigma_r = (p + c\cot\varphi)\left[\left(\dfrac{R_p}{R_0}\right)^{\frac{2\sin\varphi}{1-\sin\varphi}} - 1\right] + p \\[4mm] \sigma_\theta = (p + c\cot\varphi)\left[\dfrac{1 + \sin\varphi}{1 - \sin\varphi}\left(\dfrac{R_p}{R_0}\right)^{\frac{2\sin\varphi}{1-\sin\varphi}} - 1\right] + p \end{cases} \tag{5-125}$$

代入式（5-124），可得：

$$A = \frac{R_p^2}{4G}(p + c\cot\varphi)\left(\frac{2\sin\varphi}{1 - \sin\varphi}\right)\left(\frac{R_p}{R_0}\right)^{\frac{2\sin\varphi}{1-\sin\varphi}} \tag{5-126}$$

由式（5-83），可知：

$$\left(\frac{R_p}{R_0}\right)^{\frac{2\sin\varphi}{1-\sin\varphi}} = \frac{(p_0 + c\cot\varphi)(1 - \sin\varphi)}{p + c\cot\varphi}$$

代入式（5-126），可得：

$$A = \frac{R_p^2}{2G}(p_0 + c\cot\varphi)\sin\varphi \tag{5-127}$$

代入式(5-123),并由几何方程式(5-121),可得轴对称圆形地下工程弹塑性位移计算公式为:

$$u = r\varepsilon_\theta = \frac{A}{r} = \frac{R_p^2}{2Gr}(p_0 + c\cot\varphi)\sin\varphi \tag{5-128}$$

式(5-128)表明,塑性区位移与塑性区半径 R_p、岩石的力学参数 G、c、φ,以及原岩应力 p_0 有关。

取 $r = R_0$,并将式(5-82)代入,可得圆形地下工程围岩内边界弹塑性位移计算公式为:

$$u_0 = \frac{R_0\sin\varphi(p_0 + c\cot\varphi)}{2G}\left[\frac{(p_0 + c\cot\varphi)(1 - \sin\varphi)}{p + c\cot\varphi}\right]^{\frac{1 - \sin\varphi}{\sin\varphi}} \tag{5-129}$$

3. 一般圆形地下工程的弹塑性位移

一般圆形地下工程弹塑性位移计算公式为(推导过程从略):

$$u = \frac{1}{4Gr}[R_p^2 + (1 + \lambda)R_p f(\theta)]\left\{\sin\varphi[(1 + \lambda)p_0 + 2c\cot\varphi]\right\} \cdot$$
$$\left[1 + \frac{(1 - \lambda)\sin\varphi}{R_p(1 - \sin\varphi)}f(\theta)\right] - p_0(1 - \lambda)\cos2\theta \tag{5-130}$$

其中:

$$R_p = R_0\left\{\frac{[(1 + \lambda)p_0 + 2c\cot\varphi](1 - \sin\varphi)}{p + 2c\cot\varphi}\right\}^{\frac{1 - \sin\varphi}{2\sin\varphi}}$$

$$f(\theta) = \frac{2R_p(1 - \sin\varphi)p_0}{[(1 - \lambda)p_0 + 2c\cot\varphi]\sin\varphi}\cos2\theta$$

原岩应力各向等压时,$\lambda = 1$,式(5-130)与式(5-128)完全相同。

在式(5-130)中,取 $r = R_0$,即得地下工程围岩内边界的弹塑性位移计算公式。

第五节　地下工程围岩稳定性判别

上述围岩应力及位移的计算,其主要用途就是要对地下工程的稳定性作出判断,以便作出正确的设计,并指导施工。

一、无支护地下工程围岩失稳破坏的形式

由前述可知,地下工程开挖后在围岩中将产生一系列的力学现象,如应力的重新分布、围岩性质的改变、地下工程断面的缩小,以及地下工程稳定性的丧失等。但归根结底,还是稳定性的问题。无支护地下工程围岩有三种丧失稳定的形式。

(1)由于破碎岩体的自重作用,超过它们脱离岩体的阻力而在顶部、较少的在侧壁造成局部坍塌。

(2)由于应力重新分布的结果,造成应力集中区。高度集中的应力超过岩体的强度而使围岩发生破坏或崩塌。

(3)在塑性或流变岩体中,稳定性的丧失是由于塑性变形或蠕变变形的结果,使围岩产生

了过量的位移,但无明显的破裂迹象。

层状顶板由于离层、断裂而坍塌,或由于大断裂使顶板岩块下坠或滑移,以及断层破碎带顶板冒落等,皆属于第一种失稳形式,它与地质构造情况关系密切,其稳定性多采用地质测绘并结合力学分析的方法来加以判断。与局部崩塌不同,后两种失稳现象与围岩抵抗破坏的性质(强度、变形性质……)及地下工程埋深(开挖前的原始应力状态)等有关。

二、无支护地下工程围岩稳定性的判别方法

1. 强度准则法

在脆性岩体中,一般来说,由于围岩不满足强度条件而产生的破坏比周边位移达到极限值来得早一些。此时,应采用强度准则法判断围岩是否稳定。

采用强度准则法,首先应通过试验确定围岩遵循的强度理论及有关参数。在地下工程中,常采用库仑强度理论,即:

$$|\tau| = c + \sigma\tan\varphi \tag{5-131}$$

式中:τ——剪切破坏面上的剪应力,MPa;

σ——剪切破坏面上的正应力,MPa;

c——围岩的黏结力,MPa;

φ——围岩的内摩擦角,(°)。

围岩的黏结力 c 和内摩擦角 φ 应通过试验确定。

库仑定律用主应力表示为:

$$\sigma_1 = \frac{2c\cos\varphi}{1 - \sin\varphi} + \sigma_3\frac{1 + \sin\varphi}{1 - \sin\varphi} \tag{5-132}$$

当围岩中某点的最大主应力 σ_1 和最小主应力 σ_3 满足上式关系时,该点将发生剪切破坏。通过前面的分析可以看出,破坏的危险点在围岩的内边界上。对于无支护地下工程(或支护前),围岩内边界最大切向应力 $\sigma_{\theta max}$ 若为最大主应力,内边界径向应力 $\sigma_r = 0$ 则为最小主应力,轴向应力 σ_z 为中间主应力,则库仑定律强度准则法判别式为:

$$\sigma_{\theta max} < \frac{2c\cos\varphi}{1 - \sin\varphi} \tag{5-133}$$

围岩内边界最大切向应力 $\sigma_{\theta max}$ 可通过理论计算或实测得到。式(5-133)的关系得以满足时,围岩不会发生强度破坏,是稳定的;否则,围岩将在最大切向应力 $\sigma_{\theta max}$ 的危险点率先破坏。

在评价稳定性时,通常采用应力集中系数进行理论计算。

$$\sigma_\theta = kp_0 \tag{5-134}$$

式中:σ_θ——地下工程内边界切向应力,MPa;

p_0——原岩应力,MPa;

k——应力集中系数,无因次。

对于圆形地下工程,根据式(5-36),有:

$$k = 1 + \lambda + 2(1 - \lambda)\cos2\theta \tag{5-135}$$

对于椭圆形地下工程,根据式(5-49),有:

$$k = \frac{m^2\cos^2\theta + 2m\cos^2\theta - \sin^2\theta}{\sin^2\theta + m^2\cos^2\theta} + \lambda\,\frac{\sin^2\theta + 2m\sin^2\theta - m^2\cos^2\theta}{\sin^2\theta + m^2\cos^2\theta} \tag{5-136}$$

式中:m——椭圆的轴比,$m = b/a$,无因次;

a——椭圆沿 x 轴方向的半轴长度,m;

b——椭圆沿 y 轴方向的半轴长度,m;

θ——与横轴(x 轴)方向的夹角,(°)。

按式(5-135)和式(5-136)可确定最大应力集中系数,从而确定最大切向应力。通常情况下,重点考察顶底板和两帮中点的切向应力。对其他各种形状地下工程,可根据数值计算方法或实验数据求得各关键点上的 K 值。在设计时,可利用表5-5查取。在使用表5-5时,如 $\lambda >$ 1,则按 $1/\lambda$ 查表,且 K_1 与 K_2 互换。

地下工程周边应力集中系数 表5-5

巷道形状	$\dfrac{a}{b}$	$\lambda = 0$		$\lambda = 0.25$		$\lambda = 0.5$		$\lambda = 0.75$		$\lambda = 1$	
		$\theta = 0$	$\theta = \dfrac{\pi}{2}$	$\theta = 0$	$\theta = \dfrac{\pi}{2}$	$\theta = 0$	$\theta = \dfrac{\pi}{2}$	$\theta = 0$	$\theta = \dfrac{\pi}{2}$	$\theta = 0$	$\theta = \dfrac{\pi}{2}$
		K_1	K_2	K_1	K_2	K_1	K_2	K_1	K_2	K_1	K_2
圆形	1	3.00	-1.00	2.75	-0.25	2.50	0.50	2.25	1.25	2.00	2.00
椭圆形	1/2	2.00	-1.00	1.75	0.25	1.50	1.50	1.25	2.75	1.00	4.00
	4/7	2.14	-1.00	1.89	0.12	1.64	1.25	1.39	2.37	1.14	3.50
	2/3	2.33	-1.00	2.08	0	1.83	1.00	1.58	2.00	1.33	3.00
	4/5	2.60	-1.00	2.35	-0.12	2.10	0.75	1.85	1.62	1.60	2.50
	5/4	3.50	-1.00	3.25	-0.35	3.00	0.30	2.75	0.95	2.50	1.60
	3/2	4.00	-1.00	3.75	-0.42	3.50	0.17	3.25	0.75	3.00	1.33
	7/4	4.50	-1.00	4.25	-0.47	4.00	0.07	3.75	0.60	3.50	1.14
	2/1	5.00	-1.00	4.75	-0.50	4.50	0	4.25	0.50	4.00	1.00
矩形	1/1	1.47	-0.8	1.27	-0.44	1.07	-0.06	0.87	0.30	0.67	0.67
	3/2	2.15	-0.98	1.96	-0.62	1.76	0.31	1.57	0.07	1.38	0.36
	2/3	1.34	-0.77	1.09	-0.23	0.85	0.31	0.60	0.84	0.36	1.38
	5/1	2.42	-0.94	2.23	-0.64	2.03	-0.36	1.84	-0.16	1.65	0.25
	1/5	1.19	-0.77	0.96	-0.16	0.72	0.44	0.48	1.04	0.25	1.65

2. 变形准则法

对于变形量较大的塑性岩体,可运用变形准则来判断其稳定性。其实质是用实测的地下工程围岩实际变形量与极限变形值相比较,来判断围岩是否稳定。

围岩位移是地压显现形式之一,是多种因素综合作用的结果,反映了围岩稳定的动态过程,因此是一种很直接的判断方法。目前,已提出按位移判断围岩稳定性的判据有以下几种。

1)位移变化速率$\dfrac{\mathrm{d}u}{\mathrm{d}t}$

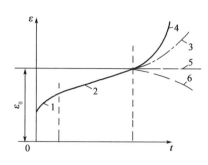

图 5-26　蠕变曲线的不同阶段

1-减速段；2-匀速段；3-加速段；4-大加速段；
5-零速段；6-负减速段

有些学者认为蠕变曲线(图 5-26)的不同阶段,分别对应着围岩的不同稳定状态:减速段反映围岩变形向稳定方向转化;匀速段反映围岩可能稳定,但也可能向不稳定方向转化;加速段是围岩即将失稳的前兆,如果加速较大,表示围岩即将崩塌;负减速段反映围岩压密,这往往是由于支护作用的结果;零速段则说明围岩已经稳定。

2)初期位移速率$\left(\dfrac{\mathrm{d}u}{\mathrm{d}t}\right)_{初}$

量测最初 3~4d 内的围岩周边位移 u,求出$\left(\dfrac{\mathrm{d}u}{\mathrm{d}t}\right)_{初}$。数值越大,表示围岩的稳定性越差。

3)位移极限值 $u_{\max}$

这种观点认为,如果围岩位移量小于围岩极限位移值,就是稳定的。

4)位移稳定时间 T

这是位移经过急剧增大、缓慢增长直到稳定的总时间,其组成可用下式表示,即:

$$T = t_0 + t_1 + t_2 \tag{5-137}$$

式中:t_0——测试断面掘出至埋设观测点的时间,d;

$\quad t_1$——观测点安设到初读数的时间,d;

$\quad t_2$——测读开始至位移基本稳定的时间,d。

位移稳定时间 T 越小,说明地下工程稳定性越好。

例如,在《岩土锚杆与喷射混凝土支护工程技术规范》(GB 50086—2015)中规定:现场监控量测的各类数据均应及时绘制成时态曲线。当位移时态曲线的曲率趋于平稳时,应对数据进行回归分析或其他数学方法分析,以推算最终位移值,确定位移变化规律。隧洞周边的实测相对收敛值或用回归分析推算的最终相对收敛值均应小于表5-6所列数据。当位移速率无明显下降,而此时实测位移相对收敛值已接近表5-6中规定的数值,同时支护混凝土表面已出现明显裂缝,部分预应力锚杆实测拉力值变化已超过拉力设计值的10%;或者实测位移收敛速率出现急剧增长时,则应立即停止开挖,采取补强措施,并调整支护参数和施工程序。

隧洞、洞室周边允许相对收敛值(%)　　　　表 5-6

围岩级别 埋深(m)	<50	50~300	>300
Ⅲ	0.10~0.30	0.20~0.50	0.40~1.20
Ⅳ	0.15~0.50	0.40~1.20	0.80~2.00
Ⅴ	0.20~0.80	0.60~1.60	1.00~3.00

注:1.洞周相对收敛值是指两测点间实测位移值(收敛值)与两测点间距之比,或拱顶位移实测值与隧道宽度之比;

　　2.脆性围岩取表中较小值,塑性围岩取表中较大值。

同时还规定:采用分期支护的地下工程,后期支护的施作,应在隧洞位移同时达到下列三项标准时进行:

(1)连续 5 天内隧洞周边水平收敛速度小于 0.2mm/d;拱顶或底板垂直位移速度小于0.1mm/d。

(2)隧洞周边水平收敛速度,以及拱顶或底板垂直位移速度明显下降。

(3)隧洞位移相对收敛值已达到允许相对收敛值的90%以上。

隧洞最终稳定的判据是后期支护施作后位移速度趋近于零,支护结构的外力和内力的变化也趋近于零。

3. 利用塑性区大小判断围岩的稳定性

塑性区的大小与多种因素有关,是一个综合性的指标,可以采用塑性区大小来判断围岩的稳定性。评价时可参考表5-7,表中的 l 表示垂直于地下工程周边的塑性区最大深度。

塑性区大小与围岩稳定性的关系

表 5-7

岩石稳定性等级	岩石稳定程度	$l(\mathrm{m})$
Ⅰ	安全稳定	—
Ⅱ	稳定	≤0.2
Ⅲ	中等稳定	≤0.4
Ⅳ	不稳定	≤1.0
Ⅴ	很不稳定	>1.0

除了上述判断方法之外,还有其他的判断方法,此处不再赘述。

思考与练习题

一、思考题

1. 深埋地下工程问题的力学特点是什么?

2. 地下工程围岩失稳破坏的形式有哪些?

3. 地下工程围岩稳定性的判别方法有哪些?

二、练习题

1. 有一深埋圆形地下工程,无限长,其半径 $R_0=4\mathrm{m}$,原岩应力各向等压,且 $p_0=8.5\mathrm{MPa}$,围岩的弹性模量 $E=2.1\times10^3\mathrm{MPa}$,泊松比 $\mu=0.4$,试绘出无支护时围岩弹性应力与径向位移的分布曲线。

2. 有一深埋圆形地下工程,无限长,其半径 $R_0=5\mathrm{m}$,竖向原岩应力 $p_0=7.4\mathrm{MPa}$,试分别绘出无支护时水平应力系数 $\lambda=0$、1/3、1/2、2/3 和 1 条件下横轴($\theta=0°$)和竖轴($\theta=90°$)上径向应力和切向应力的分布曲线,以及围岩内边界切向应力沿周边的分布曲线。

3. 有一无限长、深埋椭圆形地下工程,横轴长度为 6m,竖轴长度为 4m,竖向原岩应力 $p_0=6.1\mathrm{MPa}$,试分别绘出无支护时水平应力系数 $\lambda=0.5$ 和 1.5 条件下围岩内边界切向应力沿周边的分布曲线,并确定两帮中点和顶点的无拉力轴比和零应力轴比。

4. 有一无限长、深埋半圆直墙拱地下工程,跨度为 3.8m,直墙拱高度 1.9m,覆盖层厚度 $H' = 800m$,岩体平均重度 $\gamma = 24.4 \text{kN/m}^3$,试分别绘出无支护时水平应力系数 $\lambda = 0$、0.5、1 和 1.5 条件下围岩内边界切向应力沿周边的分布曲线。

5. 有一深埋圆形地下工程,无限长,其半径 3.6m,原岩应力各向等压,且 $p_0 = 7.5 \text{MPa}$,通过试验测得围岩的黏结力 $c = 2.4 \text{MPa}$,内摩擦角 $\varphi = 34°$,试绘出无支护时围岩切向应力与径向位移的分布曲线,并确定塑性区的半径。

6. 有一深埋圆形地下工程,无限长,其半径 $R_0 = 4.2m$,竖向原岩应力 $p_0 = 6.8 \text{MPa}$,围岩的黏结力 $c = 1.9 \text{MPa}$,内摩擦角 $\varphi = 36°$,剪切模量 $G = 1.4 \times 10^3 \text{MPa}$,试分别绘出无支护时水平应力系数 $\lambda = 0.5$、1.0 和 1.5 条件下塑性区的范围,以及围岩内边界径向位移沿周边的分布曲线。

7. 有一正方形巷道,深埋于均质石灰岩体中,实际测得竖向原岩应力 2.0MPa,水平原岩应力 1.5MPa,围岩的重度 $\gamma = 25 \text{kN/m}^3$,黏结力 $c = 1.3 \text{MPa}$,内摩擦角 $\varphi = 31°$。试判断围岩是否稳定?

第六章　围岩压力理论与计算

第一节　概　　述

地下工程开挖后围岩的应力状态,主要有以下三种情况。

(1)第一种情况是开挖后围岩周边的二次应力状态仍然是弹性的(全部围岩也都是弹性的),除因爆破、天然结构面切割等原因可能引起稍许松弛掉块外,围岩是稳定的。

(2)第二种情况是围岩周边二次应力超过岩体的屈服限,但小于岩体的强度极限,则在围岩周边一定深度范围内形成塑性区(塑性区之外为弹性区),围岩将产生较大的塑性变形。工程实践证明,过量的变形是有害的,也会造成围岩失稳。

(3)第三种情况是围岩周边二次应力超过岩体的强度极限,在围岩周边一定深度范围内形成松动圈(松动圈之外分别为塑性区和弹性区),此时围岩会发生破坏,产生冒顶、片帮甚至底板隆起等现象。

对于第一种情况,围岩是自稳的,无需支护。但出于防护和安全施工的需要,可采用喷浆或喷射混凝土以封闭围岩,防止围岩风化和个别危石的掉落;对于第二、三种情况,必须采取有效的支护措施,如木支架、金属支架、锚喷支护、现浇混凝土支护、钢筋混凝土管片等。支护施作后,围岩与支护相互作用,围岩应力状态再次发生改变,改变后的应力状态称为三次应力状态。作用在支护结构上的外荷载称为围岩压力,或称为地压(狭义地压)。

围岩压力可以分为狭义的围岩压力和广义的围岩压力。最初的认识是,支护是一种构筑物而围岩压力是荷载,两者相互独立。因此,围岩压力是开挖后岩体作用在支护结构上的压力,即狭义的围岩压力(简称地压)。随着对岩体认识的不断深入,人们对围岩压力的认识也在改变。工程实践与现场监测结果表明,围岩本身也是支护结构的一部分,与支护结构构成了一个共同承载体,共同承担原岩应力的作用。因此,围岩压力应该是围岩二次应力与三次应力的全部作用结果,即广义的围岩压力。所以,广义围岩压力是泛指开掘地下工程后引起的应力重分布、位移、破裂以及支架压力,构件变形等综合概念。

从工程适用角度,本章主要介绍狭义围岩压力的分类与计算方法,同时对围岩与支护相互作用问题也进行深入分析。

第二节　围岩压力分类

目前,国内外对围岩压力尚无统一的分类方法。1963 年,卡斯特奈根据围岩压力成因,把围岩压力分为松散压力、真正地层压力和膨胀压力三类。自 20 世纪 70 年代以来,我国也提出了类似的分类方法。分类的依据除考虑围岩压力的成因外,还考虑了围岩压力的特征,应用较广的分类方法是把围岩压力分成松动压力、变形压力、膨胀压力和冲击压力四种。

一、松动压力

由于开挖而松动或塌落的岩体以重力的形式直接作用在支护上的压力,称为松动压力。这种压力直接表现为荷载的形式,顶压大、侧压小。

实际上,松动压力就是部分岩石的重量直接作用在支护结构上的压力,松动压力本质上应视为荷载,故松动压力有时也称塌落围岩压力。

松动压力在各种围岩中均有可能出现,造成松动压力的因素也很多,主要有:

1)围岩类型与破碎程度

开挖在土体中的地下工程,作用在支护结构上的压力一般呈现松动压力的特征;在松散、破碎或完整性很差的岩层中开挖的地下工程,如果不支护可能塌落成拱形而最终稳定下来(图6-1),拱形与支护结构之间岩石的重量就是作用在支护上的荷载,即为松动压力;在坚硬岩层中,如果层理、节理、裂隙切割具有不利的组合(图6-2),这将使部分岩体崩塌而形成松动压力。

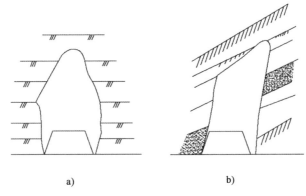

a)   b)

图6-1 松散岩层中的冒顶现象
a)水平岩层;b)缓倾斜岩层

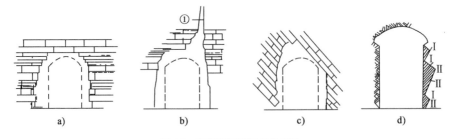

a)   b)   c)   d)

图6-2 坚硬岩层围岩崩塌情形
①-沿节理发育的溶槽,泥质充填;Ⅰ、Ⅱ-节理裂隙

2)施工方法

施工方法对松动压力的发展也有决定性的影响,其中爆破是引起岩层松动的主要原因,松动区的大小受钻孔布置、炸药种类和装药量所控制。在爆炸力作用下,围岩松动、破碎而对支护结构产生松动压力。

3）地下工程断面形式、支护类型、回填密实程度与设置时间

对于矩形、梯形等直顶或直墙等断面形式，在直顶或直墙部位易产生松动压力；对于木支架、金属支架、料石碹、现浇混凝土、现浇钢筋混凝土、钢筋混凝土管片等支护形式，若回填不密实或不及时，或支护时间较晚围岩已松动，则易产生松动压力；对于锚喷支护，在地下工程开挖后要立即喷射混凝土封闭围岩，并及时钻孔和安装锚杆，能够有效约束围岩的变形，防止围岩松动，此时围岩与支护相互作用而形成一个共同的承载体系，就不能形成松动压力。

4）地下水、空气等的影响

对于软岩，其物理力学性质极易发生改变。在空气作用下，易风化；浸水后，其结构可能发生崩解或泥化，从而产生松动压力。

二、变形压力

松动压力是以重力形式直接作用在支护上的，而变形压力则是由于围岩变形受到支护的抑制而产生的。所以变形压力除与原岩应力有关外，还与支护时间和支护刚度等有关。按其成因可进一步分为下述几种情况。

1. 弹性变形压力

当采用紧跟开挖面进行支护的施工方法时，由于存在着开挖面的"空间效应"而使支护受到围岩部分弹性变形的作用，由此而形成的变形压力称为弹性变形压力。

2. 塑性变形压力

由于存在着开挖面的"空间效应"而使支护受到围岩部分塑性变形的作用，由此而形成的变形压力称为塑性变形压力。

3. 流变变形压力

围岩产生随时间增长而增加的流变变形，从而对支护产生的变形压力称为流变压力。流变压力具有时间效应，随时间的延续不断增加，最终趋于稳定或超过支护结构的承载能力而导致支护体的破坏。

三、膨胀压力

有些岩体含有蒙脱石、伊利石等黏土矿物成分，具有吸水膨胀特性。由于围岩吸水膨胀而对支护产生的压力称为膨胀压力。

从现象上看，膨胀压力与变形压力有相似之处，但两者的机理完全不同。膨胀压力是由于岩体吸水膨胀引起的，而变形压力是由于岩体在原岩应力作用下产生弹性、塑性、流变变形引起的，因此对它们的处理方法将各不相同。

在泥岩、泥质页岩等含有大量蒙脱石矿物的岩体中开挖的地下工程，经常由于围岩吸水膨胀而形成巨大膨胀压力压坏支架，甚至使用各种方式加强的支架也发生破坏现象。因此，在这种膨胀性较大的岩体中开挖地下工程时，应特别注意地下水的不利影响，做好防排水措施。

四、冲击压力

由于地震、岩爆、地表塌陷、煤与瓦斯突出、顶板垮落、爆破振动、车辆荷载等动力现象而使

支护承受的压力,称为冲击压力。显然,冲击压力是作用在支护结构上的瞬时荷载,是一个动荷载,也是一种特殊的围岩压力,但极具破坏性。目前,还无法计算各种冲击压力的数值,只能对冲击压力产生的条件及其后果进行评价和预测,并采取必要的工程防范措施。

本章重点介绍松动压力、变形压力与膨胀压力的计算方法。

第三节　围岩与支护共同作用分析

地下工程开挖后,一般应采取支护措施保持其稳定性。围岩与支护相互作用,形成一个统一的力学体系或承载结构,来共同承担原岩应力的作用。

支护所受的压力与变形,来自于围岩在应力重新分布过程中的变形或破坏导致的对支护的作用。因此,围岩的形态及其变化对支护产生的压力有重要影响。另一方面,支护以自己的刚度和强度抑制岩体变形和破坏的发展,而这一过程也影响支护自身的变形及受力。于是,围岩与支护形成一种共同体,共同体两方面的耦合作用称为围岩与支护共同作用。

一、围岩特性曲线

围岩与支护相互作用过程中,围岩内边界位移量与支护反力间的关系曲线称为围岩特性曲线。

由轴对称圆形地下工程周边弹塑性位移计算公式(5-129)可知,周边位移 u_0 与支护反力 p 成反变关系,支护反力 p 越大,周边位移 u_0 越小。当 $p \to \infty$ 时,$u_0 = 0$;当 $p = 0$ 时,周边位移达到最大值 u_{max},即:

$$u_{max} = \frac{R_0 \sin\varphi (p_0 + c\cot\varphi)}{2G} \left[\frac{(p_0 + c\cot\varphi)(1 - \sin\varphi)}{c\cot\varphi} \right]^{\frac{1 - \sin\varphi}{\sin\varphi}} \tag{6-1}$$

以支护反力为纵坐标,周边位移为横坐标,则按式(5-128)绘制的围岩特性曲线如图6-3所示。但应特别指出的是,许多地下工程的围岩往往不能承受住最大的周边位移量,常常在周边位移达到某一位移值 u_1 时,就出现围岩的塌落或冒落。这时支护所受压力 p 开始取决于从围岩脱落下来的岩石重量,围岩压力转变为松动压力。位移量越大,脱落下来的岩石就越多,因此作用在支护上的压力也就越大。

一般断面形状的地下工程,远比上述轴对称圆形地下工程的情况复杂得多,要获得支护反力 p 与周边位移 u_0 的解析解十分困难或不可能。但各种类型断面的围岩,总还是存在类似的围岩特性曲线,该曲线可通过实测或模拟方法得到。

二、支护特性曲线

支护上所受压力与其压缩量的关系曲线,称为支护特性曲线。任一支护,可通过计算或实测得到它的特性曲线。例如,在轴对称圆形地下工程内修筑一圆形砌碹支护(圆碹)(图6-4),便可通过计算得到圆碹的特性曲线。该圆碹可看成是外侧受均匀压力 p(围岩压力)作用的厚壁圆筒,假设该厚壁圆筒为理想的线弹性体,其外径、内径、材料弹模与泊松比分别为 R_0、a、E_1 与 μ_1。根据熟知的厚壁筒计算公式,圆筒外缘的切向应力 σ_θ 与径向应力 σ_r 为:

$$\left. \begin{array}{c} \sigma_\theta \\ \sigma_r \end{array} \right\} = \frac{pR_0^2}{R_0^2 - a^2}\left(1 \pm \frac{a^2}{R_0^2}\right) \tag{6-2}$$

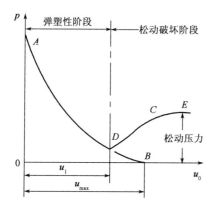

图 6-3　围岩特性曲线

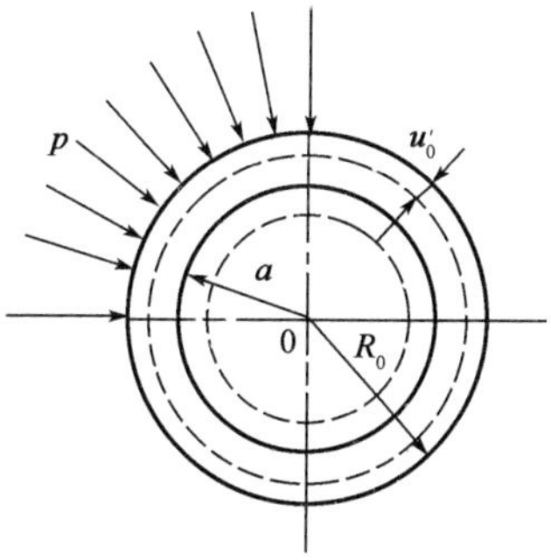

图 6-4　圆硐的力学模型

由几何方程及广义胡克定律(平面应变问题),厚壁筒外缘的径向位移 u'_0 为:

$$u'_0 = R_0\varepsilon_\theta = \frac{(1 - \mu_1^2)R_0}{E_1}\left(\sigma_\theta - \frac{\mu_1}{1 - \mu_1}\sigma_r\right) \tag{6-3}$$

将式(6-2)代入式(6-3),可得:

$$u'_0 = \frac{(1 + \mu_1)pR_0^3}{E_1(R_0^2 - a^2)}\left(1 - 2\mu_1 + \frac{a^2}{R_0^2}\right) \tag{6-4}$$

上式中除 u'_0、p 外,都是材料常数或几何尺寸,故 u'_0 与 p 成正比,绘在 $p - u'_0$ 图上为一通过原点的斜直线,如图6-5中曲线1所示。

不同的支护,具有不同的特性曲线,可分为如下四种类型。

(1)刚性支护:p-u'_0 始终成正比,斜率不改变,称为刚性支护。

(2)增阻可缩性支护:p-u'_0 成正比,但在 T 点前后为两个斜率,T 点后斜率大减,位移较大,称为增阻可缩性支护。

(3)恒阻可缩性支护:在 T 点前,p-u'_0 成正比,T 点以后,p = const 为常数,位移无限增长,称为恒阻可缩性支护。

(4)非线性可缩性支护:p-u'_0 成非线性的正变关系,称为非线性可缩性支护。

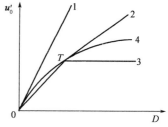

图 6-5　各种支护的特征曲线
1-刚性支护;2-增阻可缩性支护;3-恒阻可缩性支护;4-非线性可缩性支护

三、围岩—支护相互作用原理

地下工程开挖过程中,如果在围岩破坏之前架设支护,并始终保持支护与围岩紧密接触,则围岩与支护共同作用,它们之间必然存在如下关系。

(1)围岩作用在支护上的压力(地压)与支护给围岩的反力大小相等,方向相反,是作用力与反作用力的关系,用 p 表示。

(2)支护与围岩的变形协调,即:

$$u'_0 = u_0 - \Delta u_0 \tag{6-5}$$

式中：u'_0——支护的压缩量，m；

　　u_0——围岩内边界的位移量，m；

　　Δu_0——支护前围岩内边界已产生的位移量，m。

（3）支护压缩量 u'_0 与地压 p 成正变关系，即：

$$u'_0 = f(p) \tag{6-6}$$

不同的支护，函数 $f(p)$ 的形式是不同的。对于轴对称圆形地下工程，若假设其支护为线弹性体，则函数 $f(p)$ 的形式即为式（6-4）的线性关系。

（4）围岩内边界位移量 u_0 与支护反力 p 成反变关系，即：

$$u_0 = \psi(p) \tag{6-7}$$

对于轴对称弹塑性围岩，函数 $\psi(p)$ 即为式（5-129）。将式（6-6）和式（6-7）代入式（6-5），便可得围岩压力 p（为变形压力）。求得 p 值后，由式（6-6）式（6-7）可求得支护压缩量和围岩内边界径向位移量。

为了进一步理解围岩与支护的共同作用，将围岩特性曲线与支护特性曲线放在同一坐标系统来考虑，两线交点即为所求的 p 及 u_0，如图 6-6 所示。

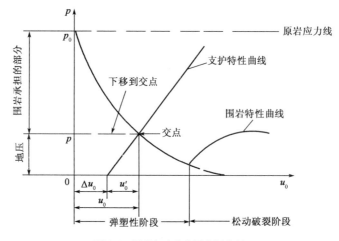

图 6-6　围岩与支护共同作用分析

从图 6-6 可以看出，原岩应力由支护和围岩共同来承担。因此，可以将围岩看成是承载结构，与支护共同作用并分担原岩应力。

（5）支护反力提高了地下工程围岩的稳定性，主要体现在：

①改善了围岩的应力状态。支护力的存在，使围岩表面的应力状态由双向应力状态变为三向受压应力状态，而岩体的强度与应力状态有关，三向受压应力状态下的岩体强度大于双向应力状态下的岩体强度，且三个主应力的数值越接近，其强度越大，即围岩自承能力越大。也就是说，支护反力越大，围岩的自承能力也随之提高；

②改善了围岩的物性性状。支护力的存在减小了塑性区半径（式 5-100），使更大范围的围岩得以处在对保持稳定相对有利的弹性变形状态；

③减小了围岩的变形量（式 5-128），这对地下工程的稳定也是有利的。

综上所述，岩体既是承载结构的一个重要组成部分，也是构成承载结构的基本建筑材料，它既是承受一定荷载的结构体,又是造成荷载(围岩压力)的主要来源。由此可见,地下工程研究与计算的主要对象应该首先是岩体。长期以来,我们并没有充分考虑和认识到岩体作为承载体的结构作用,而把着重点放在支护结构的设计和计算上,这显然是不妥当和不全面的。

从地下工程这一力学特点出发,必须把研究和计算的重点转移到围岩这方面来,这首先要求我们搞清岩体的工程性质,以便更好地发挥围岩的结构作用。例如,围岩的承载条件是不断变化的,在开挖前它处于三向应力状态下,岩体具有较高的承载能力;在开挖过程中,承载条件有了改变,从三向应力状态变成双向应力状态,使岩体的承载能力有了显著的降低。其次,开挖过后,岩体发生松弛、变形,而使其性质变异(强度降低,黏结力或内摩擦角变小……),从而降低了它的承载能力。当施加支护措施后,改善了围岩的承载条件,岩体的承载能力又有所提高。因此,研究岩体承载条件的变化及其对岩体强度的影响是十分重要的,尤其对地下工程来说,更是如此。

围岩既然是主要承载结构,那么在施工过程中就必须"保护"和"爱护"围岩,以便更充分地发挥岩体的承载作用。从这一点出发,在修筑一个长期稳定的地下工程时,虽然开挖和支护都是重要的,但搞好开挖作业,提高开挖作业的质量远较支护作业重要,也就是说,要"保护"和"爱护"岩体,开挖是个关键。好的开挖作业会大大减小对围岩的破坏,从而也降低了对支护承载力的要求,这已为大量工程实践所证实。例如,目前隧道的施工方法已从传统的爆破技术转向控制爆破(光面爆破、预裂爆破)或无爆破(掘进机等)技术;在岩石条件较差的情况下,从过大的一次掘进进尺(深孔爆破)转向较小的进尺(1.5~2.0m 或更小一些);及时封闭围岩等都是基于地下工程的这一力学特点出发的。

支护的首要目的是提高围岩的自承能力,然后才是通过自身的强度与刚度来补充围岩承载力的不足,并提供足够的安全储备。

四、影响围岩压力的因素

从围岩与支护共同作用原理出发,可得到影响围岩压力的主要因素。

(1)支护刚度。支护的刚度越大,地压值越大,如图 6-7 所示。

(2)支护前围岩已产生的位移量:由于地下工程施工条件所限,不可能在地下空间被掘出的瞬间,立即架设支护,总是有或长或短的支护迟滞时间。在支护前,围岩必然已产生或多或少的位移量。支护前位移量不同,支护所受围岩压力也不同,如图 6-8 所示。支护前位移量越大,作用在支护上的围岩压力越小。但位移达到某一极限值时,围岩将松动。在此以前,支护承受的是围岩弹塑性位移引起的变形压力。支护迟于该时间安设,则将承受破裂松动岩体造成的松动压力。而且时间越迟,支护所受的松动压力就越大,这种情况一般是不允许的。在转折点处,支护所受围岩压力最小,为最理想的情况。

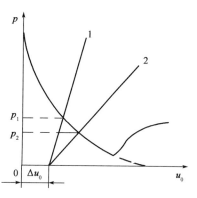

图 6-7　支护刚度对地压的影响

1-刚度较大的支护;2-刚度较小的支护

（3）支护类型：由于围岩与支护是相互作用的，作用在支护上的围岩压力取决于支护的特性。不同类型的支护，具有不同形式的特性曲线，其所受围岩压力也就明显不同，如图 6-9 所示。可见在同样条件下，刚性支护所受围岩压力最大，增阻可缩性支护次之，恒阻可缩性支护最小。总的来说，可缩性支护要比刚性支护所受围岩压力值小。

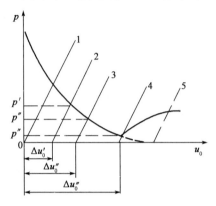

图 6-8　支护前围岩位移量对地压的影响

1-不可能情况；2-支护前位移量较小时；3-支护前位移量较大时；4-最理想的情况；5-不允许的情况

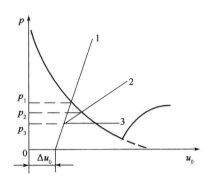

图 6-9　支护类型对地压的影响

1-刚性支护；2-增阻可缩性支护；3-恒阻可缩性支护

（4）岩性：这是影响地压值的根本因素。不同的岩石，其特性曲线也有所不同，如图 6-10 所示。可见岩石越软，围压压力及位移量越大。

（5）支护与围岩的作用时间：当岩石为流变岩体时，其特性曲线也要随时间发生变化，如图 6-11 所示。随着时间的推移，支护所受围岩压力与位移量不断增加。

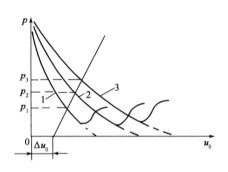

图 6-10　岩性对地压的影响

1-硬岩；2-中硬岩；3-软岩

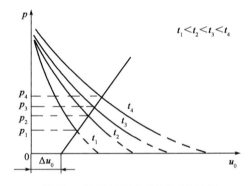

图 6-11　流变性岩体与支护的共同作用

上述分析，定性十分正确，对支护选型和施工有重要指导意义，但目前定量还比较困难。只有最简单的轴对称圆形地下工程的弹性、弹塑性和黏弹性问题，才可能进行定量分析。

围岩与支护共同作用分析说明，支护特性反过来影响自身所受荷载（围岩压力）与位移，这是地下工程结构的最突出的特点之一。

第四节　围岩压力的计算理论与方法

一、松动压力的计算

1.普氏公式

1)拱效应

м.м·普洛托吉亚可诺夫于1907年曾做过这样的简单试验,将干砂($C=0$)装入箱中,箱底设有小门,如图6-12所示。当打开门后,必然会流落一部分砂,最后形成穹隆形。沿其周边的切向,砂粒相互挤压而不再掉落,这种现象称为拱效应。

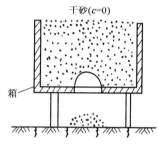

图6-12　普氏拱效应试验示意图

2)普氏岩石坚固性系数

普氏岩石坚固性系数的早期定义为:

$$f = \frac{S_c}{10} \tag{6-8}$$

式中:S_c——岩石单轴抗压强度,MPa。

在普氏岩石分类表中,f值的范围为$0.3 \sim 20$。20世纪50年代,巴隆和小普氏等人经过大量的试验发现,有些岩石的单轴抗压强度高达300MPa。而按式(6-8)计算,$f=30$,与普氏分类表中$f_{max}=20$不符。为此提出下列修正公式,即:

$$f = \frac{S_c}{30} + \sqrt{\frac{S_c}{3}} \tag{6-9}$$

普氏为建立地压计算公式的方便,还对其系数下过另外一种定义,即:

$$f = \tan\varphi' \tag{6-10}$$

式中:φ'——似内摩擦角,(°)。

所加"似"字,表示该值形式上是,但实际不是岩石真正的内摩擦角。

那么,似内摩擦角与岩石的真正内摩擦角是什么关系呢。由式(6-8)和式(6-10)可得:

$$\varphi' = \tan^{-1}f = \tan^{-1}\left(\frac{S_c}{10}\right) = \tan^{-1}\left(\frac{1}{10} \cdot \frac{2c\cos\varphi}{1-\sin\varphi}\right) \tag{6-11}$$

式中:c——岩石的黏聚力,MPa;

φ——内摩擦角,(°)。

可见,似内摩擦角φ'不仅含有φ,而且包含c。所以,式(6-10)定义的实质,是把具有c、φ的真实岩体,简化为只有似内摩擦角φ'的理想松散体。

3)两邦稳定时普氏顶压计算公式

设有一矩形地下工程,宽为$2a$,高为H,如图6-13所示。假设两邦岩石稳定(无侧压),顶板岩石不稳定,为松散体。

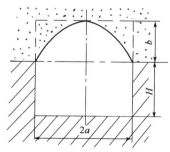

图6-13　地下工程顶板自然平衡拱

普氏认为:

（1）由于拱效应，地下工程顶板往往冒落成一拱形而最终稳定下来，该拱称为自然平衡拱（或免压拱）。

（2）自然平衡拱的形状为抛物线，其高度用 b 表示，可按下式计算，即：

$$b = \frac{a}{f} = \frac{a}{\tan\varphi'} \tag{6-12}$$

可见，拱高 b 与地下工程半跨 a 成正比，与普氏系数 f 或 $\tan\varphi'$ 成反比，而与地下工程埋深无关。

（3）只有拱内岩石的重量作用在支护上，从而引起顶压，而与拱外上覆地层重量无关。则总顶压 $Q_顶$ 即是抛物线拱内岩石的重量，即：

$$Q_顶 = \gamma A = \frac{4}{3}\gamma \, ab = \frac{4}{3} \cdot \frac{\gamma a^2}{\tan\varphi'} = \frac{4}{3} \cdot \frac{\gamma a^2}{f} \tag{6-13}$$

为便于支架构件内力计算，可把抛物线分布的顶压，近似处理为拱高为 b 的矩形均布顶压（是偏于安全的），其总顶压为：

$$Q_顶 = \gamma A = 2\gamma ab = 2\frac{\gamma a^2}{\tan\varphi'} = 2\frac{\gamma a^2}{f} \tag{6-14}$$

则顶压集度为：

$$q_顶 = \frac{Q_顶}{2a} = \frac{\gamma a}{f} \tag{6-15}$$

4）两帮不稳定时的顶压和侧压

当两帮不稳定时，两帮要发生片落，其滑动面的倾角为 $45° + \varphi_帮/2$，则滑下的岩石对支护产生侧向压力。同时，自然平衡拱的实际跨度和拱高都相应增大。这种情况与土体上作用有均布荷载的挡土墙类似。因此，可采用挡土墙上主动土压力的计算方法来计算侧压，而顶压则为冒落拱内岩石的重量，近似计算取为矩形 $ABCD$ 内岩石的自重，如图 6-14 所示。其计算步骤如下：

（1）两帮滑动三角体上宽

$$a' = H\tan(45° - \varphi_帮/2) \tag{6-16}$$

（2）免压拱底宽之半

$$a_1 = a + a' = a + H\tan(45° - \varphi_帮/2) \tag{6-17}$$

（3）免压拱高度

$$b_1 = a_1/f_顶 \tag{6-18}$$

（4）总顶压（近似按矩形 $ABCD$ 面积计算）

$$Q_顶 = \gamma A = 2\gamma_顶 \, ab_1 \tag{6-19}$$

（5）顶压集度

$$q_顶 = \frac{Q_顶}{2a} = \gamma_顶 \, b_1 \tag{6-20}$$

两帮滑动土楔体上增加的荷载也近似地按集度为 $q_顶$ 的均布荷载计算。

（6）墙上端（帮顶）侧压集度（按朗肯主动土压力计算）

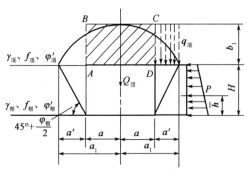

图 6-14　两帮不稳定时顶压和侧压计算简图

$$q_{侧}^{上} = q_{顶}\tan^2(45° - \varphi'_{帮}/2) = \gamma_{顶}b_1\tan^2(45° - \varphi'_{帮}/2) \tag{6-21}$$

（7）墙下端（帮底）侧压集度

$$q_{侧}^{下} = (q_{顶} + \gamma_{帮}H)\tan^2(45° - \varphi'_{帮}/2)$$
$$= (\gamma_{顶}b_1 + \gamma_{帮}H)\tan^2(45° - \varphi'_{帮}/2) \tag{6-22}$$

（8）总侧压（侧压分布为梯形，其面积即为总侧压的大小）

$$P = \frac{1}{2}(q_{侧}^{上} + q_{侧}^{下})H = \left(\gamma_{顶}b_1 + \frac{1}{2}\gamma_{帮}H\right)H\tan^2(45° - \varphi'_{帮}/2) \tag{6-23}$$

（9）总侧压作用点距底板高度

对地下工程底板角点取力矩，则有：

$$P\bar{h} = q_{侧}^{上} \cdot \frac{H}{2} + (q_{侧}^{下} - q_{侧}^{上}) \cdot \frac{H}{3}$$

将式（6-21）~式（6-23）代入上式可得：

$$\bar{h} = \frac{(3\gamma_{顶}b_1 + \gamma_{帮}H)H}{3(2\gamma_{顶}b_1 + \gamma_{帮}H)} \tag{6-24}$$

【例题 6-1】　有一圆形地下工程上部形成的自然平衡

拱如图 6-15 所示，已知岩石的重度 $\gamma = 25\text{kN/m}^3$，黏聚力 $c = 2.64\text{MPa}$，内摩擦角 $\varphi = 70°$，地下工程半径 $R_0 = 3\text{m}$，求地下工程顶点及边墙中点的围岩压力 q_A 和 q_B。

解：$f = \dfrac{1}{10} \cdot \dfrac{2c\cos\varphi}{1 - \sin\varphi} = 3.0$

$\varphi' = \tan^{-1}f = 71.6°$

洞室跨度 $2a = 2R_0 = 6\text{m}$

因 $\varphi = 70°$，则 $\theta = 45° - \varphi/2 = 10°$

自然平衡拱跨度 $2a_1 = 2R_0 + 2R_0\tan\theta = 7.1\text{m}$

自然平衡拱高度 $b_1 = a_1/f = 1.2\text{m}$

顶压集度 $q_A = b_1\gamma = 1.2 \times 25 = 30\text{kPa}$

侧压集度 $q_B = (q_A + \gamma R_0)\tan^2(45° - \varphi'/2) = 2.8\text{kPa}$

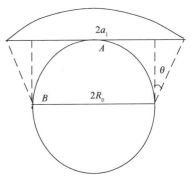

图 6-15　计算简图

5）应用普氏公式应注意的问题

（1）该公式与地下工程埋深无关，只与松散岩体的性质和冒落拱的高度有关。

（2）对于松散的岩体（或土体），该公式的计算结果较为接近实际，且使用方便。当岩体较坚硬、强度较高时，计算结果误差较大。当地下工程围岩全部处于弹性状态时，不存在松动压力，该公式不再适用。

（3）非矩形地下工程一律按外接矩形计算，其计算结果偏大，对支护设计是偏于安全的。

（4）当 $f_{帮} = \tan\varphi'_{帮} \geq 3$ 时，侧压可忽略不计。

实用计算时，需要通过试验（室内试验或现场原位测试）确定围岩的物理力学参数。普氏公式在东欧国家比较流行，对我国影响也比较大。普氏公式不是精确公式，只能作为地压近似估算手段，其优点是应用简便。但在应用时，应特别注意普氏公式只适用于松散岩体或土体中的浅埋地下工程，即开挖后如不支护能形成冒落拱的地下工程。

2. 太沙基公式

上述普氏公式适用深埋地下工程,且开挖后如不支护能形成冒落拱的地下工程(或开挖后应力重分布不会波及地表,地表沉降忽略不计)。对于开挖后应力重分布和竖向变形能够波及地表的浅埋地下工程,太沙基(K. Terzaghi)于1942年建立了相应的松动压力计算公式。

1)两帮稳定时的太沙基公式

一断面为 $2a \times H$ 的矩形地下工程,假设其上的土体为理想的松散体,两帮岩石稳定(无侧

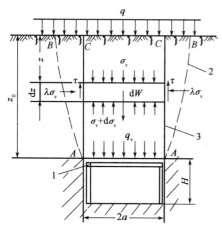

图6-16 两帮稳定时太沙基公式计算图
1-柔性支架;2-实际滑动面;3-假设滑动面

压)。当地下工程支护为可缩性支护或支护结构与围岩间充填不密实时,土体在自重作用下将沿 AB 曲面滑动,如图6-16所示。作用在支护体顶部的压力等于滑动岩(土)体的重量减去滑动面上抗剪切力的垂直分量。为简化起见,太沙基又进一步假定岩(土)体沿垂直面 AC 滑动,而且假定滑动体中任意水平面上的垂直压力 σ_v 为均匀分布。由图6-16可知,在地面下埋置深度 z 处,取宽度为 $2a$,厚度为 dz 的单元体,由垂直方向的平衡条件可得:

$$2a\gamma dz = 2ad\sigma_v + 2\tau dz \qquad (6-25)$$

式中:τ——滑动面上岩体的抗剪强度,可按式(6-26)计算,MPa。

$$\tau = c + \lambda\sigma_v\tan\varphi \qquad (6-26)$$

将式(6-26)代入式(6-25),并整理可得:

$$\frac{a}{\lambda\tan\varphi} \cdot \frac{d\sigma_v}{dz} + \sigma_v = \frac{\gamma a - c}{\lambda\tan\varphi} \qquad (6-27)$$

其通解为:

$$\sigma_v = Ae^{-\frac{\lambda\tan\varphi}{a}z} + \frac{\gamma a - c}{\lambda\tan\varphi} \qquad (6-28)$$

根据边界条件确定积分常数 A:当 $z = 0$ 时,$\sigma_v = q$(地面均布荷载),则:

$$A = q - \frac{\gamma a - c}{\lambda\tan\varphi} \qquad (6-29)$$

将式(6-29)代入式(6-28),可得:

$$\sigma_v = \frac{\gamma a - c}{\lambda\tan\varphi}\left(1 - e^{-\frac{\lambda\tan\varphi}{a}z}\right) + qe^{-\frac{\lambda\tan\varphi}{a}z} \qquad (6-30)$$

当 $z = z_0$ 时,$\sigma_v = q_v$,则可得太沙基顶压计算公式为:

$$q_v = \frac{\gamma a - c}{\lambda\tan\varphi}\left(1 - e^{-\frac{\lambda\tan\varphi}{a}z_0}\right) + qe^{-\frac{\lambda\tan\varphi}{a}z_0} \qquad (6-31)$$

式中:γ——围岩的重度,kN/m^3;

λ——侧压力系数,无因次;

c——围岩的黏结力,MPa;

φ——围岩的内摩擦角,(°);

q——地面荷载，MPa；

a——地下工程跨度之半，m。

式(6-31)表明，地下工程埋深较浅时，松动压力与埋深有关，随埋深的增大而增大；当埋深较大($Z_0 > 5a$)时，公式中的指数项趋于零，则有：

$$q_v = \frac{\gamma a - c}{\lambda \tan\varphi} \tag{6-32}$$

对于理想的松散岩(土)体，$c = 0$，则：

$$q_v = \frac{\gamma a}{\lambda \tan\varphi} \tag{6-33}$$

若令 $b = \dfrac{a}{\lambda \tan\varphi}$，称为荷载高度，则：

$$q_v = \gamma b \tag{6-34}$$

2）两帮不稳定时太沙基计算公式

当两帮不稳定时，地下工程开挖后，岩体将沿 OAB 面滑动。为计算方便，假定岩体滑动沿 OA 面和 AC 面进行，如图 6-17 所示。

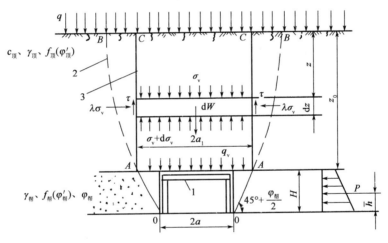

图 6-17　两帮不稳定时太沙基公式计算图
1-柔性支架；2-实际滑动面；3-假设滑动面

无需推导，将式(6-31)中的 a 用 a_1 代替，则得顶压集度为：

$$q_v = \frac{\gamma_顶 a_1 - c_顶}{\lambda \tan\varphi_顶}\left(1 - \mathrm{e}^{-\frac{\lambda \tan\varphi_顶}{a_1}}\right) + q\mathrm{e}^{-\frac{\lambda \tan\varphi_顶}{a_1}z_0} \tag{6-35}$$

总顶压为：

$$Q_顶 = 2aq_v \tag{6-36}$$

侧压仍按朗肯主动土压力计算，即：

$$\begin{cases} q_{侧}^{上} = q_v\tan^2\left(45^\circ - \varphi'_帮/2\right) \\ q_{侧}^{下} = \left(q_v + \gamma_帮 H\right)\tan^2\left(45^\circ - \varphi'_帮/2\right) \end{cases} \tag{6-37}$$

总侧压为：

$$P = \frac{1}{2}(q_{侧}^{上} + q_{侧}^{下})H = (q_v + \frac{1}{2}\gamma_{帮}H)H\tan^2(45° - \varphi'_{帮}/2) \tag{6-38}$$

总侧压作用点距底板高度为:

$$\bar{h} = \frac{(3q_v + \gamma_{帮}H)H}{3(2q_v + \gamma_{帮}H)} \tag{6-39}$$

【例题 6-2】 在地下 50m 深处开挖一矩形地下工程,地表无附加压力,其断面尺寸为 5m×5m,岩石性质指标为:黏结力 $c = 100$kPa,内摩擦角 $\varphi = 33°$,重度 $\gamma = 25$kN/m³。实测侧压力系数 $\lambda = 0.7$,已知侧壁不稳,试用太沙基公式求顶压集度和侧壁的平均侧压集度。

解:$a_1 = a + H\tan(45° - \varphi/2) = 5.21$m

顶压集度:

$$q_v = \frac{\gamma_{顶}a_1 - c_{顶}}{\lambda\tan\varphi_{顶}}\left(1 - e^{-\frac{\lambda\tan\varphi_{顶}}{a_1}}\right) = 65.7\text{kPa}$$

平均侧压集度:

$$q' = \frac{q_{侧}^{上} + q_{侧}^{下}}{2} = \left(q_v + \frac{1}{2}\gamma_{帮}H\right)\tan^2(45° - \varphi'_{帮}/2) = 38.3\text{kPa}$$

3)应用太沙基公式应注意的问题

太沙基公式在英美等国家流传较广,在我国也有一定的影响。在应用太沙基公式时,应注意以下问题。

(1)该公式只适用于浅埋的地下工程。因为深埋时,上覆岩体的破裂面已不再是沿着整个岩(土)柱的侧面,而是形成一个封闭的拱形曲面,即形成自然平衡拱。此时,应考虑采用普氏公式。

(2)非矩形地下工程一律按外接矩形计算。

(3)当 $f_{帮} = \tan\varphi'_{帮} \geq 3$ 时,侧压可忽略不计。

3.卡氏公式

卡斯特奈(H. Kastner)的塑性区半径计算公式如式(5-82)所示。当 $p = 0$ 时,其最大塑性区半径为式(5-76)。卡氏认为,最大塑性区范围内的岩体将破坏成松散体,从而对支护产生松动压力。因此,可将最大塑性区半径 R_p 作为计算顶压和侧压的根据。

1)圆形地下工程松动压力的计算

如图 6-18a)所示,圆形地下工程顶压集度可近似按式(6-40)计算。

$$q_{顶} = \gamma_{顶}(R_p - R_0) \tag{6-40}$$

总顶压为:

$$Q_{顶} = 2q_{顶}R_0 \tag{6-41}$$

侧压集度为:

$$\begin{cases} q_{侧}^{上} = q_{顶}\tan^2(45° - \varphi'_{帮}/2) \\ q_{侧}^{下} = (q_{顶} + 2\gamma_{帮}R_0)\tan^2(45° - \varphi'_{帮}/2) \end{cases} \tag{6-42}$$

总侧压为:

$$P = (q_{侧}^{上} + q_{侧}^{下})R_0 = 2(q_{顶} + \gamma_{帮}R_0)R_0\tan^2(45° - \varphi'_{帮}/2) \tag{6-43}$$

总侧压作用点距底板高度为:

$$\bar{h} = \frac{2\left[3\gamma_{顶}(R_P - R_0) + 2\gamma_{帮}R_0\right]R_0}{6\left[\gamma_{顶}(R_P - R_0) + \gamma_{帮}R_0\right]} \tag{6-44}$$

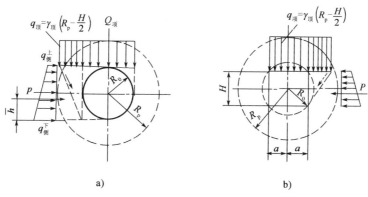

图 6-18　卡氏公式计算简图

a) 圆形地下工程; b) 矩形地下工程

2) 矩形地下工程松动压力的计算

如图 6-18b) 所示, 其外接圆半径为 R_0, 以 R_0 按式 (5-76) 计算出最大塑性区半径 R_P, 则矩形地下工程顶压集度可按式 (6-45) 计算。

$$q_{顶} = \gamma_{顶}(R_P - H/2) \tag{6-45}$$

总顶压为:

$$Q_{顶} = 2q_{顶}a \tag{6-46}$$

侧压仍可按挡土墙上的主动土压力计算, 其公式与上述类似。

3) 其他断面形状地下工程松动压力的计算

对于其他断面形状的地下工程, 均可按外接矩形来计算其顶压和侧压。

由于塑性区半径 R_P 与深度成正变关系, 因此采用卡氏公式计算的地压值也与深度成正变关系, 这与普氏公式明显不同。

应特别指出的是, 上述计算顶压和侧压的公式不够严密, 是粗略的估算公式, 且只适用于水平应力系数 $\lambda = 1$ 的情况。当 $\lambda \neq 1$ 时, 可按式 (5-100) 计算出地下工程上部最大塑性区半径 R_P, 然后仍然按上述公式估算松动压力。

二、变形压力的计算

1. 弹性变形压力的计算

地下工程掘进过程中, 由于受到开挖面的约束, 使开挖面附近的围岩不能立即释放其全部瞬时弹性位移, 这种现象称为开挖面的 "空间效应"。

从理论上讲, 理想弹性变形是瞬时完成的, 但结合地下工程掘进的实际情况, 当采用紧跟开挖面进行支护时, 由于开挖面的 "空间效应" 作用, 支护前围岩的弹性变形受到开挖面的约束而不能全部释放出来。支护后, 这部分未释放的弹性变形随着工作面向前掘进而作用在支护上, 形成了弹性变形压力。因此, 弹性变形压力与 "空间效应" 作用紧密相关。

地下工程开挖后,围岩将产生瞬时弹性变形。对于轴对称圆形地下工程,无支护时围岩内边界的弹性变形可按式(5-103)计算,即:

$$u' = \frac{1+\mu}{E} p_0 R_0 = \frac{p_0}{K} \tag{6-47}$$

式中:p_0——原岩应力,MPa;

$\quad u'$——无支护圆形地下工程内边界弹性(相对)位移;

$\quad K$——表征围岩变形特性及地下工程几何尺寸的物理量,对于轴对称圆形地下工程,$K = E/[(1+\mu)R_0] = 2G/R_0$。

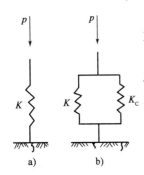

式(6-47)说明无支护圆形地下工程内边界弹性位移与原岩应力为线性关系,可用图6-19a)的简化模型表示。

有支护时,围岩变形将受到支护的抑制,并与支护共同变形,二者之间的关系可用一组并联的弹簧表示,如图6-21b)所示。如果开挖与支护是同时完成的,则围岩内边界弹性变形 u 为:

$$u = \frac{p_0}{K + K_C} \tag{6-48}$$

图6-19　围岩与支护简化模型

式中:K_C——支护刚度系数,无因次。

对于轴对称圆碹,若假设支护体为线弹性体,由式(6-4)可得:

$$K_C = \frac{E_1(R_0^2 - a^2)}{R_0(1+\mu_1)[(1-2\mu_1)R_0^2 + a^2]} \tag{6-49}$$

则,支护上的围岩压力 p 为:

$$p = K_C u = \frac{p_0 K_C}{K + K_C} \tag{6-50}$$

通常情况下,支护总是迟后于开挖的。在支护设置前,围岩内边界已产生的位移量 Δu_0,我们称这部分位移为自由位移,它取决于开挖面的空间效应和支护设置迟后时间。

支护一旦设置,围岩位移受到支护的约束,而支护也受到围岩的挤压,并与围岩共同位移,此位移称为约束位移,用 u_C 表示。此时,有如下关系:

$$p_0 = (\Delta u_0 + u_C)K + u_C K_C \tag{6-51}$$

则,约束位移 u_C 为:

$$u_C = \frac{p_0 - \Delta u_0 K}{K + K_C} = \frac{u' - \Delta u_0}{1 + \dfrac{K_C u'}{p_0}} \tag{6-52}$$

作用在支护上的围岩压力 p 为:

$$p = u_C K_C = \frac{u' - \Delta u_0}{1 + \dfrac{K_C u'}{p_0}} \cdot K_C = \frac{(u' - \Delta u_0)p_0 K_C}{p_0 + K_C u'} \tag{6-53}$$

令 $x = (u' - \Delta u_0)/u'$,称为约束系数,则有:

$$p = \frac{xu' K_C p_0}{p_0 + K_C u'} \tag{6-54}$$

上式中的 p_0、u'、K_C 对于特定的地下工程都是确定不变的常数,约束系数 x 则取决于支护设置前围岩已释放的那一部分位移 Δu_0,且有 $0 \leqslant x \leqslant 1$,可以用来描述支护设置时间的早晚。若 x 较小,则支护设置较晚;若 x 较大,则支护设置较早。

从式(6-54)可以看出:

(1)当 $x = 1$,即地下工程开挖后"即时"支护,这时围岩内边界自由位移 $\Delta u_0 = 0$,围岩弹性位移全部是在支护约束下完成的,此时围岩压力将达到最大值。

$$p = \frac{u'K_C p_0}{p_0 + K_C u'} \tag{6-55}$$

当支护刚度足够大时,围岩压力 p 等于原岩应力 p_0。

(2)当 $0 < x < 1$ 时,支护迟后时间越长,围岩内边界自由位移 Δu_0 越大,约束系数及约束位移均线性减小,因而围岩压力也线性减小(图6-20)。

(3)当 $x = 0$,即支护后围岩内边界位移为零,换言之,支护时围岩位移已经稳定(弹性围岩全部释放),此时围岩压力为零。

实际上,对于大部分地下工程,由于空间效应,支护时围岩弹性位移一般总未稳定,即未全部释放,因此在支护上总是有围岩压力的。

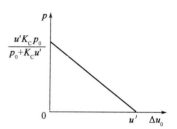

图6-20　弹性状态下的 $P - \Delta u_0$ 曲线

必须强调指出,上述结论仅限于地下工程围岩是处于稳定的弹性状态下,如果围岩变形发展到某一阶段,使围岩产生塑性变形或破坏,则围岩压力在性质上将要转化,即由弹性变形压力转化为塑性变形压力或松动压力,在数值上将大大增加。

【例题6-3】　某深埋圆形地下工程,其掘进直径为 6.6m,原岩应力各向等压,且通过实测获得 $P_0 = 540\text{kPa}$。围岩的重度 $\gamma = 18\text{kN/m}^3$,弹性变形模量 $E = 150\text{MPa}$,泊松比 $\mu = 0.3$。离开挖面 3m 处设置混凝土衬砌,衬砌厚度为 0.6m,预计约束系数 $x = 0.65$,衬砌材料变形模量 $E_1 = 2 \times 10^4\text{MPa}$,泊松比 $\mu_1 = 0.167$,试确定作用在支护上的弹性变形压力。

解:支护刚度系数为:

$$K_C = \frac{E_1(R_0^2 - a^2)}{R_0(1 + \mu_1)\left[(1 - 2\mu_1)R_0^2 + a^2\right]}$$

$$= \frac{2 \times 10^4 \times (6.6 \times 6.6 - 6 \times 6)}{6.6 \times (1 + 0.167) \times \left[(1 - 2 \times 0.167) \times 6.6 \times 6.6 + 6 \times 6\right]}$$

$$= 301.9\text{MPa/m}$$

围岩的 K 值为:

$$K = E/\left[(1 + \mu)R_0\right] = \frac{150}{(1 + 0.3) \times 6.6} = 17.5\text{MPa/m}$$

无支护时围岩内边界弹性变形值为:

$$u' = \frac{p_0}{K} = \frac{0.540}{17.5} = 0.031\text{m}$$

围岩弹性变形压力为:

$$p = \frac{xu'K_C p_0}{p_0 + K_C u'} = \frac{0.65 \times 0.031 \times 301.9 \times 0.540}{0.540 + 301.9 \times 0.031} = 0.331 \mathrm{MPa}$$

2. 塑性变形压力的计算

塑性变形压力是指围岩产生弹塑性变形(形成塑性区)时,围岩与支护之间的相互作用力。塑性变形压力可按前述"围岩与支护共同作用原理"通过解析法或作图法确定,此处不再重述。

3. 流变变形压力的计算

对于轴对称圆形地下工程(简化为轴对称平面应变问题),若假设围岩为流变材料,并符合三元件弹黏性模型,其流变变形压力可按式(6-56)计算(推导过程从略)。

$$p = \frac{(p_0 R_0 - 2\Delta u_0 G_\infty)K_C}{2G_\infty + R_0 K_C}\left(1 - e^{-\frac{2G_\infty + aK_C}{2G_0 + aK_C} \cdot \frac{t}{T_{\mathrm{rel}}}}\right) \tag{6-56}$$

式中:p_0——原岩应力,MPa;

G_0——瞬时剪切模量,MPa;

G_∞——长期剪切模量,MPa;

R_0——地下工程掘进半径,m;

K_C——支护刚度系数,MPa/m;

Δu_0——自由位移(支护前已产生的位移量),m;

T_{rel}——围岩松弛时间,d;

t——从架设支护开始起算的围岩与支护相互作用时间,d。

由上式可见,围岩流变压力 p 是时间 t 的函数。时间越长,围岩作用在支护上的流变压力越大,并最终趋于某一稳定值。当 $t \to \infty$ 时,有:

$$p = \frac{(p_0 R_0 - 2\Delta u_0 G_\infty)K_C}{2G_\infty + R_0 K_C} \tag{6-57}$$

当假定围岩符合其他流变模型时,得到的流变变形压力计算公式将有所不同。

应特别指出,围岩的弹性变形和弹塑性变形是瞬时发生的,是支护无法阻挡的,也是无法量测到的。只是由于空间效应,弹性变形或塑性变形未全部释放时就设置了紧跟开挖工作面的支护,才使支护受到围岩的弹性变形压力或塑性变形压力。地下工程的围岩常表现出典型的流变材料特征,因此采用式(6-57)或其他流变变形压力计算公式来确定围岩与支护的相互作用力,更加符合现实情况。

三、膨胀压力的计算

1. 膨胀压力的影响因素

影响膨胀压力的主要因素有岩石的组成与胶结状态、物理化学性质、围岩中水分的补给情况、水与岩石的接触条件、支护和回填层的可塑性等。

1)岩石的矿物组成与胶结状态

从矿物成分来分析,膨胀压力主要发生在下列岩种:黏土岩、斑脱岩和凝灰岩等。这些岩石以蒙脱石、高岭石或伊利石为主要矿物成分，它们是否遇水膨胀，则决定于它们的胶结状态。凡无胶结的上述岩体，称膨胀岩，即它风干脱水后再遇水，岩石会发生崩解膨胀，体积可近十倍地增大。凡 SiO_2、Al_2O_3、Fe_2O_3 及其他有机质等胶结物胶结的软岩，则遇水不具崩解膨胀性。另一种岩石是半胶结软岩，根据它的胶结状态不同，岩石破碎为碎块、鳞片或粉末者称为碎胀岩，破碎为大片状或碎块者称为裂胀岩。

膨胀性岩石可分两种，即黏土膨胀岩和结晶膨胀岩。

黏土膨胀岩的膨胀是由大量强亲水矿物蒙脱石引起的。一般蒙脱石可含高达 25% ~ 50% 的水分，大量吸附水使蒙脱石晶层内外表面形成发育的水化层。岩石在风干失去较多的水分后，其颗粒体积减小，并形成宏观上的收缩裂缝和微观结构的潜在破坏。一旦再与水相互作用，受到脱水的黏土岩将再强烈地吸水，并导致晶层间吸附水的增加和颗粒周围结合水膜的增厚。这样，就导致颗粒间结合水巨大楔压力的产生，促使岩体崩解和膨胀。从这个意义上讲，保持围岩湿度不变或不受风干、水浸作用是维护粘土膨胀岩中地下工程稳定的重要措施之一。

结晶膨胀岩的膨胀是由硬石膏（$CaSO_4$）、无水芒硝（Na_2SO_4）、钙芒硝（$Na_2SO_4 \cdot CaSO_4$）吸水变相，结晶膨胀引起的。如无水芒硝吸收 10 个结晶水后，变为芒硝（$Na_2SO_4 \cdot 10H_2O$），体积增大 9.8 倍，纯结晶膨胀压力可高达 10MPa 以上。又如硬石膏（$CaSO_4$）吸收 2 个结晶水变成石膏（$CaSO_4 \cdot 2H_2O$），体积增大 61%。而钙芒硝则具有上面两种作用，即：

$$Na_2SO_4 \cdot CaSO_4 + 12H_2O \longrightarrow CaSO_4 \cdot 2H_2O \downarrow + Na_2SO_4 \cdot 10H_2O \downarrow$$

2）岩石初始干重度和初始含水率

岩体初始含水率的多少影响岩体的膨胀性能，如果围岩初始含水率越高，那么，围岩吸收的水分越少，产生的膨胀变形和膨胀压力越小。

岩石干重度的大小对岩体膨胀性有很大的影响。图 6-21 给出了一定初始含水率的试件，其体积膨胀率和最大膨胀压力（试件在无膨胀情况下的轴向压力）与干重度的关系。

3）围岩应力状态

围岩吸水膨胀还与围岩应力状态有关。高应力状态下围岩吸水引起的膨胀量小，而低应力状态下围岩吸水引起的膨胀量大。胡德—安贝尔格（Huder-Amberg）的单轴应变仪膨胀试验（图 6-22）表明，岩体的膨胀率是膨胀压力的函数。当解除一定的轴向压力时，试件就会有一个相应的轴向膨胀增量。

一般情况下，膨胀率 k 与膨胀压力 p^s 在半对数坐标上可简化为一条斜直线（图 6-23），可表示为：

$$k = \frac{k_{0.006}}{\lg p_{max} - \lg p_{k_{0.006}}} (\lg p_{max} - \lg p^s) \tag{6-58}$$

式中：k——膨胀率，无因次；

p^s——膨胀压力，MPa；

p_{max}——室内膨胀性试验时试件各方向上均被约束，并浸在水中时的最大轴向压力，MPa；

$k_{0.006}$——轴向压力 $p_{k_{0.006}} = 0.00625$MPa 时的膨胀率，无因次。

式（6-58）只适用于 $p^s \geqslant 0.00625$MPa 的情况，因为按照式（6-58），当 $p^s \to 0$ 时，膨胀率 $k \to \infty$，这与试验观测结果不符。因此，近似地以 $k_{0.006}$ 代替无约束情况下的膨胀率。

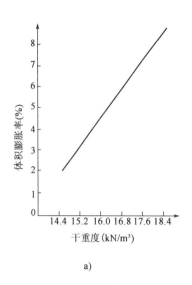

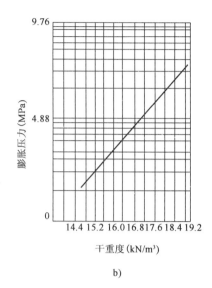

图 6-21　一定初始含水率的情况下岩体膨胀性与干重度的关系
a) 体积膨胀率与干重度的关系；b) 最大膨胀压力与干重度的关系

4) 围岩中水分的补给情况

围岩中水分的补给是形成膨胀压力必不可少的因素。通常,水分的来源主要是地下水、施工用水和使用过程中的积水,以及空气中的潮气。因此,膨胀压力还与季节有关,夏季空气潮湿,雨季地下水渗入量大,都会使膨胀压力增大。

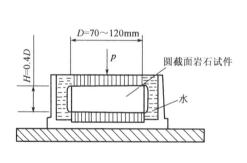

图 6-22　胡德—安贝尔格膨胀试验仪

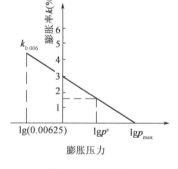

图 6-23　膨胀曲线

5) 水分渗入围岩的深度与范围

水分渗入围岩的深度与范围越大,形成的膨胀压力也越大。水分渗入围岩的深度和范围既取决于外界水分的补给情况,也取决于水分渗入围岩的难易程度。一般情况下,水分补给越充分,岩体节理越发育,围岩扰动越大,开挖后的时间越长,则水分渗入到围岩的深度和范围也就越大,膨胀压力就越大。此外,围岩先失水风干也是促使围岩渗水深度增大的重要原因。

6) 可缩性支护、回填层与封闭情况

在膨胀岩层中,为了减少围岩压力,常常采用可缩性支护和松软回填层,或在喷层内设置纵向伸缩缝。对强大的膨胀地层,也有采用留有空间缓冲层的双层支护的办法来减少膨胀压力。但这些办法都是消极的,它只从减少压力角度来考虑问题,而没有从积极方面来考虑如何消除膨胀压力。众所周知,围岩产生膨胀变形与膨胀压力的根本原因是岩石吸水膨胀。因此,对膨胀性围岩,开挖后应立即严密封闭,并采取防排水等工程措施。这样,可从积极方面来阻止膨胀过程的发生与发展。

2. 膨胀压力的计算

从上面的分析可以看出,膨胀压力受许多因素的影响,准确确定膨胀压力比较困难。于学馥等人,在确定膨胀压力时做了如下假设。

(1)围岩的渗水半径取为地下工程的影响圈范围,通常取 $h_0 = 4R_0$。

(2)渗水部位围岩处于完全饱和状态,这样可以采用室内完全浸水条件下膨胀试验所测定的膨胀性指标。

(3)围岩先进入弹塑性变形阶段,后进入膨胀阶段,即先产生塑性变形压力,后产生膨胀压力。

(4)膨胀压力与膨胀率的关系满足式(6-58),即在半对数坐标上为一直线。

(5)开挖后围岩立即吸水软化,因而计算中要采用围岩软化后的 c、φ 值。

根据上述假设,于学馥等人得到圆形地下工程内边界($R = R_0$)处围岩总膨胀位移为:

$$u_0^s = \frac{k_{0.006}}{\lg p_{\max} - \lg p_{k_{0.006}}} \left\{ h_0 \lg p_0 - R_p \lg \left[(p_p + c\cot\varphi)\frac{R_p^2}{R_0^2} - c\cot\varphi \right] + R_0 \lg p_p + \right.$$

$$0.86\left[R_p - R_0 \sqrt{\frac{c}{p_p + c\cot\varphi}} \cdot \arctan\left(\frac{R_p}{R_0} \cdot \sqrt{\frac{p_p + c\cot\varphi}{c}} \right) \right] -$$

$$0.86\left[R_0 - R_0 \sqrt{\frac{c}{p_p + c\cot\varphi}} \cdot \arctan\left(\sqrt{\frac{p_p + c\cot\varphi}{c}} \right) \right] +$$

$$R_p \lg\left[(p_0 + \sigma_{R_p} - 1)R_p^2 \right] - h_0 \lg\left[p_0 h_0^2 + (\sigma_{R_p} - 1)R_p^2 \right] +$$

$$\left. 0.43 R_p \sqrt{\frac{\sigma_{R_p} - 1}{p_0}} \left[\tan^{-1}\sqrt{\frac{p_0}{\sigma_{R_p} - 1}} - \tan^{-1}\left(\frac{h_0}{R_0}\sqrt{\frac{p_0}{\sigma_{R_p} - 1}} \right) \right] \right\} \qquad (6\text{-}59)$$

式中:$k_{0.006}$——轴向压力 $p_{k_{0.006}} = 0.00625\text{MPa}$ 时的膨胀率,无因次。

$\quad\ \ p_{\max}$——室内膨胀性试验时试件各方向上均被约束,并浸在水中时的最大轴向压力,MPa;

$\quad\ \ p_0$——原岩应力,MPa;

$\quad\ \ h_0$——渗水半径,一般取 $h_0 = 4R_0$,m;

$\quad\ \ R_0$——圆形地下工程半径,m;

$\quad\ \ R_p$——塑性区半径,m;

$\quad\ \ \sigma_{R_p}$——弹、塑性区界面上的径向应力,$\sigma_{R_p} = p_0(1 - \sin\varphi) - c\cos\varphi$,MPa;

$\quad\ \ p_p$——围岩塑性变形压力,MPa;

$\quad\ \ c$——围岩软化后的黏结力,MPa;

φ——围岩软化后的内摩擦角,(°)。

则膨胀压力为:

$$p^s = K_c u_0^s \tag{6-60}$$

膨胀岩体中不仅有膨胀压力,通常还会有弹性变形压力、塑性变形压力和流变变形压力,或松动压力等。膨胀压力影响因素众多,其计算还有待于深入研究。

四、围岩压力的经验与工程类比确定方法

上面讨论了各类围岩压力的理论计算与公式,但这些公式都是在假定的理想情况下推导出来的。此外,还由于目前人们对围岩破坏机理认识不足,所研究问题在数学、力学上的复杂性,以及原岩应力和岩石力学参数测试技术的复杂、昂贵和难于准确等原因,造成了理论上的定量计算仍处于定性使用阶段。但在科学发展的现阶段,如果忽视了理论分析与定量计算,而只满足于停留在经验和工程类比阶段,则这种设计更缺乏科学性。同时,随着科学的不断发展,所有理论计算和岩石力学参数的确定,都将会得到不断改进,并逐渐趋于完善,这是事物发展的必然规律。

经验方法与工程类比法的区别,在于前者没有理论指导,后者则有一定的理论或试验根据,并结合工程实际情况进行类比、修正、总结而得。

下面简要介绍《地铁设计规范》(GB 50157—2013)、《铁路隧道设计规范》(TB 10003—2005)和《公路隧道设计规范》(JTG D70—2014)确定围岩压力的方法及有关规定。

1.《地铁设计规范》关于地层压力的确定方法

地层压力是地下结构承受的主要荷载。由于影响地层压力分布、大小和性质的因素很多,应根据地下结构所处工程地质和水文地质条件、埋置深度、结构形式及其工作条件、施工方法及相邻隧道间距等因素,结合已有的试验、测试和研究资料确定。一般情况下,岩质隧道可根据围岩分级,按现行行业标准《铁路隧道设计规范》(TB 10003)的有关规定确定围岩压力,土质隧道可按下述通用方法计算土压力。

(1)竖向压力:填土隧道及浅埋暗挖隧道一般按计算截面以上全部土柱重量考虑;深埋暗挖隧道按太沙基公式、普氏公式或其他经验公式计算。

(2)水平压力(侧压力):根据结构受力过程中墙体位移与地层间的相互关系,分别按主动土压力、静止土压力或被动土压力理论计算,在黏性土中应考虑黏聚力的影响。

2.《铁路隧道设计规范》关于围岩压力计算方法与规定

1)深埋隧道

计算深埋隧道衬砌时,围压压力按松散压力考虑,其垂直均布压力按式(6-61)计算。

$$q = \gamma h_q \tag{6-61}$$

式中:q——围岩竖直均布压力,kPa;

γ——围岩重度,kN/m³;

h_q——围岩竖向压力计算高度,$h_q = 0.45 \times 2^{s-1}\omega$,m;

s——围岩级别,无因次;

ω——宽度影响系数，$\omega = 1 + i(B - 5)$；

B——隧道宽度，m；

i——围岩压力增减率，当 $B < 5$m 时，取 $i = 0.2$；当 $B > 5$m 时，取 $i = 0.1$。

水平均布压力按表6-1确定。

围岩水平均布压力 表6-1

围岩类别	I 、II	III	IV	V	VI
水平均布压力 e	0	$<0.15q$	$(0.15 \sim 0.3)q$	$(0.3 \sim 0.5)q$	$(0.5 \sim 1.0)q$

上述计算垂直均布压力和水平均布压力的方法仅适用于采用钻爆法施工的深埋隧道，且不产生显著偏压力及膨胀力的一般围岩。

2）浅埋隧道

地表基本水平的浅埋隧道，衬砌所受的作用荷载具有对称性，如图6-24所示。当浅埋隧道埋深 $h < 2.5h_q$（h_q 为深埋隧道竖向压力计算高度）时，垂直均布压力可按式（6-62）计算。

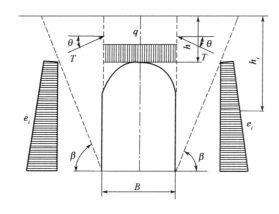

图6-24　浅埋隧道衬砌作用荷载计算

$$q = rh\left(1 - \frac{\lambda h \tan\theta}{B}\right) \tag{6-62}$$

其中：
$$\lambda = \frac{\tan\beta - \tan\varphi_c}{\tan\beta[1 + \tan\beta(\tan\varphi_c - \tan\theta) + \tan\varphi_c \tan\theta]}$$

$$\tan\beta = \tan\varphi_c + \sqrt{\frac{(\tan^2\varphi_c + 1)\tan\varphi_c}{\tan\varphi_c - \tan\theta}}$$

式中：h——洞顶距地面高度，m；

λ——侧压力系数，无因次；

B——隧道跨度，m；

φ_c——围岩计算摩擦角，(°)，见表6-2；

θ——顶板土柱两侧摩擦角，(°)。当无实测资料时，可参考表6-3选取；当 $h < H$ 时为超浅埋隧道，取 $\theta = 0$；

β——产生最大推力时的破裂角，(°)。

各级围岩物理力学指标　　　　　　表 6-2

围岩级别	重度 γ （kN/m³）	弹性抗力系数 k （MPa/m）	变形模量 E （GPa）	泊松比 μ	内摩擦角 φ （°）	黏结力 c （MPa）	计算摩擦角 φ_c （°）
Ⅰ	26～28	1800～2800	>33	<0.2	>60	>2.1	>78
Ⅱ	25～27	1200～1800	20～33	0.2～0.25	50～60	1.5～2.1	70～78
Ⅲ	23～25	500～1200	6～20	0.25～0.3	39～50	0.7～1.5	60～70
Ⅳ	20～23	200～500	1.3～6	0.3～0.35	27～39	0.2～0.7	50～60
Ⅴ	17～20	100～200	1～2	0.35～0.45	20～27	0.05～0.2	40～50
Ⅵ	15～17	<100	<1	0.4～0.5	<20	<0.2	30～40

顶板土柱两侧摩擦角 θ 的取值　　　　　　表 6-3

围岩级别	Ⅰ～Ⅲ	Ⅳ	Ⅴ	Ⅵ
θ 值	$0.9\varphi_c$	$(0.7～0.9)\varphi_c$	$(0.5～0.7)\varphi_c$	$(0.3～0.5)\varphi_c$

水平压力可按式(6-63)计算，即：

$$e_i = \gamma h_i \lambda \qquad (6-63)$$

式中：h_i——计算点至地面的垂直距离，m。

在《铁路隧道设计规范》中，还规定了偏压隧道荷载、明洞回填土压力的计算方法，限于篇幅，此处不再详述。

3.《公路隧道设计规范》关于围岩压力计算方法与规定

1）深埋隧道

在Ⅰ～Ⅳ级围岩中开挖的深埋隧道，围岩压力主要为变形压力，其值可按释放荷载计算。[详见《公路隧道设计规范》(JTG D70—2004)]

在Ⅳ～Ⅵ级围岩中开挖的深埋隧道，围岩压力为松散荷载时，其垂直均布压力按式(6-61)计算，水平均布压力按表6-1确定。

2）浅埋隧道

浅埋和深埋隧道的分界，《公路隧道设计规范》规定按式(6-64)确定。

$$H_P = (2～2.5)h_q \qquad (6-64)$$

式中：h_q——围岩竖向压力计算高度(亦称荷载等效高度)，m；

H_P——浅埋隧道分界深度，m。

在矿山法施工条件下，Ⅳ～Ⅵ级围岩取 $H_P = 2.5h_q$；Ⅰ～Ⅲ级围岩取 $H_P = 2h_q$。浅埋隧道荷载分下述两种情况分别计算。

(1)埋深 $H \leq h_q$ 时，竖向荷载视为均布垂直压力，其值为：

$$q = \gamma H \qquad (6-65)$$

式中：q——垂直均布压力，kPa；

γ——隧道上覆围岩重度，kN/m³；

H——隧道埋深，指坑顶至地面的距离，m。

侧向压力 e 按均布考虑，其值为：

$$e = \gamma\left(H + \frac{1}{2}H_{t}\right)\tan^{2}\left(45° - \frac{\varphi_{c}}{2}\right) \tag{6-66}$$

式中：e——侧向均布压力，kPa；

　　　H_{t}——隧道高度，m；

　　　φ_{c}——围岩计算摩擦角，(°)，见表6-2。

（2）$h_{q} < H \leqslant H_{p}$ 时，为便于计算，假定土体中形成的破裂面是一条与水平呈 β 角的斜直线，如图6-25所示。

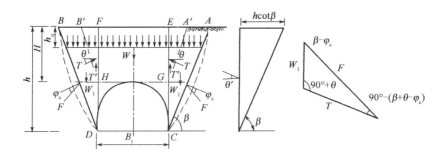

图6-25　围岩压力计算模型

$EFHG$ 岩土体下沉，带动两侧三棱土体 FDB 和 ECA 下沉。整个土体 $ABDC$ 下沉时，又要受到未扰动岩土体的阻力。斜直线 AC 或 BD 是假定的破裂面，分析时需考虑内聚力 C，并采用计算摩擦角 φ_{c}。另一滑面 FH 或 EG 则并非破裂面，其滑面阻力要小于破裂面阻力，若该滑面的摩擦角为 θ，则 θ 值应小于 φ_{c} 值，无实测资料 θ 可按表6-3选用。

由图6-25可见，隧道上覆岩体 $EFHG$ 的重力为 W，两侧三棱岩体 FDB 或 ECA 的重力为 W_{1}，未扰动岩体对整个滑动土体 $ABDC$ 的阻力为 F。当 $EFHG$ 下沉，两侧受到阻力 T 或 T'，作用于 HG 面上的垂直压力总值 $Q_{浅}$ 为：

$$Q_{浅} = W - 2T' = W - 2T\sin\theta \tag{6-67}$$

三棱体自重为：

$$W_{1} = \frac{1}{2}\gamma h \frac{h}{\tan\beta} \tag{6-68}$$

式中：h——坑道底部到地面的距离，m；

　　　β——假定破裂面与水平面的夹角，(°)。

由图6-25，并据正弦定理可得：

$$T = \frac{\sin(\beta - \varphi_{c})}{\sin\left[90° - (\beta - \varphi_{c} + \theta)\right]}W_{1} \tag{6-69}$$

将式(6-68)代入式(6-69)，可得：

$$T = \frac{1}{2}\gamma h^{2}\frac{\lambda}{\cos\theta} \tag{6-70}$$

其中：

$$\lambda = \frac{\tan\beta - \tan\varphi_{c}}{\tan\beta\left[1 + \tan\beta(\tan\varphi_{c} - \tan\theta) + \tan\varphi_{c}\tan\theta\right]}$$

$$\tan\beta = \tan\varphi_c + \sqrt{\frac{(\tan^2\varphi_c + 1)\tan\varphi_c}{\tan\varphi_c - \tan\theta}}$$

将式(6-70)代入式(6-67),可得:

$$Q_浅 = W - \gamma h^2 \lambda \tan\theta \tag{6-71}$$

由于 GC、HD 与 EG、HF 相比往往较小,在计算中可用 H 代替 h,这样式(6-71)变为:

$$Q_浅 = W - \gamma H^2 \lambda \tan\theta \tag{6-72}$$

因为 $W = \gamma B_t H$,故:

$$Q_浅 = \gamma H(B_t - \lambda H \tan\theta) \tag{6-73}$$

换算为作用在支护结构上的均布荷载,有:

$$q_浅 = \frac{Q_浅}{B_t} = \gamma H\left(1 - \frac{\lambda H \tan\theta}{B_t}\right) \tag{6-74}$$

式中:$q_浅$——作用在支护结构上的竖向均布荷载,KPa;

　　　H——洞顶距地面高度,m;

　　　γ——围岩重度,kN/m^3;

　　　λ——侧压力系数,无因次;

　　　B_t——隧道跨度,m;

　　　θ——顶板土柱两侧摩擦角,当无实测资料时,可参考表6-3和表6-2选取,(°)。

《公路隧道设计规范》给出的竖向均布荷载计算公式(6-74)与《铁路隧道设计规范》给出的相应计算公式(6-62)完全相同,只是两个规范采用的变量符号不同而已。

作用在支护结构上的水平侧压力如图6-26所示,其计算公式为:

$$\left.\begin{array}{l} e_1 = \gamma H \lambda \\ e_2 = \gamma h \lambda \end{array}\right\} \tag{6-75}$$

水平侧压力视为均匀分布时,其值为:

$$e = \frac{1}{2}(e_1 + e_2) \tag{6-76}$$

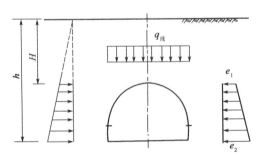

图6-26　水平侧压力的计算

同样,在《公路隧道设计规范》中,还规定了偏压隧道荷载、明洞回填土压力的计算方法,限于篇幅,此处不再详述。

思考与练习题

一、思考题

1. 地下工程开挖后，围岩应力状态可能会出现哪些情况？

2. 什么叫围岩压力？围岩压力分哪些类型？各种类型的围岩压力是如何产生的？

3. 从围岩与支护共同作用原理出发，分析影响围岩压力的主要因素有哪些？

4. 膨胀压力多发生在哪些岩体中，其大小受哪些因素的影响？

二、练习题

1. 有一深埋圆形地下工程，无限长，其掘进半径 4.6m，原岩应力各向等压，且 $p_0 = 6.2\text{MPa}$，围岩的黏结力 $c = 1.9\text{MPa}$，内摩擦角 $\varphi = 36°$，剪切模量 $G = 1.4 \times 10^3 \text{MPa}$。支护采用现浇混凝土支护，厚度为 600mm，假设支护体为线弹性体，其弹性模量 $E_1 = 1.78 \times 10^4 \text{MPa}$，泊松比 $\mu_1 = 0.35$。试分别绘制围岩特性曲线与支护特性曲线，并确定支护前围岩内边界位移量 Δu_0 分别为 2mm、5mm 和 10mm 时的变形压力。

2. 有一开挖在坚硬岩体中的矩形地下工程，其掘进宽度为 5.2m、高度为 4.0m，埋深 $z_0 = 80\text{m}$，在埋深范围内为土体，其平均重度 $\gamma = 19.4\text{kN/m}^3$，平均黏结力 $c = 1.3\text{MPa}$，平均内摩擦角 $\varphi = 42°$，实测侧压力系数 $\lambda = 0.65$，地面荷载 $q = 400\text{kPa}$。试分别按普氏公式和太沙基公式计算顶压集度和总顶压。

3. 一直墙半圆拱型隧道建于软弱破碎岩体中，其掘进宽度 6m、高 8m，埋深 $Z_0 = 120\text{m}$，围岩重度 $\gamma = 23\text{kN/m}^3$，黏结力 $c = 0.7\text{MPa}$，内摩擦角 $\varphi = 36°$，实测侧压力系数 $\lambda = 0.8$，地面无荷载。试分别按普氏公式和太沙基公式确定围岩压力的大小与分布。

4. 一洞室掘进宽度为 10m，埋深 $z_0 = 100\text{m}$，洞室围岩 $\gamma = 28\text{kN/m}^3$，$\varphi = 35.5°$，侧压力系数 $\lambda = 0.7$，地面载荷 $q = 800\text{kPa}$，若洞室不用支护就能保持稳定，用太沙基理论推算岩石的凝聚力 c。

5. 准备在一山体中修建矩形洞室，洞室埋深 $z_0 = 90\text{m}$，已知岩石 $\gamma = 25\text{kN/m}^3$，$c = 800\text{kPa}$，$\varphi = 35°$，侧压力系数 $\lambda = 0.5$，地面附加载荷 $q = 660\text{kPa}$，如果不打算支护洞室，设计洞室最大宽度为多少？

6. 已知一圆形洞室半径 $R_0 = 5\text{m}$，洞室围岩 $\gamma = 25\text{kN/m}^3$，$\varphi = 28°$，$c = 0$，$\lambda = 0.5$，洞室埋深 $z_0 = 40\text{m}$，洞室边壁形成与竖直方向呈 $45° - \varphi/2$ 的破裂面，现测得洞室支护顶上的垂直岩石压力为 780kPa，试推算地面上的载荷为多少？

7. 有一开挖在深部岩体中的矩形地下工程，其掘进宽度为 4.8m、高度为 3.6m，埋深 560m。其重度 $\gamma = 24.5\text{kN/m}^3$，黏结力 $c = 1.5\text{MPa}$，内摩擦角 $\varphi = 37°$，实测水平应力系数 $\lambda = 1$。试按卡氏公式确定围岩压力的大小与分布。

8. 某深埋无限长圆形地下工程，其掘进直径为 8.6m，原岩应力各向等压，且通过实测获得 $p_0 = 670\text{kPa}$。围岩的重度 $\gamma = 23\text{kN/m}^3$，弹性变形模量 $E = 180\text{MPa}$，泊松比 $\mu = 0.4$。支护采用混凝土衬砌，其厚度为 0.6m，衬砌材料变形模量 $E_1 = 2 \times 10^4 \text{MPa}$，泊松比 $\mu_1 = 0.167$，试确定约束系数 $x = 0.2$、0.5 和 0.8 时作用在支护上的弹性变形压力。

9. 某深埋无限长圆形地下工程，其掘进直径为 6.5m，原岩应力各向等压，且通过实测获得

$p_0 = 580\text{kPa}$。围岩的瞬时剪切模量 $G_0 = 1340\text{MPa}$,长期剪切模量 $G_\infty = 110\text{MPa}$,松弛时间 $T_{rel} = 30\text{d}$。支护采用混凝土衬砌,其厚度为 0.5m,衬砌材料变形模量 $E_1 = 2 \times 10^4\text{MPa}$,泊松比 $\mu_1 = 0.167$,实际测得支护前围岩已产生的围岩量为 1.2mm。试分别确定支护后 10d、30d、60d、120d、240d 和 360d 的流变变形压力,并确定流变压力的最大值。

10. 某深埋无限长圆形地下工程,其掘进半径 5.6m,开挖在膨胀性岩体中,围岩初始黏结力为 2.4MPa、初始内摩擦角为 $36°$,初始剪切模量为 $1.6 \times 10^3\text{MPa}$。室内浸水软化试验测得软化后的黏结力为 0.5MPa、内摩擦角为 $28°$、剪切模量为 120MPa。室内膨胀性试验测得膨胀率 $k_{0.006} = 0.17$、最大轴向膨胀压力 $p_{max} = 130\text{kPa}$。原岩应力各向等压,且 $p_0 = 4.1\text{MPa}$,支护采用现浇混凝土支护,厚度为 600mm,假设支护体为线弹性体,其弹性模量 $E_1 = 1.82 \times 10^4\text{MPa}$,泊松比 $\mu_1 = 0.4$,支护前围岩内边界位移量为 1.8mm,试计算围岩的膨胀压力。

11. 某深埋铁路隧道,采用钻爆法施工,其掘进跨度为 8.2m,上覆岩体平均重度为 24.5kN/m^3,围岩级别为 V 级,试按《铁路隧道设计规范》确定围岩竖向均布压力和水平均布压力。

12. 某公路隧道,埋深 8.7m,地表近似水平,采用矿山法施工,其掘进跨度为 9.0m,上覆岩体平均重度为 23.2kN/m^3,围岩级别为 V 级,试按《公路隧道设计规范》确定围岩压力大小与分布。

参 考 文 献

［1］ 刘宝琛.矿山岩体力学概论［M］.长沙:湖南科学技术出版社,1982.

［2］ 李世平.岩石力学简明教程［M］.徐州:中国矿业学院出版社,1986.

［3］ 郑雨天.岩石力学的弹粘塑性理论基础［M］.北京:煤炭工业出版社,1988.

［4］ 李先炜.岩体力学性质［M］.北京:煤炭工业出版社,1990.

［5］ 蔡美峰,何满潮,刘东燕.岩石力学与工程［M］.北京:科学出版社,2013.

［6］ 王渭明,杨更社,张向东,等.岩石力学［M］.徐州:中国矿业大学出版社,2010.

［7］ 任建喜,张向东,杨双锁,等.岩石力学［M］.徐州:中国矿业大学出版社,2013.

［8］ 肖树芳,杨淑碧.岩体力学［M］.北京:地质出版社,1987.

［9］ 沈明荣.岩体力学［M］.上海:同济大学出版社,1999.

［10］ 张永兴.岩石力学［M］.北京:中国建筑工业出版社,2004.

［11］ 阳生权,阳军生.岩体力学［M］.北京:机械工业出版社,2008.

［12］ 贺永年,韩立军,等.岩石力学简明教程［M］.徐州:中国矿业大学出版社,2010.

［13］ 谢和平,陈忠辉.岩石力学 ［M］.北京:科学出版社,2004.

［14］ 孙学增,李士斌,张立刚.岩石力学基础与应用［M］.哈尔滨:哈尔滨工业大学出版社,2011.

［15］ 赵明阶.岩石力学［M］.北京:人民交通出版社,2011.

［16］ 贾喜荣.岩石力学［M］.徐州:中国矿业大学出版社,2011.

［17］ 殷有泉.岩石力学与岩石工程的稳定性［M］.北京:北京大学出版社,2011.

［18］ 付志亮.岩石力学试验教程［M］.北京:化学工业出版社,2011.

［19］ 赵文.岩石力学［M］.长沙:中南大学出版社,2010.

［20］ 高玮.岩石力学［M］.北京:北京大学出版社,2010.

［21］ 陈勉,邓金根,吴志坚.岩石力学在石油工程中的应用［M］.北京:石油工业出版社,2006.

［22］ 李晓红.岩石力学实验模拟技术［M］.北京:科学出版社,2007.

［23］ 凌贤长,蔡德所.岩体力学［M］.哈尔滨:哈尔滨工业大学出版社,2002.

［24］ 王文星.岩体力学［M］.长沙:中南大学出版社,2004.

［25］ 陆家佑.岩体力学及其工程应用［M］.北京:中国水利水电出版社,2011.

［26］ 刘佑荣,吴立,贾洪彪.岩体力学实验指导书［M］.武汉:中国地质大学出版社,2008.

［27］ 王渭明,杨更社,张向东,等.岩石力学［M］.徐州:中国矿业大学出版社,2010.

［28］ 张向东,张树光,贾宝新,等.隧道力学［M］.徐州:中国矿业大学出版社,2010.

［29］ 高廷法,张庆松.矿山岩体力学［M］.徐州:中国矿业大学出版社,2001.

［30］ 华安增,矿山岩石力学基础［M］.煤炭工业出版社,1980.

［31］ 关宝树.隧道力学概论［M］.成都:西南交通大学出版社,1993.

［32］ 于学馥,郑颖人,刘怀恒,等.地下工程围岩稳定分析［M］.北京:煤炭工业出版社,1983.

[33] 郑永学. 矿山岩体力学[M]. 北京:冶金工业出版社,1988.

[34] 林韵梅. 实验岩石力学[M]. 北京:煤炭工业出版社,1984.

[35] 林韵梅. 地压讲座[M]. 北京:煤炭工业出版社,1981.

[36] 冯夏庭,林韵梅. 岩石力学与工程专家系统[M]. 沈阳:辽宁科学技术出版社,1993.

[37] 张清. 岩石力学基础[M]. 北京:中国铁道出版社,1986.

[38] 孙均,侯学渊. 地下结构[M]. 北京:科学出版社,1987.

[39] 华安增. 矿山岩石力学基础[M]. 北京:煤炭工业出版社,1980.

[40] 傅冰骏. 国际岩石力学发展动向[J]. 岩石力学与学报,1997,16(2):195-196.

[41] 谢和平. 矿山岩体力学及工程的研究进展与展望[J]. 中国工程科学. 2003,5(3): 31-38.

[42] 杨更社,孙钧. 中国岩石力学的研究现状及其展望分析[J]. 西安公路交通大学学报, 2001,21(3):5-9.

[43] 冯夏庭. 智能岩石力学的发展[J]. 中国科学院院刊,2002(4):256-259.

[44] 凌贤长. 岩体力学研究的若干问题[J]. 哈尔滨建筑大学学报,1998,31(4):118-123.

[45] 李建林. 卸荷岩体的各向异性研究[J]. 岩石力学与工程学报,2001,20(3):338-341.

[46] K. F. 昂鲁格,E. 汤普生等. 岩石试验的新进展(一)[J]. 岩土工程,2001(3):6-1.

[47] K. F. 昂鲁格,E. 汤普生等. 岩石试验的新进展(二)[J]. 岩土工程,2001(4):12-15.

[48] 杨蕾,周昌慧. 有关岩石力学系统研究的新进展[J]. 煤,2007(11):42 – 44

[49] 孙均. 岩石力学在我国的若干进展[J]. 西部探矿工程,1999(1):1 – 5

[50] 王桂林. 岩石损伤力学理论研究的若干进展[J]. 科学之友,2013(7):104 – 105

[51] 蔡美峰. 地应力测量原理和技术[M]. 北京:科学出版社,2000.

[52] 徐志英. 岩石力学[M]. 北京:中国水利水电出版社,1993.

[53] 刘佑荣,唐辉明. 岩体力学[M]. 北京:化学工业出版社,2010.

[54] 李铁汉. 岩体力学[M]. 北京:地质出版社,1980.

[55] 李通林. 矿山岩石力学[M]. 重庆:重庆大学出版社,1991.

[56] 何满潮. 中国煤矿软岩硐室工程支护设计与施工指南[M]. 北京:科技出版社,2004.

[57] 杨建中. 岩石力学[M]. 北京:冶金工业出版社,2008.

[58] 荣传新. 岩石力学[M]. 武汉:武汉大学出版社,2014.

[59] 沈明荣. 岩体力学[M]. 上海:同济大学出版社,1999.

[60] 付志亮. 岩石力学试验教程[M]. 北京:化学工业出版社,2011.

[61] 东兆星. 井巷工程,中国矿业大学出版社,2009.

[62] 李人宪. 有限元基础[M]. 北京:国防工业出版社,2002.

[63] 李先炜. 岩体力学性质[M]. 北京:煤炭工业出版社,1990.

[64] 李晓红. 岩石力学实验模拟技术[M]. 北京:科学出版社,2007.

[65] 廖红建. 岩土工程数值分析[M]. 北京:机械工业出版社,2009.

[66] 刘佑荣. 岩体力学实验指导书[M]. 武汉:中国地质大学出版社,2008.

[67] 杨双锁. 回采巷道围岩控制理论及锚固结构支护原理[M]. 北京:煤炭工业出版社,2004.

[68] 赵明阶. 岩石力学[M]. 北京：人民交通出版社，2011．

[69] 张忠亭，景锋，杨和礼. 工程实用岩石力学[M]. 北京：中国水利水电出版社，2009.

[70] 中华人民共和国国家标准 GB 50086－2001 锚杆喷射混凝土支护技术规范[S]. 北京：中国建筑工业出版社，2001.

[71] 中华人民共和国国家标准.GB 50021—2009 岩土工程勘察规范[S]. 北京：中国建筑工业出版社，2009.

[72] 中华人民共和国国家标准.GB/T 50266—2013 工程岩体试验方法标准[S]. 北京：中国计划出版社，2013.

[73] 中华人民共和国国家标准.GB 50157—2013 地铁设计规范[S]. 北京：中国计划出版社，2003.

[74] 中华人民共和国行业标准.JTG D70—2004 公路隧道设计规范[S]. 北京：人民交通出版社，2004.

[75] 中华人民共和国行业标准.TB 10003—2005 铁路隧道设计规范[S]. 北京：中国铁道出版社，2005.

[76] 中华人民共和国国家标准.GB/T 50218—2014 工程岩体分级标准[S]. 北京：中国建筑工业出版社，2015.